"十三五"国家重点出版物出版规划项目

中国东北药用植物资源图志 2

周 繇 编著 肖培根 主审

Atlas of Medicinal Plant Resource in the Northeast of China

黑龙江科学技术出版社
HEILONGJIANG SCIENCE AND TECHNOLOGY PRESS

图书在版编目（CIP）数据

中国东北药用植物资源图志 / 周繇编著. -- 哈尔滨:
黑龙江科学技术出版社, 2021.12
ISBN 978-7-5719-0825-6

Ⅰ. ①中… Ⅱ. ①周… Ⅲ. ①药用植物－植物资源－
东北地区－图集 Ⅳ. ①S567.019.23-64

中国版本图书馆 CIP 数据核字(2020)第 262753 号

中国东北药用植物资源图志

ZHONGGUO DONGBEI YAOYONG ZHIWU ZIYUAN TUZHI

周繇 编著　肖培根 主审

出品人　侯　擘　薛方闻
项目总监　朱佳新
策划编辑　薛方闻　项力福　梁祥崇　闫海波
责任编辑　侯　擘　朱佳新　回　博　宋秋颖　刘　杨　孔　璐　许俊鹏　王　研
王　姝　罗　琳　王化丽　张云艳　马远洋　刘松岩　周静梅　张东君
赵雪莹　沈福威　陈裕衡　徐　洋　孙　雯　赵　萍　刘　路　梁祥崇
闫海波　焦　琰　项力福
封面设计　孔　璐
版式设计　关　虹
出　　版　黑龙江科学技术出版社
地址：哈尔滨市南岗区公安街 70-2 号　邮编：150007
电话：（0451）53642106　传真：（0451）53642143
网址：www.lkcbs.cn
发　　行　全国新华书店
印　　刷　哈尔滨市石桥印务有限公司
开　　本　889 mm×1 194 mm　1/16
印　　张　350
字　　数　5 500 千字
版　　次　2021 年 12 月第 1 版
印　　次　2021 年 12 月第 1 次印刷
书　　号　ISBN 978-7-5719-0825-6
定　　价　4 800.00 元（全 9 册）

第十二章
蕨类植物

本章共收录 23 科、37 属、68 种、2 变种、1 变型药用蕨类植物。

▲长白山西坡天池夏季景观

▲蛇足石杉植株

石杉科 Huperziaceae

本科共收录 1 属、3 种。

石杉属 *Huperzia* Bernb.

蛇足石杉 *Huperzia serrata*（Thunb. ex Murray）Trev.

别　　名　蛇足石松　千层塔

俗　　名　蛇足草　万年松

药用部位　石杉科蛇足石杉的全草。

原 植 物　多年生土生植物。茎直立或斜生，高 10 ~ 30 cm，中部直径 1.5 ~ 3.5 mm，枝连叶宽 1.5 ~ 4.0 cm，二至四回二叉分枝，枝上部常有芽胞。叶螺旋状排列，疏生，平伸，狭椭圆形，向基部明显变狭，通直，长 1 ~ 3 cm，宽 1 ~ 8 mm，基部楔形，下延有柄，先端急尖或渐尖，边缘平直不皱曲，有粗大或略小而不整齐的尖齿，两面光滑，有光泽，中脉突出明显，薄革质。孢子叶与不育叶同型；孢子囊生于孢子叶的叶腋，两端露出，肾形，黄色。

▲蛇足石杉孢子囊群

生　　境　生于山顶岩石上或针阔叶混交林下阴湿处，常聚集成片生长。

分　　布　黑龙江小兴安岭、张广才岭、老爷岭等地。吉林长白山各地。辽宁本溪、宽甸、凤城、桓仁等地。西北、华东、华中、华南、西南。朝鲜、俄罗斯、日本、泰国、越南、老挝、柬埔寨、印度、尼泊尔、缅甸、斯里兰卡、菲律宾、马来西亚、印度尼西亚等。

采　　制　夏、秋季采全草，洗净晒干入药。

性味功效　味辛，性平。有清热解毒、生肌止血、散瘀消肿的功效。

主治用法　用于跌打损伤、瘀血肿痛、内伤出血、白带异常、肺炎、痔疮出血；外用治痈疖肿毒、毒蛇咬伤及烧烫伤等。水煎服或炖肉。外用煎水洗，研末撒或调敷。

用　　量　25 ~ 50 g。鲜品适量。

附　　方

（1）治烫、火伤：蛇足石杉适量。研为细末，调菜油涂上，或先涂菜油后撒上药粉亦可，每日换药 2 次。

（2）治跌打扭伤肿痛：鲜蛇足石杉、酒精和红糖，捣烂加热外敷。

（3）治创口久不愈合：蛇足石杉 2.5 kg，煎汁浓缩成膏约 250 g，加硼砂 15 g。熬融外用。

（4）治跌打肿痛、无名肿痛、蛇咬伤：蛇足石杉适量捣敷。

（5）灭虱：蛇足石杉一把，水煎洗衣；用煎液涂局部，可以灭阴虱。

（6）治白带异常：蛇足石杉鲜全草 25 ~ 50 g，蛇莓、茅莓各 25 g。水煎服。

附　　注　本品有毒，中毒时可出现头昏、恶心、呕吐等症状。内服不宜过量。

◎参考文献◎

[1] 江苏新医学院．中药大辞典（上册）[M]．上海：上海科学技术出版社，1977:215-216.
[2] 朱有昌．东北药用植物 [M]．哈尔滨：黑龙江科学技术出版社，1975:12-14.
[3] 《全国中草药汇编》编写组．全国中草药汇编（上册）[M]．北京：人民卫生出版社，1975:123-124.

▲蛇足石杉叶

▲市场上的蛇足石杉植株

东北石杉 *Huperzia miyoshiana*（Makino）Ching

药用部位 石杉科东北石杉的孢子。

原 植 物 多年生土生植物。茎直立或斜生，高 10 ~ 18 cm，中部直径 1.5 ~ 2.5 mm，枝连叶宽 0.7 ~ 0.9 cm，二至四回二叉分枝，枝上部常有芽胞。叶螺旋状排列，密生，略斜向上或平直或略反折，钻形，向基部不变狭，基部最宽，通直，长 4 ~ 6 mm，基部宽约 0.8 mm，基部截形，下延，无柄，先端渐尖，边缘平直不皱曲，全缘，两面光滑，有光泽，中脉不明显，草质。孢子叶与不育叶同型；孢子囊生于孢子叶腋，两端露出，肾形，黄色。

▲东北石杉植株

生　　境 生于针阔混交林、针叶林下、高山苔原带及岳桦林下等处。

分　　布 黑龙江小兴安岭。吉林安图、抚松、长白、临江、和龙等地。辽宁宽甸、桓仁等地。朝鲜、俄罗斯、日本。欧洲、北美洲。

采　　制 7—8 月采摘孢子囊穗，干燥后搓取孢子。

性味功效 味甘，性平。有祛湿解毒、温肾壮阳的功效。

主治用法 用于治疗小儿湿疹、疮痈肿毒、阳痿、女子宫冷、下焦虚寒、腰膝冷痹等症。水煎服。

用　　量 6 ~ 9 g。

◎参考文献◎

[1] 中国药材公司．中国中药资源志要 [M]. 北京：科学出版社，1994: 69.

小杉兰 *Huperzia selago*（L.）Bernh. ex Schrank et Mart.

别　　名　石杉　小杉叶石松　卷柏状石松

俗　　名　小接筋草

药用部位　石杉科小杉兰的全草。

原 植 物　多年生土生植物。茎直立或斜生，高 3 ~ 25 cm，中部直径 1 ~ 3 mm，枝连叶宽 5 ~ 16 mm；一至四回二叉分枝，枝上部常有芽胞。叶螺旋状排列，密生，斜向上或平伸，披针形，基部与中部近等宽，通直，长 2 ~ 10 mm，中部宽 0.8 ~ 1.8 mm，基部截形，下延，无柄，先端急尖，边缘平直不皱曲，全缘，两面光滑，具光泽，中脉背面不显，腹面可见，革质至草质。孢子叶与不育叶同型；孢子囊生于孢子叶腋，不外露或两端露出，肾形，黄色。

生　　境　生于高山苔原、岳桦林及针叶林下。

分　　布　吉林长白、抚松、安图、靖宇等地。台湾。西北、西南。朝鲜、俄罗斯（西伯利亚中东部）。欧洲。

采　　制　夏、秋季采全草，洗净，晒干，入药。7—8 月采摘孢子囊穗，干燥后搓取孢子。

性味功效　味微苦，性平。有祛风除湿、止血续筋、消肿止痛的功效。

主治用法　用于跌打损伤、风湿痛疼、荨麻疹、外伤出血、毒蛇咬伤等。水煎服。外用鲜品捣烂敷患处。

用　　量　5 ~ 10 g（鲜品 10 ~ 20 g）。外用适量。

附　　方　治荨麻疹：小杉兰适量，煎水洗患处。

附　　注　孕妇忌用。

▲小杉兰孢子囊穗

◎参考文献◎

[1] 朱有昌. 东北药用植物 [M]. 哈尔滨：黑龙江科学技术出版社，1989: 11.

[2] 钱信忠. 中国本草彩色图鉴（第一卷）[M]. 北京：人民卫生出版社，2003: 279-280.

[3] 严仲铠，李万林. 中国长白山药用植物彩色图志 [M]. 北京：人民卫生出版社，1997: 83.

▼小杉兰植株（山坡型）

▼小杉兰植株（林下型）

▲内蒙古自治区阿里河林业局伊山林场伊勒呼里山森林秋季景观

▲高山扁枝石松幼株

▲高山扁枝石松孢子囊穗

石松科 Lycopodiaceae

本科共收录 2 属、5 种、1 变型。

扁枝石松属 *Diphasiastrum* Holub

高山扁枝石松 *Diphasiastrum alpinum*（L.）Holub

俗　　名　舒筋草

药用部位　石松科高山扁枝石松的全草及孢子。

原 植 物　多年生小型至中型土生植物。主茎匍匐状，长 30 ~ 70 cm；侧枝近直立，高 6 ~ 10 cm，多回不等位二叉分枝，小枝扁压状，有背腹之分。叶螺旋状排列，密集，鳞片状，紧贴小枝而使小枝呈绳索形，长 0.7 ~ 1.5 mm，宽约 0.8 mm，基部贴生在枝上，无柄，先端尖锐，略内弯，边缘全缘，中脉不明显，草质。孢子囊穗双生于短小的孢子枝顶端，圆柱形，长 1.1 ~ 2.5 cm，淡黄色；孢子叶宽卵形，覆瓦状排列，长约 2 mm，宽约 1.2 mm，先端急尖，尾状，边缘膜质，具不规则锯齿；孢子囊生于孢子叶腋，内藏，圆肾形，黄色。

生　　境　生于高山草原、苔原地及岳桦林下，常形成小群落。

分　　布　吉林安图、抚松、长白、临江等地。河北。朝鲜、俄罗斯（西伯利亚）、蒙古、日本、印度、斯里兰卡。欧洲、北美洲。

采　　制　夏、秋季采全草，除去杂质，切段，洗净。7—8 月采摘变黄孢子囊穗，干燥后搓取孢子。

性味功效　味淡，性平。有活血、镇痛、强身的功效。

主治用法　全草：用于风湿关节痹痛、跌打损伤等。水煎服。外用捣敷。孢子：用于小儿夏季汗疹、皮肤溃烂等。外用擦敷。

用　　量　9 ~ 15 g。外用适量。

◎参考文献◎

[1] 钱信忠．中国本草彩色图鉴（第四卷）[M]．北京：人民卫生出版社，2003: 205-206.
[2] 中国药材公司．中国中药资源志要 [M]．北京：科学出版社，1994: 71.

▲高山扁枝石松植株

▲扁枝石松群落

▼扁枝石松孢子囊穗

扁枝石松 *Diphasiastrum complanatum*（L.）Holub

别　　名　地刷子　地刷子石松　长蔓石松

俗　　名　舒筋草　地蜈蚣　铺地虎

药用部位　石松科扁枝石松的全草（入药称“过江龙”）。

原 植 物　多年生小型至中型土生植物。主茎匍匐状，长达 100 cm；侧枝近直立，高达 15 cm，多回不等位二叉分枝，小枝明显扁平状。叶 4 行排列，密集，三角形，长 1 ~ 2 mm，宽约 1 mm，基部贴生在枝上，无柄，先端尖锐，略内弯，边缘全缘，中脉不明显，草质。孢子囊穗 1 ~ 6 个生于长 10 ~ 20 cm 的孢子枝顶端，圆柱形，长 1.5 ~ 3.0 cm，淡黄色；孢子叶宽卵形，覆瓦状排列，长约 2.5 mm，宽约 1.5 mm，先端急尖、尾状，边缘膜质，具不规则锯齿；孢子囊生于孢子叶腋，内藏，圆肾形，黄色。

生　　境　生于针阔混交林和针叶林下。

分　　布　黑龙江漠河、塔河、呼中等地。吉林安图、抚松、长白、临江、和龙等地。内蒙古额尔古纳、根河等地。广东、广西、台湾。华北、西南。朝鲜、俄罗斯。

采　　制　夏、秋季采全草，除去杂质，切段，洗净。

性味功效　性大温，味辛。有舒筋活络、祛风散寒、通经的功效。

主治用法　用于腰腿酸痛、风湿性关节痛、月经不调、淋病、四肢麻木及跌打损伤等。水煎服或泡酒服用。

用　　量　7.5 ~ 15.0 g。

附　方

（1）治风湿腰痛、关节痛、骨折：过江龙 15 g。水煎服或泡酒服。

（2）治淋病：过江龙 15 g。水煎服。

◎参考文献◎

[1] 江苏新医学院．中药大辞典（上册）[M]. 上海：上海科学技术出版社，1977: 872-873.

[2] 朱有昌．东北药用植物 [M]. 哈尔滨：黑龙江科学技术出版社，1989: 9-10.

[3] 严仲铠，李万林．中国长白山药用植物彩色图志[M]. 北京：人民卫生出版社，1997: 82.

扁枝石松植株（山坡型）▶

▲扁枝石松植株（林下型）

▲多穗石松居群

石松属 *Lycopodium* L.

多穗石松 *Lycopodium annotinum* L.

别　　名　杉蔓石松　二年石松　杉叶蔓石松　单穗石松

俗　　名　伸筋草　分筋草

药用部位　石松科多穗石松的全草（入药称“分筋草”）及孢子（入药称“石松子”）。

原 植 物　多年生土生植物。匍匐茎细长横走，长达 2 m，绿色，被稀疏的叶；侧枝斜立，高 8 ~ 20 cm，一至三回二叉分枝，稀疏，圆柱状，枝连叶直径 10 ~ 15 mm。叶螺旋状排列，密集，平伸或近平伸，披针形，长 4 ~ 8 mm，宽 1.0 ~ 1.5 mm，基部楔形，下延，无柄，先端渐尖，不具透明发丝，边缘有锯齿（主茎的叶近全缘），革质，中脉腹面可见，背面不明显。孢子囊穗单生于小枝，直立，圆柱形，无柄，长 2.5 ~ 4.0 cm，直径约 5 mm；孢子叶阔卵状，长约 3 mm，宽约 2 mm，先端急尖，边缘膜质，啮蚀状，纸质；孢子囊生于孢子叶腋，内藏，圆肾形，黄色。

生　　境　生于针阔混交林、针叶林下，常聚集成片生长。

分　　布　黑龙江大兴安岭、小兴安岭、张广才岭等地。吉林长白、抚松、安图、和龙、临江、集安、敦化、汪清等地。辽宁桓仁、宽甸等地。内蒙古额尔古纳、根河、阿尔山、科尔沁右翼前旗等地。湖北、四川、

▲多穗石松植株

台湾。华北、西北。朝鲜、俄罗斯、日本。欧洲、北美洲。

采　　制　夏、秋季采全草，除去杂质，晒干或阴干。7—8 月孢子穗变黄时，采孢子穗放置在避风处晒干。

性味功效　味苦、微辛，性平。有舒筋活络、祛风除湿、解热镇痛的功效。

主治用法　用于腰腿酸痛、风湿性关节痛、四肢麻木、跌打损伤等。水煎或泡酒服。外用捣敷或熬水熏洗。

用　　量　10 ~ 15 g。单用可用至 50 g。外用适量。

◎参考文献◎

[1] 朱有昌．东北药用植物 [M]．哈尔滨：黑龙江科学技术出版社，1989: 6-7.

[2] 钱信忠．中国本草彩色图鉴（第一卷）[M]．北京：人民卫生出版社，2003: 597-598.

[3] 严仲铠，李万林．中国长白山药用植物彩色图志[M]．北京：人民卫生出版社，1997: 80-81.

多穗石松孢子囊穗 ▶

▲东北石松植株

▲东北石松孢子囊穗（2个）

东北石松 *Lycopodium clavatum* L.

别　　名　石松

俗　　名　舒筋草 爬山龙 伸筋草

药用部位　石松科东北石松的全草。

原 植 物　多年生土生植物。匍匐茎地上生，细长横走，一至二回分叉，绿色，被稀疏的全缘叶；侧枝直立，高 20 ～ 25 cm，三至五回二叉分枝，稀疏，压扁状（幼枝圆柱状），枝连叶直径 9 ～ 12 mm。叶螺旋状排列，密集，上斜，披针形，长 4 ～ 6 mm，宽约 1 mm，基部宽楔形，下延，无柄，先端渐尖，具透明发丝，边缘全缘，革质，中脉两面可见。孢子囊穗 2 ～ 3 个集生于长达 12 cm 的总柄上，苞片螺旋状稀疏着生，膜质，狭披针形；孢子囊穗等位着生，直立，圆柱形，长 3.5 ～ 4.5 cm，直径约 4 mm，近无柄或具短小柄；孢子叶阔卵形，长约 1.5 mm，宽约 1.3 mm，先端急尖，具短尖头，边缘膜质，啮蚀状，纸质；孢子囊生于孢子叶腋，略外露，圆肾形，黄色。

生　　境　生于阴坡的针阔混交林和针叶林下，常聚集成片生长。

分　　布　黑龙江大兴安岭、小兴安岭、张广才岭等地。吉林长白、抚松、靖宇、通化、安图、和龙、敦化、汪清等地。辽宁桓仁、宽甸、新宾等地。内蒙古额尔古纳、根河等地。朝鲜、俄罗斯（西伯利亚中东部）、日本、秘鲁、巴西、牙买加、美国、加拿大。

采　　制　夏、秋季采全草，除去杂质，切段，洗净，晒干。

性味功效　味苦、辛，性温。有舒筋活血、祛风散寒、消肿止痛的功效。

主治用法　用于腰腿酸痛、风湿性关节痛、四肢麻木、肝炎、月经不调、水肿、瘫痪、肺炎、内外伤出血、刀伤、骨折、水肿、目赤肿痛、跌打损伤等。水煎服。外用捣敷或熬水熏洗。

用　　量　15 ~ 25 g。外用适量。

附　　方

（1）治风湿疼痛：东北石松、牛膝、防己、威灵仙各 20 g，桑枝 50 g。水煎服。或用东北石松、老鹳草各 25 g，牛膝 15 g。水煎服。

（2）治风痹筋骨不舒：东北石松 15 ~ 50 g。水煎服。

（3）治关节酸痛：东北石松、虎杖根、大血藤各 15 g。水煎服。

（4）治小儿夏季汗疹及皮肤湿烂：东北石松孢子粉、滑石粉各等量，混合研匀扑。

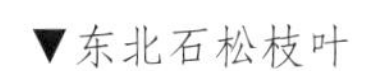

▼东北石松枝叶

▲东北石松孢子囊穗（3 个）

▲市场上的东北石松植株

（5）治带状疱疹：东北石松（焙）研粉，青油或芝麻油调成糊状，涂患处。每日数次。

附　注

（1）孢子入药，可治疗皮肤溃烂。

（2）本品为《中华人民共和国药典》（2020年版）收录的药材。

◎参考文献◎

[1] 江苏新医学院．中药大辞典（上册）[M]．上海：上海科学技术出版社，1977: 604，1138-1139.

[2] 朱有昌．东北药用植物 [M]．哈尔滨：黑龙江科学技术出版社，1989: 7-9.

[3] 《全国中草药汇编》编写组．全国中草药汇编（上册）[M]．北京：人民卫生出版社，1975: 459-460.

◀东北石松孢子囊穗（4个）

▲玉柏群落

▼玉柏孢子囊穗

玉柏 *Lycopodium obscurum* L.

别　名　玉柏石松　玉遂

俗　名　万年松　千年柏

药用部位　石松科玉柏的全草。

原 植 物　多年生土生植物。匍匐茎地下生，细长横走，棕黄色，光滑或被少量叶；侧枝斜升或直立，高 15 ~ 40 cm，下部不分枝，单干，定部二叉分枝，分枝密接，稍扁压，形成扇形、半圆形或圆柱状。叶螺旋状排列，稍疏，斜立或近平伸，线状披针形，长 3 ~ 4 mm，宽约 0.6 mm，基部楔形，下延，无柄，先端渐尖，具短尖头，边缘全缘，中脉略明显，革质。孢子囊穗单生于小枝单生，直立，圆柱形，无柄，长 2 ~ 3 cm，直径 4 ~ 5 mm；孢子叶阔卵状，长约 3 mm，宽约 2 mm，先端急尖，边缘膜质，具啮蚀状齿，纸质；孢子囊生于孢子叶腋，内藏，圆肾形，黄色。

生　境　生于山地针阔混交林、针叶林下及亚高山沼泽地上。

分　布　黑龙江张广才岭、老爷岭等地。吉林长白、抚松、靖宇、通化、安图、和龙、敦化、汪清等地。辽宁新宾、桓仁等地。朝鲜、日本、俄罗斯。北美洲。

▲吉林大布苏湖国家级自然保护区泥石林春季景观

▲红枝卷柏植株

卷柏科 Selaginellaceae

本科共收录 1 属、6 种。

卷柏属 *Selaginella* Beauv.

红枝卷柏 *Selaginella sanguinolenta*（L.） Spring

别　　名　圆枝卷柏

药用部位　卷柏科红枝卷柏的干燥全草。

原 植 物　多年生土生、石生或旱生植物，高 5 ~ 30 cm，匍匐，具横走的根状茎，茎枝纤细，交织成片。根托在主茎与分枝上断续着生；根多分叉。主茎全部分枝，红褐色或褐色；侧枝三至四回羽状分枝，相邻侧枝间距 2 ~ 4 cm。叶覆瓦状排列，不明显的二型，叶质较厚；主茎上的叶覆瓦状排列；分枝上的腋叶对称，狭椭圆形或狭长圆形，主茎上的较分枝上的大；分枝上的长圆状倒卵形或倒卵形，紧密排列。孢子叶穗紧密，四棱柱形，单生于小枝末端；孢子叶与营养叶近似，孢子叶一型，不具白边，阔卵形；大、小孢子叶在孢子叶穗下侧间断排列。大孢子浅黄色，小孢子橘黄色或橘红色。

生　　境　生于石砬子或岩缝等处。

分　　布　黑龙江呼玛、塔河、黑河等地。吉林集安、通化等地。辽宁大连市区、瓦房店、建平、凌源等地。内蒙古额尔古纳、根河、扎兰屯、科尔沁右翼前旗、科尔沁右翼中旗、翁牛特旗等地。河南、河北、湖南、宁夏、陕西、山西、四川、甘肃、贵州、西藏、云南。朝鲜、俄罗斯（西伯利亚）、蒙古。

采　　制　四季采挖全草，剪去须根，除去泥土，洗净，切段，晒干。

性味功效　有舒筋活血、健脾、止痢的功效。

主治用法　可治疗风湿痹痛、筋脉拘急、纳少便溏、脾虚泄泻、痢疾及外伤出血等。

用　　量　适量。

▼红枝卷柏居群

◎参考文献◎

[1] 江纪武. 药用植物辞典 [M]. 天津：天津科学技术出版社，2005: 742.

[2] 中国药材公司. 中国中药资源志要 [M]. 北京：科学出版社，1994: 75.

旱生卷柏 *Selaginella stautoniana* Spring

别　　名　蒲扇卷柏

俗　　名　长生不死草　还魂草

药用部位　卷柏科旱生卷柏的干燥全草。

原 植 物　多年生石生或旱生，直立，高15 ~ 35 cm，具一横走的地下根状茎。根托只生横走茎上，长0.5 ~ 1.5 cm。主茎上部分枝或自下部开始分枝，红色或褐色；侧枝3 ~ 5对，二至三回羽状分枝。叶交互排列，二型，叶质厚。分枝上的腋叶略不对称，三角形，小枝上的卵状椭圆形，长0.7 ~ 1.7 mm，宽0.3 ~ 0.6 mm，覆瓦状排列。孢子叶穗紧密，四棱柱形，单生于小枝末端，长5 ~ 20 mm，宽1.3 ~ 2.0 mm；孢子叶一型，卵状三角形，透明；大孢子叶和小孢子叶在孢子叶穗上相间排列，或大孢子叶分布于中部的下侧，或散布于孢子叶穗的下侧。大孢子橘黄色，小孢子橘黄色或橘红色。

生　　境　生于石砬子或岩缝等处。

分　　布　吉林集安、通化等地。辽宁桓仁、丹东、凌源、绥中等地。河北、河南、山东、山西、宁夏、陕西、台湾。朝鲜。

采　　制　四季采挖全草，剪去须根，除去泥土，洗净，切段，晒干用。

性味功效　味辛、涩，性平。有活血散瘀、凉血止血的功效。

主治用法　用于治疗便血、尿血、子宫出血、外伤出血、瘀血疼痛、跌打损伤等症。水煎服。

用　　量　3 ~ 10 g。

▲旱生卷柏叶

▼旱生卷柏植株

▲旱生卷柏居群

◎参考文献◎

[1] 江纪武. 药用植物辞典 [M]. 天津：天津科学技术出版社，2005: 742.

[2] 中国药材公司. 中国中药资源志要 [M]. 北京：科学出版社，1994: 76.

▲鹿角卷柏植株

▲市场上的鹿角卷柏植株

鹿角卷柏 *Selaginella rossii* (Baker) Warbr.

俗　　名　鹿角茶

药用部位　卷柏科鹿角卷柏的全草。

原 植 物　石生或旱生，匍匐，长 10 ~ 25 cm，无匍匐茎。根托在主茎上断续着生，由茎枝的分叉处上方生出，根多分叉。主茎全部分枝，呈“之”字形，不具关节，红色；侧枝 3 ~ 10 对，1 ~ 2 次分叉。叶全部交互排列，二型，叶质厚。主茎上的腋叶较分枝上的大，卵形，分枝上的腋叶对称。中叶不对称。侧叶不对称，分枝上的侧叶长圆形或倒卵状长圆形。孢子叶穗紧密，四棱柱形，单生于小枝末端；孢子叶一型，卵状三角形，边缘疏具睫毛，不具白边，先端急尖，锐龙骨状；大孢子叶分布于孢子叶穗下部的下侧。大孢子白色，小孢子橘黄色或淡黄色。

生　　境　生于山坡岩石薄土上、山脊石砾地及石砬子上，常聚集成片生长。

分　　布　黑龙江小兴安岭、张广才岭等地。吉林延吉、集安等地。辽宁丹东、宽甸、凤城、本溪市区、桓仁、鞍山市区、岫岩、海城、庄河、大连市区等地。山东。朝鲜、俄罗斯(西伯利亚中东部)。

采　　制　四季采挖全草，除去杂质，洗净，晒干。

性味功效　有清热解毒的功效。

用　　量　适量。

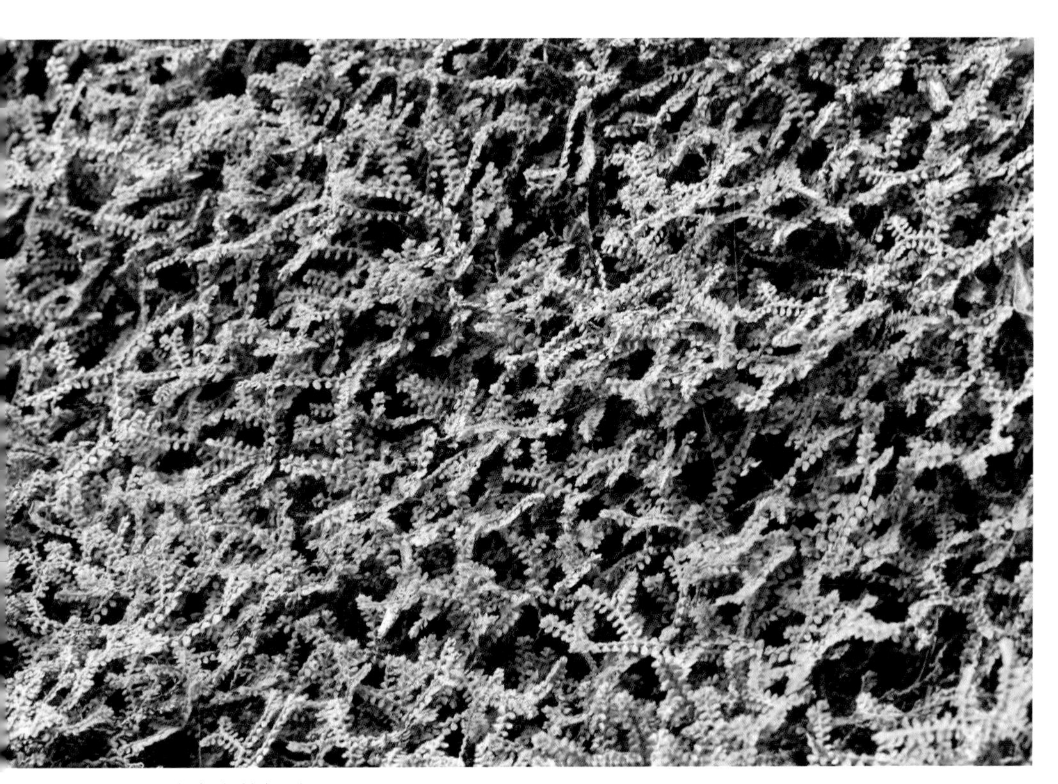

▲鹿角卷柏居群

◎参考文献◎

[1] 江纪武. 药用植物辞典 [M]. 天津：天津科学技术出版社，2005: 741-742.

中华卷柏 *Selaginella sinensis* (Desv.) Spring

俗　　名　护山皮

药用部位　卷柏科中华卷柏的干燥全草。

原 植 物　多年生土生或旱生，匍匐，15 ~ 45 cm。根托在主茎上断续着生，自主茎分叉处下方生出，长 2 ~ 5 cm，纤细，根多分叉。主茎通体羽状分枝，不呈"之"字形，禾秆色，主茎下部直径 0.4 ~ 0.6 mm，茎圆柱状；侧枝多达 10 ~ 20 个，1 ~ 2 次或 2 ~ 3 次分叉，小枝稀疏。叶全部交互排列，略二型，纸质，表面光滑。中叶多少对称，小枝上的卵状椭圆形，长 0.6 ~ 1.2 mm，宽 0.3 ~ 0.7 mm。侧叶多少对称，长 1.0 ~ 1.5 mm，宽 0.5 ~ 1.0 mm，先端尖或钝，基部上侧不扩大，不覆盖小枝。孢子叶穗紧密，四棱柱形；孢子叶一型，卵形，边缘具睫毛，有白边，先端急尖，龙骨状。大孢子白色，小孢子橘红色。

生　　境　生于山坡石砬子上或阳坡岩石缝隙中。

分　　布　黑龙江大兴安岭、张广才岭等地。吉林延吉、集安等地。辽宁丹东、长海、大连市区、营口、北镇、朝阳市区、建平、凌源、绥中等地。内蒙古科尔沁右翼前旗、科尔沁右翼中旗、扎赉特旗、奈曼旗、扎鲁特旗、库伦旗、科尔沁左翼后旗、巴林左旗、阿鲁科尔沁旗、翁牛特旗、喀喇沁旗等地。河北、河南、山东、山西、安徽、湖北、江苏、宁夏、陕西。朝鲜、日本、俄罗斯。

采　　制　四季采挖全草，剪去须根，除去泥土，洗净，切段，晒干用。

▲中华卷柏叶（背）

▼中华卷柏孢子囊穗

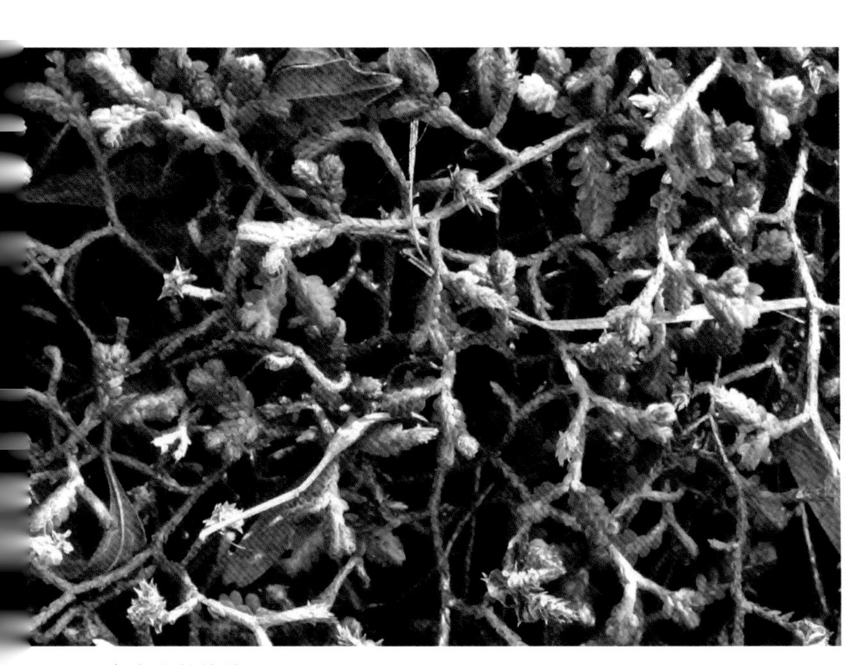

▲中华卷柏植株

性味功效　味淡、微苦，性凉。有清热利尿、清热化痰、止血止泻的功效。

主治用法　用于治疗湿热、小便不利、淋病、咳嗽、咳痰、外伤出血、黄疸型肝炎、胆囊炎、下肢湿疹、痢疾、烧烫伤。水煎服。

用　　量　3 ~ 9 g。

◎参考文献◎

[1] 江纪武．药用植物辞典 [M]．天津：天津科学技术出版社，2005: 742.

[2] 中国药材公司．中国中药资源志要 [M]．北京：科学出版社，1994: 75.

▲蔓出卷柏植株

蔓出卷柏 *Selaginella davidii* Franch.

别　　名　亚地柏

药用部位　卷柏科蔓出卷柏的干燥全草。

原 植 物　多年生土生或石生，匍匐，长 5 ~ 15 cm，无横走根状茎或游走茎。根托在主茎上断续着生，自主茎分叉处下方生出，长 0.5 ~ 5.0 cm，纤细。主茎通体羽状分枝，不呈“之”字形，禾秆色，主茎下部直径 0.2 ~ 0.4 mm，茎近方形；侧枝 3 ~ 6 对，一回羽状分枝。叶全部交互排列，二型，草质，表面光滑，明显具白边。中叶不对称，主茎上的明显大于侧枝上的，侧枝上的斜卵形，长 1.2 ~ 1.6 mm，宽 0.5 ~ 0.8 mm。侧叶不对称。孢子叶穗紧密，四棱柱形，单生于小枝末端；孢子叶一型，卵圆形，边缘有细齿，具白边，先端具芒，锐龙骨状。大孢子白色，小孢子橘黄色。

生　　境　生于林下石灰岩上或山地阴湿石上。

分　　布　黑龙江张广才岭。吉林集安、通化等地。辽宁宽甸、桓仁等地。河北、河南、湖北、江苏、江西、山东、山西、浙江、安徽、福建、陕西、宁夏、甘肃。朝鲜、俄罗斯（西伯利亚中东部）。

采　　制　四季采挖全草，剪去须根，除去泥土，洗净，切段，晒干。

性味功效　味苦、涩、微辛，性温。有清热解毒、舒筋活络的功效。

主治用法　用于筋骨疼痛、风湿性关节炎、肝炎等。水煎服。

用　　量　5 ~ 15 g。

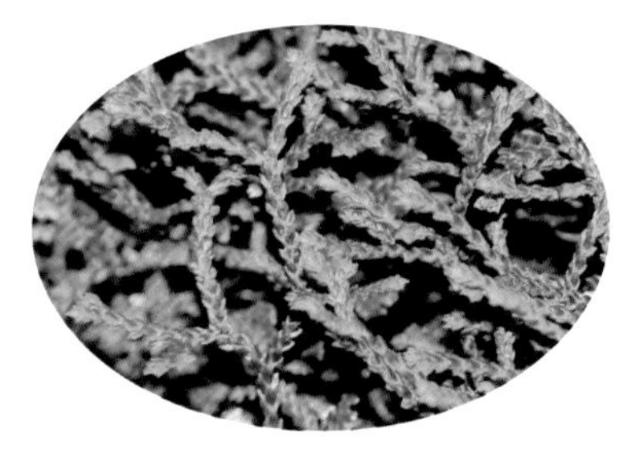

▲蔓出卷柏叶

◎参考文献◎

[1] 朱有昌. 东北药用植物 [M]. 哈尔滨：黑龙江科学技术出版社，1989: 14-15.

[2] 江纪武. 药用植物辞典 [M]. 天津：天津科学技术出版社，2005: 741.

[3] 中国药材公司. 中国中药资源志要 [M]. 北京：科学出版社，1994: 73.

▲卷柏植株（叶片伸展）

卷柏 *Selaginella tamariscina*（P. Beauv.）Spring

别　　名　还魂草　石花　长生草　长生不死草

俗　　名　万年青　万年松　万岁　佛手　佛手草　佛手拳　石花子　还阳草　九死还阳草　九死还魂草　一把抓　老虎爪　老寿星　孩儿拳　神仙一把抓

药用部位　卷柏科卷柏的干燥全草。

原 植 物　多年生土生或石生，呈垫状。根托只生于茎的基部，长 0.5 ~ 3.0 cm，直径 0.3 ~ 1.8 mm，根多分叉，密被毛。主茎自中部开始羽状分枝或不等二叉分枝，禾秆色或棕色，不分枝的主茎高 10 ~ 20 cm，茎卵圆柱状；侧枝 2 ~ 5 对，二至三回羽状分枝。叶全部交互排列，二型，叶质厚，主茎上的叶较小枝上的略大。中叶不对称，小枝上的椭圆形。侧叶不对称，小枝上的侧叶卵形至三角形或距圆状卵形，略斜升，相互重叠。孢子叶穗紧密，四棱柱形，单生于小枝末端，长 12 ~ 15 mm，宽 1.2 ~ 2.6 mm；孢子叶一型，卵状三角形；大孢子叶在孢子叶穗上下两面不规则排列。大孢子浅黄色，小孢子橘黄色。

▼卷柏叶

▲卷柏群落（叶片伸展）

▼市场上的卷柏植株（鲜）

生　　境　生于向阳干燥的裸露岩石或石缝中，常聚集成片生长。

分　　布　全国各地（除青海、新疆、西藏外）。朝鲜、俄罗斯（西伯利亚）、日本、印度、菲律宾。

采　　制　四季采挖全草，剪去须根，除去泥土，洗净，切段，晒干，生用或炒炭用。

性味功效　味辛、涩，性平。有破血（生用）、止血（炒炭）、祛痰、通经的功效。

主治用法　用于治疗经闭、痛经、月经过多、咯血、哮喘、吐血、子宫出血、尿血、便血、脱肛、哮喘、癫痫昏厥、刀伤、烧烫伤、跌打损伤等。水煎服。外用适量捣烂或研末敷患处。孕妇忌用。

用　　量　7.5 ~ 15.0 g。

附　　方

（1）治便血、痔出血、子宫出血：卷柏炭、地榆炭、侧柏炭、荆芥炭、槐花各 15 g，研粉，每服 7.5 g，开水送服。水煎服。每日 2 ~ 3 次。

（2）治宫缩无力、产后流血：卷柏 5 g。开水浸泡后去渣，1 次服完。

（3）治跌打损伤、局部疼痛：鲜卷柏 50 g（干品 25 g）。水煎服，每日 1 次。

▲卷柏群落（叶片卷曲）

（4）治妇人血闭成瘕、寒热往来、子嗣不育：卷柏 200 g，当归 100 g（俱浸酒炒），白术、丹皮各 100 g，白芍 50 g，川芎 25 g，共分七剂。水煎服。或炼蜜为丸，每日早服 20 g，白开水送服。

（5）治胃病：卷柏 100 g。水煎服。

（6）治吐血、便血、尿血：卷柏（炒焦）50 g，瘦腊肉 100 g。水炖，食肉喝汤。又方：卷柏（炒焦）、仙鹤草各 50 g。水煎服。

（7）治烫火伤：鲜卷柏适量，捣烂外敷。

▲卷柏植株（叶片卷曲）

附　注

（1）本品为《中华人民共和国药典》（2020 年版）收录的药材。

（2）满族居民喜欢用慢火将其炒成焦炭，磨粉，敷在患处用于止血。

（3）将炒成焦炭的卷柏磨制成干粉，与鸡蛋清一起调敷可使颜面光洁，防止或减少斑痣的发生。

▼市场上的卷柏植株（干）

◎参考文献◎

[1] 江苏新医学院．中药大辞典（上册）[M]．上海：上海科学技术出版社，1977：1472-1473.

[2] 朱有昌．东北药用植物 [M]．哈尔滨：黑龙江科学技术出版社，1989：15-16.

▲吉林省白山市江源区西川村森林秋季景观

▲草问荆植株

木贼科 Equisetaceae

本科共收录 1 属、6 种。

木贼属 *Equisetum* L.

草问荆 *Equisetum pratense* Ehrhart

俗　　名　节骨草

药用部位　木贼科草问荆的全草。

原 植 物　多年生中型植物。根状茎直立或横走，黑棕色。枝二型，能育枝与不育枝同期萌发。能育枝高 15 ~ 25 cm，禾秆色，最终能形成分枝，有脊 10 ~ 14 条；鞘筒灰绿色；鞘齿 10 ~ 14 枚，淡棕色，长 4 ~ 6 mm，披针形，膜质；孢子散后能育枝能存活。不育枝高 30 ~ 60 cm，禾秆色或灰绿色，轮生分枝多，主枝中部以下无分枝，有脊 14 ~ 22 条，脊的背部弧形；鞘筒狭长，长约 3 mm；鞘齿 14 ~ 22 枚，披针形，膜质。侧枝柔软纤细，扁平状，有 3 ~ 4 条狭而高的脊，脊的背部光滑；鞘齿不呈开张状。孢子囊穗椭圆柱状，长 1.0 ~ 2.2 cm，直径 3 ~ 7 mm，顶端钝，成熟时柄伸长，柄长 1.7 ~ 4.5 cm。

生　　境　生于林缘、草地及灌丛等处，常聚集成片生长。

分　　布　黑龙江大兴安岭、小兴安岭、张广才岭、老爷岭等地。吉林长白山各地。辽宁沈阳。内蒙古额尔古纳、根河、科尔沁右翼前旗、阿鲁科尔沁旗、巴林右旗、克什克腾旗、翁牛特旗、西乌珠穆沁旗、阿巴嘎旗等地。河北、山西、陕西、甘肃、新疆、山东、河南、湖北、湖南。朝鲜、俄罗斯、日本。欧洲、北美洲。

采　　制　夏、秋季采割全草，除去杂质，切段，洗净，晒干。

性味功效　有疏风清热、明目退翳、利尿、止血的功效。

主治用法　用于治疗动脉粥样硬化、目赤肿痛、眼生翳膜、热淋、小便不利、鼻衄、月经过多、崩漏等。水煎服。

用　　量　5 ~ 10 g（鲜品 30 ~ 60 g）。

◎参考文献◎

[1] 严仲铠，李万林．中国长白山药用植物彩色图志 [M]．北京：人民卫生出版社，1997: 87-88.
[2] 江纪武．药用植物辞典 [M]．天津：天津科学技术出版社，2005: 298.
[3] 中国药材公司．中国中药资源志要 [M]．北京：科学出版社，1994: 77.

林木贼 *Equisetum sylvaticum* L.

别　　名　林问荆　林下木贼

俗　　名　节骨草

药用部位　木贼科林木贼的全草。

原 植 物　多年生中大型植物。根状茎直立或横走，黑棕色。枝二型，能育枝与不育枝同期萌发。能育枝高 20 ~ 30 cm，红棕色，有脊 10 ~ 14 条；鞘筒上部红棕色，下部禾秆色；鞘齿连成 3 ~ 4 个宽裂片；孢子散后能育枝能存活。不育枝高 30 ~ 70 cm，轮生分枝多，主枝中部以下无分枝，有脊 10 ~ 16 条，脊的背部方形；鞘筒上部红棕色，长约 6 mm；鞘齿连成 3 ~ 4 个宽裂片，长约 0.6 cm，卵状三角形，膜质，红棕色，宿存。侧枝柔软纤细，扁平状，有脊 3 ~ 8 条，脊的背部有刺突或光滑，鞘齿呈开张状。孢子囊穗圆柱状，长 1.5 ~ 2.5 cm，直径 5 ~ 7 mm，顶端钝，成熟时柄伸长，柄长 3.0 ~ 4.5 cm。

生　　境　生于林缘、林间草地、灌丛及林间湿地等处，常聚集成片生长。

▼林木贼孢子囊穗

▲林木贼幼株

分　　布　黑龙江大兴安岭、小兴安岭、张广才岭、老爷岭等地。吉林长白山各地。辽宁宽甸、桓仁、新宾等地。内蒙古额尔古纳、根河、牙克石、阿尔山、科尔沁右翼前旗、东乌珠穆沁旗等地。山东、新疆。朝鲜、俄罗斯、日本。欧洲、北美洲。

采　　制　夏、秋季割取地上部分，除去杂质，晒干药用。

性味功效　有止血、利尿、收敛、镇痛的功效。

主治用法　用于治疗风湿、痛风、癫痫、滑胎、肾炎及膀胱炎等。水煎服。

用　　量　10 ~ 20 g。

◎参考文献◎

[1] 严仲铠，李万林．中国长白山药用植物彩色图志 [M]．北京：人民卫生出版社，1997: 89.

[2] 江纪武．药用植物辞典 [M]．天津：天津科学技术出版社，2005: 299.

▲林木贼植株

▲问荆群落

▼问荆孢子囊穗

问荆 *Equisetum arvense* L.

别　　名 问荆木贼　节节草

俗　　名 笔头菜　节骨草　麻黄草　猪鬃草

药用部位 木贼科问荆的全草。

原 植 物 多年生中小型植物。根状茎斜升，直立或横走。枝二型。能育枝春季先萌发，高 5 ~ 35 cm，黄棕色；鞘筒栗棕色或淡黄色，长约 0.8 cm，鞘齿 9 ~ 12 枚，孢子散后能育枝枯萎。不育枝后萌发，高达 40 cm，绿色，轮生分枝多，主枝中部以下有分枝。脊的背部弧形，无棱，有横纹，无小瘤；鞘筒狭长，绿色，鞘齿三角形，5 ~ 6 枚，中间黑棕色，边缘膜质，淡棕色，宿存。侧枝柔软纤细，扁平状，有 3 ~ 4 条狭而高的脊，脊的背部有横纹；鞘齿 3 ~ 5 个，披针形，绿色，边缘膜质，宿存。孢子囊穗圆柱形，长 1.8 ~ 4.0 cm，直径 0.9 ~ 1.0 cm，顶端钝，成熟时柄伸长，柄长 3 ~ 6 cm。

▲问荆植株（河岸型）

生　　境　生于草地、河边、沟渠旁、耕地、撂荒地等沙质土壤中，常聚集成片生长。

分　　布　全国各地。朝鲜、俄罗斯、日本。欧洲、北美洲。

采　　制　夏、秋季采割全草，除去杂质，切段，洗净，晒干。

性味功效　味苦，性凉。有清热利尿、止血、平肝明目、止咳平喘的功效。

主治用法　用于小便不利、尿路感染、咳嗽气喘、慢性气管炎、胃肠出血、咯血、衄血、目赤肿痛、月经过多、倒经、便血、淋病、骨折及关节痛等。水煎服。

用　　量　5～15 g（鲜品 50～100 g）。

附　　方

（1）治咳嗽气急：问荆 6 g，地骷髅 22 g。水煎服。

（2）治急淋、尿道炎、小便涩痛：鲜问荆 30 g（干品 25 g），冰糖 25 g。水煎服，每日 2 次。

（3）治腰痛：鲜问荆 100 g，豆腐 2 块。水煎服，每日 2 次。

（4）治刀伤：问荆烧灰存性，撒伤口。

（5）治慢性气管炎、咳嗽痰多：问荆全草 50 g（干品），加水 600～800 ml，煎沸 5～8 min，早晚分服。

（6）治咳嗽：用 2～3 棵问荆全草，加 1 碗多水，煎煮到问荆褪色时为止，

▼市场上的问荆生殖枝

▼问荆块茎及根

捞出全草，打入 2 个鸡蛋，喝汤吃蛋，连服几次见效（本溪民间方）。

（7）治水肿：每年端午节前后采集问荆全草，阴干，用时熬水洗全身（本溪民间方）。

◎参考文献◎

[1] 中国药材公司．中国中药资源志要 [M]．北京：科学出版社，1994: 76.

[2] 朱有昌．东北药用植物 [M]．哈尔滨：黑龙江科学技术出版社，1989: 1-2.

[3]《全国中草药汇编》编写组．全国中草药汇编（上册）[M]．北京：人民卫生出版社，1975: 311-312.

▲问荆生殖枝

▼问荆植株（沙地型）

◀问荆幼株

▲市场上的溪木贼植株

▼溪木贼幼苗

溪木贼 *Equisetum palustre* L.

别　　名　水问荆　水木贼　犬问荆　节节菜

俗　　名　骨节草　节骨草　笔筒草

药用部位　木贼科溪木贼的全草（入药称“骨节草”）。

原 植 物　多年生大型植物。根状茎横走或直立，栗棕色。地上枝多年生。枝一型，空心，高 40 ~ 60 cm，主枝下部 1 ~ 3 节节间红棕色，主枝上部禾秆色或灰绿色。主枝有脊 14 ~ 20 条，脊的背部弧形，平滑而有浅色小横纹；鞘筒狭长，1.0 ~ 1.2 cm，淡棕色；鞘齿 14 ~ 20 枚，披针形，薄革质，黑棕色，背部扁平，无纵沟，宿存。侧枝无或纤细柔软，长 5 ~ 15 cm，直径 0.6 ~ 1.0 cm，禾秆色或灰绿色，有脊 5 ~ 7 条，脊的背部弧形；鞘齿 4 ~ 6 个，薄革质，禾秆色或略为棕色，宿存。孢子囊穗短棒状或椭圆形，长 1.2 ~ 2.5 cm，直径 0.6 ~ 1.2 cm，顶端钝，成熟时柄伸长，柄长 1.2 ~ 2.0 cm。

生　　境　生于针阔混交林、针叶林下阴湿地及沼泽、池塘等处，常聚集成片生长。

分　　布　黑龙江漠河、塔河、呼玛、黑河、伊春市区、铁力、嘉荫、萝北、鹤岗市区、五常、尚志、宁安、海林、东宁、穆棱等地。吉林长白山各地。辽宁沈阳。内蒙古额尔古纳、牙克石、鄂伦春旗、鄂温克旗、阿尔山、科尔沁右翼前旗、科尔沁左翼

▲溪木贼植株

▲溪木贼孢子囊穗

后旗、阿巴嘎旗等地。四川、甘肃、新疆、西藏。朝鲜、俄罗斯、蒙古、日本。欧洲、北美洲。

采　　制　夏、秋季割取地上部分，除去杂质，洗净，鲜用或晒干。

性味功效　味甘、微苦，性平。有清热利尿、舒筋活血、明目、止血的功效。

主治用法　用于风湿性关节炎、跌打损伤、迎风流泪、肠风、血痔、血痢、石淋及崩中等。水煎服。

用　　量　10 ~ 25 g（鲜品 25 ~ 50 g）。

附　　方

（1）治目翳：鲜骨节草 50 g，冰糖 25 g，猪赤肉 100 g。水炖，早晚分服。

（2）治跌打伤筋：干骨节草 25 g，猪赤肉 100 g。水炖服。

（3）治石淋：鲜骨节草 50 g，冬蜜 25 g。开水 1 杯冲泡服。

◎参考文献◎

[1] 江苏新医学院．中药大辞典（下册）[M]．上海：上海科学技术出版社，1977：1657-1658.

[2] 朱有昌．东北药用植物 [M]．哈尔滨：黑龙江科学技术出版社，1989：4-5.

[3] 《全国中草药汇编》编写组．全国中草药汇编（上册）[M]．北京：人民卫生出版社，1975：311-312.

▲溪木贼幼株

▲木贼群落

木贼 *Equisetum hyemale* L.

别　　名　锉草　木贼草　节节草

俗　　名　节骨草　错草

药用部位　木贼科木贼的地上部分。

原 植 物　多年生大型植物。根状茎横走或直立，黑棕色，节和根有黄棕色长毛。地上枝多年生。枝一型，高达 1 m 或更高，中部直径 3 ~ 9 mm，节间长 5 ~ 8 cm，绿色，不分枝或直基部有少数直立的侧枝。地上枝有脊 16 ~ 22 条，脊的背部弧形或近方形，无明显小瘤或有小瘤 2 行；鞘筒 0.7 ~ 1.0 cm，黑棕色或顶部及基部各有 1 圈或仅顶部有 1 圈黑棕色；鞘齿 16 ~ 22 枚，披针形，小，长 0.3 ~ 0.4 cm。顶端淡棕色，膜质，芒状，早落，下部黑棕色，薄革质，基部的背面有 3 ~ 4 条纵棱，宿存或同鞘筒一起早落。孢子囊穗卵状，长 1.0 ~ 1.5 cm，直径 0.5 ~ 0.7 cm，顶端有小尖突，无柄。

生　　境　生于针阔混交林、针叶林下阴湿地及潮湿的林间草地等处，常成单优势的大面积群落。

分　　布　黑龙江伊春市区、铁力、通河、延寿、依兰、汤原、巴彦、勃利、桦南、海林、五常、尚志、宁安、东宁等地。吉林长白山各地。辽宁宽甸、凤城、本溪、桓仁、抚顺、新宾、清原、

▼木贼植株

▲木贼居群

岫岩、营口、凌原等地。内蒙古科尔沁右翼前旗、宁城、克什克腾旗、西乌珠穆沁旗等地。河北、河南、湖北、四川、陕西、甘肃、新疆。朝鲜、俄罗斯、日本。欧洲、北美洲、中美洲。

采　　制　夏、秋季割取地上部分，除去杂质，切段，洗净，晒干。

性味功效　味甘、苦，性平。有疏风散热、解肌、明目退翳的功效。

主治用法　用于目生云翳、目赤肿痛、迎风流泪、肠风下血、内痔便血、喉痛、血痢、月经不调、胎动不安、脱肛、疟疾、痈肿等。水煎服。

用　　量　5 ~ 15 g。

附　　方

（1）治结膜炎、目翳：木贼、青葙子、菊花、蝉蜕各 15 g。水煎服。

（2）治眼结膜炎、目翳、目昏多泪、迎风流泪：木贼、青葙子、菊花蝉蜕各 9 g。水煎服。或用木贼、菊花各 9 g，苍术 6 g。水煎服。如为急性结膜炎，则用木贼、菊花、栀子各 9 g，赤芍 6 g。水煎服。

（3）治目障昏蒙多泪：木贼（去节）30 g。研为末，和羊肝捣为丸，早晚饭后服 6 g。

（4）治肠风下血：木贼（去节，炒）30 g，木馒（炒）、枳壳（制）、槐角（炒）、茯苓、荆芥各 15 g。上药研为末，每服 6 g，浓煎枣汤调下。

（5）治便血：木贼 9 g，地榆 9 g，槐角 6 g。水煎服，每日 2 次。

（6）治血痢不止：木贼 15 g。水煎温服，每日 1 服。

（7）治脱肛多年不愈：木贼适量。烧存性，研为末，搽肛门上，按之。

（8）治妇女月经不止：木贼（炒）9 g。水 1 盏煎至七分，温服。每日 1 服。

（9）治胎动不安：木贼（去节）、川芎各等量。研为末，每服 9 g。水 1 盏，加金银花 3 g，煎服。

附　注

（1）本品为《中华人民共和国药典》（2020 年版）收录的药材。

（2）本品以吉林柳河一带质量最好，敦化次之。

◎参考文献◎

[1] 江苏新医学院．中药大辞典（上册）[M]．上海：上海科学技术出版社，1977: 356-357.

[2] 朱有昌．东北药用植物 [M]．哈尔滨：黑龙江科学技术出版社，1989: 3-4.

[3]《全国中草药汇编》编写组．全国中草药汇编（上册）[M]．北京：人民卫生出版社，1975: 175-176.

▲市场上的木贼植株

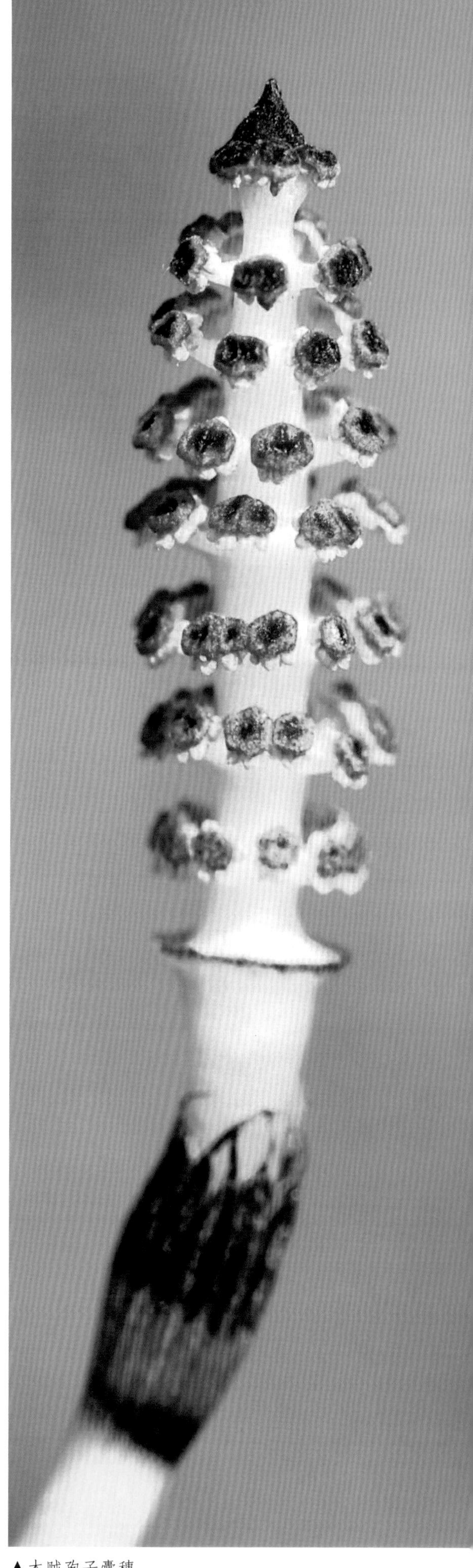

▲木贼孢子囊穗

▲节节草群落

▼节节草孢子囊穗（初期）

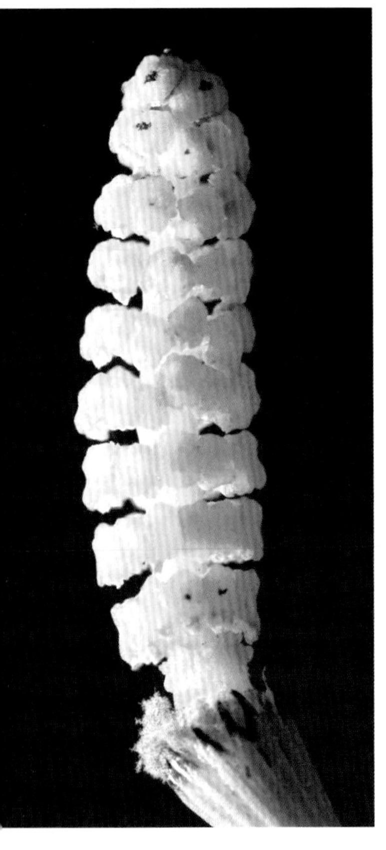

节节草 *Equisetum ramosissimum* Desf.

别　　名　多枝木贼　节节木贼

俗　　名　土木草　通气草　草麻黄　节骨草　土麻黄

药用部位　木贼科节节草的地上部分（入药称“笔筒草”）。

原 植 物　多年生中小型植物。根状茎直立，横走或斜升，黑棕色。地上枝多年生。枝一型，高 20 ~ 60 cm，绿色，主枝多在下部分枝，常形成簇生状；幼枝的轮生分枝明显或不明显；主枝有脊 5 ~ 14 条，脊的背部弧形；鞘筒狭长达 1 cm，下部灰绿色；鞘齿 5 ~ 12 枚，三角形，灰白色，黑棕色或淡棕色，基部扁平或弧形，早落或宿存，齿上气孔带明显或不明显。侧枝较硬，圆柱状，有脊 5 ~ 8 条，脊上平滑或有 1 行小瘤或有浅色小横纹；鞘齿 5 ~ 8 个，披针形，革质但边缘膜质，上部棕色，宿存。孢子囊穗短棒状或椭圆形，长 0.5 ~ 2.5 cm，中部直径 0.4 ~ 0.7 cm，顶端有小尖突，无柄。

生　　境　生于潮湿路旁、溪边及沙地上，常聚集成片生长。

分　　布　黑龙江杜尔伯特、林甸、肇源、肇州等地。吉林通榆、镇赉、洮南、长岭、前郭尔罗斯等地。辽宁本溪、沈阳、辽阳、盖州、长海、大连市区、凌源、彰武等地。内蒙古科尔沁右翼中旗、扎鲁特旗、科尔沁左翼后旗、奈曼旗、库伦旗、翁牛特旗等地。全国各地（除广东、广西外）。朝鲜、俄罗斯、日本、印度、尼泊尔。欧洲、北美洲。

采　　制　夏、秋季割取地上部分，除去杂质，切段，洗净，晒干。

性味功效　味甘、微苦，性平。有祛风清热、除湿利尿、明目退翳的功效。

主治用法　用于目赤肿痛、角膜云翳、肝炎、咳嗽、支气管炎、泌尿系统感染、尿血、便血、鼻衄、牙痛等。水煎服。外用煎水洗或捣烂敷患处。

用　　量　15 ~ 25 g（鲜品 50 ~ 100 g）。

附　　方

（1）治慢性肝炎：节节草、络石藤、川楝子各 15 g，山栀子根、蓝萼香茶菜各 20 g。水煎服。

（2）治慢性气管炎：节节草 50 g，加水 700 ml，浸泡 0.5 h，煮沸 5 ~ 8 min，每日分 2 ~ 3 次服，10 d 为一个疗程。

（3）治眼雾：节节草煎水洗并内服。

（4）治急性淋病：节节草 50 g，冰糖 25 g。水煎服。

（5）治肠风下血、赤白带下、跌打损伤：节节草 10 g。水煎服。

▼节节草孢子囊穗（后期）

▲节节草植株

◎参考文献◎

[1] 江苏新医学院．中药大辞典（下册）[M]．上海：上海科学技术出版社，1977: 1877-1878.

[2] 朱有昌．东北药用植物 [M]．哈尔滨：黑龙江科学技术出版社，1989: 5-6.

[3] 《全国中草药汇编》编写组．全国中草药汇编（上册）[M]．北京：人民卫生出版社，1975: 270-271.

▲内蒙古自治区阿尔山国家地址公园驼峰岭天池森林秋季景观

▲劲直阴地蕨幼株（前期）

▼劲直阴地蕨幼苗（后期）

阴地蕨科 Botrychiaceae

本科共收录 1 属、1 种。

阴地蕨属 *Sahashia* Sw.

劲直阴地蕨 *Sahashia stricta*（Underw.）Li Bing Zhang & Liang Zhang

别　　名　劲直假阴地蕨 穗状假阴地蕨

俗　　名　抓地虎 三太草

药用部位　阴地蕨科劲直阴地蕨的地上部分（入药称“抓地虎”）。

原 植 物　多年生土生植物。根状茎短，直立，具粗健肉质的长根。总叶柄长 25 ~ 32 cm，淡绿色，多汁草质。营养叶片为广三角形，长约 18 cm，

▲劲直阴地蕨幼株（后期）

基部宽 25 ~ 30 cm；侧生羽片 7 ~ 9 对，对生，斜出，下部 3 对张开，相离 2 ~ 3 cm，但各羽片彼此密接，基部 1 对最大；一回小羽片约 12 对，斜出，密接，互生；末回裂片长圆形，长 5 ~ 8 mm，宽 5 mm，钝头；第 2 对羽片起向上逐渐缩短，长 12 ~ 13 cm；叶为薄草质，平滑，干后为绿色。叶脉明显。孢子叶自营养叶的基部生出，长几乎等于营养叶或较短，柄长 5 ~ 6 cm，孢子囊穗长 7 ~ 12 cm，宽 1 ~ 2 cm，线状披针形，一回羽状，小穗长约 1 cm，密集，向上。

生　境　生于针阔混交林、针叶林下等土质较肥沃的地方。

分　布　黑龙江张广才岭。吉林通化、安图、蛟河、辉南等地。辽宁本溪、桓仁、宽甸、凤城、清原、新宾、抚顺、铁岭市区、西丰、开原等地。内蒙古科尔沁左翼后旗。朝鲜、俄罗斯（西伯利亚中东部）等。

采　制　夏、秋季割取地上部分，晒干药用。

劲直阴地蕨幼苗（前期）▶

▲劲直阴地蕨孢子囊穗

▲劲直阴地蕨孢子囊群

性味功效　味甘，性寒。有清热解毒的功效。

主治用法　用于毒蛇咬伤。水煎或兑黄酒服。外用掺面粉捣敷患处。

用　　量　6～9g。外用适量。

◎参考文献◎

[1] 钱信忠. 中国本草彩色图鉴（第三卷）[M]. 北京：人民卫生出版社，2003: 84-85.

[2] 江纪武. 药用植物辞典 [M]. 天津：天津科学技术出版社，2005: 114.

[3] 中国药材公司. 中国中药资源志要 [M]. 北京：科学出版社，1994: 79.

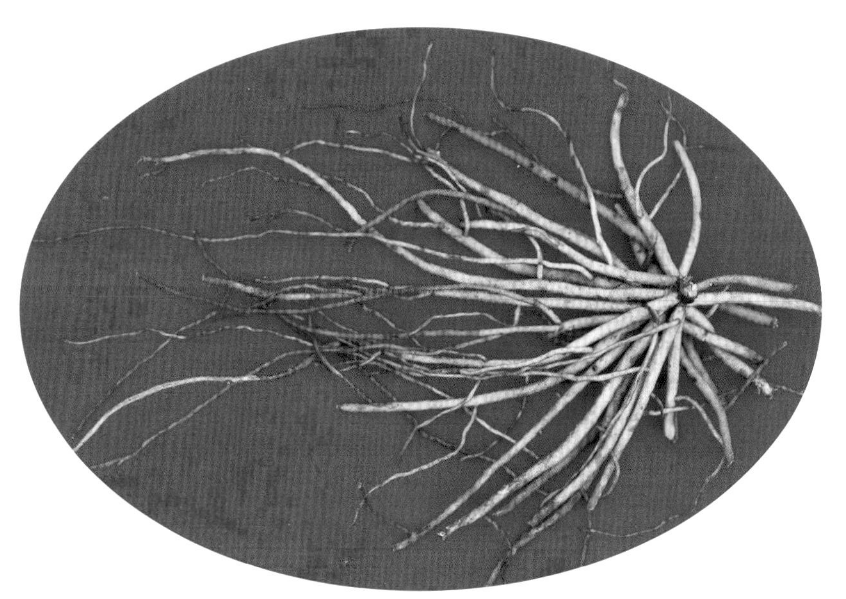

▲劲直阴地蕨根

▲劲直阴地蕨植株

▲吉林长白山国家级自然保护区天池湿地春季景观

▲瓶尔小草幼株

瓶尔小草科 Ophioglossaceae

本科共收录 1 属、2 种。

瓶尔小草属 *Ophioglossum* L.

瓶尔小草 *Ophioglossum vulgatum* L.

俗　　名　一支箭 一支枪 矛盾草 一矛一盾 蛇须草

药用部位　瓶尔小草科瓶尔小草的全草。

原 植 物　多年生土生植物。根状茎短而直立，具 1 簇肉质粗根，如匍匐茎一样向四面横走，生出新植物。叶通常单生，总叶柄长 6 ~ 9 cm，深埋土中，下半部为灰白色，较粗大。营养叶为卵状长圆形或狭卵形，长 4 ~ 6 cm，宽 1.5 ~ 2.4 cm，先端钝圆或急尖，基部急剧变狭并稍下延，无柄，微肉质到草质，全缘，网状脉明显。孢子叶长 9 ~ 18 cm 或更长，较粗健，自营养叶基部生出。孢子穗长 2.5 ~ 3.5 cm，宽约 2 mm，先端尖，远高出营养叶。

生　　境　生于杂木林下及灌丛中。

分　　布　吉林安图、靖宇等地。江苏、安徽、湖北、四川、陕西、贵州、云南、台湾、西藏。欧洲、美洲。

采　　制　夏、秋季采挖全草，晒干药用。

性味功效　味甘，性平。有清热解毒、凉血镇痛的功效。

主治用法　用于喉痛、喉痹、白喉、劳伤吐血、口腔疾患、小儿肺炎、脘腹胀痛、毒蛇咬伤、疔疮肿毒、急性结膜炎、角膜云翳、眼睑缘炎等。水煎服或研末。外用鲜草捣烂敷患处。

用　　量　15 ~ 25 g。外用适量。

附　　方

（1）治毒蛇咬伤：瓶尔小草 15 g。水煎服。另取鲜药适量，捣烂敷患处。也可用干粉 5 g。分 3 次服，以酒送服。另取 5 g 调酒，由上而下擦伤口周围，勿擦伤口。

（2）治痨咳带血丝：全草与猪肺煮热服。

（3）治喉痹、喉痛：全草捣汁服。

（4）治恶性面疔：捣冰糖敷之，能消肿退黄。

（5）治小儿各种热性疾患：全草捣汁兑冰糖服。能解热消炎。

（6）治白喉：全草捣汁，兑冬蜜服。

（7）治各种蛇伤：全草洗净，生嚼咽汁，留渣吐出，趁温敷伤口。

（8）治痔疮、疔疮：全草 25 g。水煎服。

（9）治疮毒不清、愈而又发：鲜草一大把。洗净，和猪肉炖服。

（10）治乳痈：瓶尔小草、蒲公英各等量，捣烂外敷。

（11）治心胃气痛、顽固久病：瓶尔小草干粉，每服 0.25 g，酒送下。

◎参考文献◎

[1] 江苏新医学院．中药大辞典(下册)[M]．上海：上海科学技术出版社，1977: 1952.

[2] 朱有昌．东北药用植物 [M]．哈尔滨：黑龙江科学技术出版社，1989: 19-21.

[3] 《全国中草药汇编》编写组．全国中草药汇编（下册）[M]．北京：人民卫生出版社，1975: 652-653.

▼瓶尔小草根

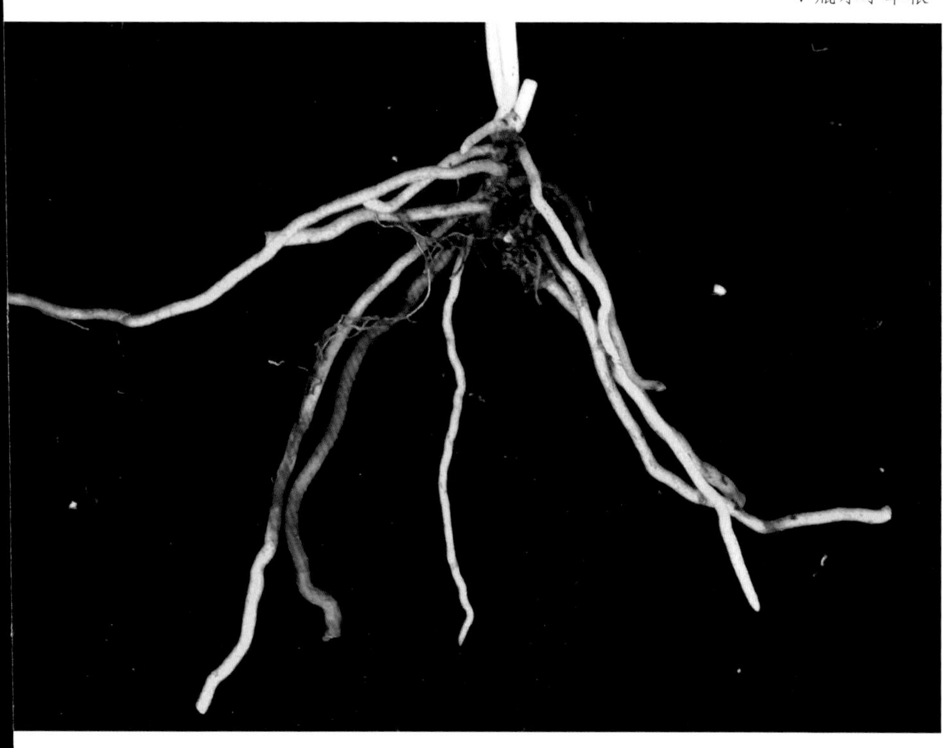

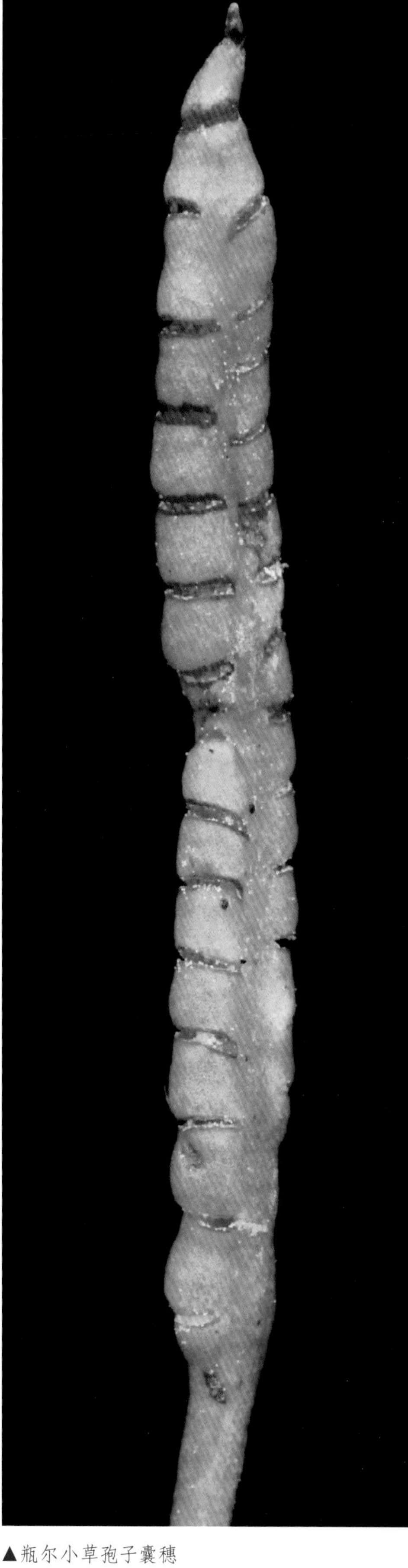

▲瓶尔小草孢子囊穗

▲瓶尔小草植株

狭叶瓶尔小草 *Ophioglossum thermale* Kom.

▲狭叶瓶尔小草植株

别　　名　温泉瓶尔小草

俗　　名　一支箭

药用部位　瓶尔小草科狭叶瓶尔小草的全草。

原 植 物　多年生土生植物。根状茎细短，直立，有 1 簇细长不分枝的肉质根，向四面横走如匍匐茎，在先端发生新植物。叶单生或 2 ~ 3 叶一同自根部生出，总叶柄长 3 ~ 6 cm，纤细，绿色，或下部埋于土中，呈灰白色；营养叶为单叶，每梗 1 片，无柄，长 2 ~ 5 cm，宽 3 ~ 10 mm，倒披针形或长圆倒披针形，向基部为狭楔形，全缘，先端微尖或稍钝，草质，淡绿色，具不明显的网状脉，但在光下则明晰可见。孢子叶自营养叶的基部生出，柄长 5 ~ 7 cm，高出营养叶，孢子囊穗长 2 ~ 3 cm，狭楔形，先端尖，由 15 ~ 28 对孢子囊组成。孢子灰白色，近于平滑。

▲狭叶瓶尔小草幼株

生　　境　生于湿地及温泉附近，常聚集成片生长。

分　　布　黑龙江张广才岭。吉林安图。辽宁桓仁、宽甸等地。内蒙古库伦旗。河北、江西、江苏、陕西、四川、云南。朝鲜、俄罗斯（堪察加半岛）、日本。

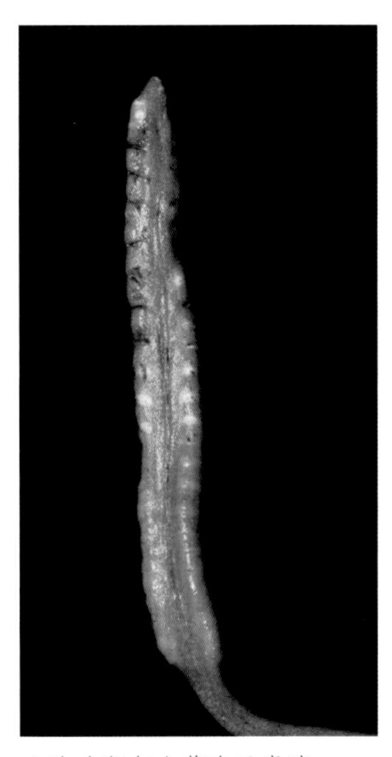

▲狭叶瓶尔小草孢子囊穗

采　　制　夏、秋季采挖全草，晒干药用。

性味功效　味微甘、酸，性凉。有小毒。有清热解毒、活血散瘀的功效。

主治用法　用于乳痈、疔疮、疥疮身痒、毒蛇咬伤、跌打损伤及瘀血肿痛等。水煎服。外用鲜草捣烂敷患处。

用　　量　15 ~ 30 g。外用适量。

◎参考文献◎

[1] 江苏新医学院．中药大辞典（上册）[M]．上海：上海科学技术出版社，1977: 1.

[2] 朱有昌．东北药用植物 [M]．哈尔滨：黑龙江科学技术出版社，1989: 19-21.

[3]《全国中草药汇编》编写组．全国中草药汇编（上册）[M]．北京：人民卫生出版社，1975: 652-653.

▲内蒙古辉河国家级自然保护区湿地秋季景观

▲分株紫萁群落（草甸型）

▼分株紫萁幼株（前期）

紫萁科 Osmundaceae

本科共收录 1 属、2 种。

紫萁属 *Osmunda* L.

分株紫萁 *Osmunda cinnamomea* L.

别　　名　桂皮紫萁

俗　　名　牛毛广　牛毛广东　薇菜　贯众

药用部位　紫萁科分株紫萁的根状茎。

原 植 物　多年生土生植物。根状茎短粗直立，顶端有叶丛簇生。叶二型。不育叶的柄长 30 ~ 40 cm，坚强，干后为淡棕色；叶片长 40 ~ 60 cm，宽 18 ~ 24 cm，长圆形或狭长圆形，渐尖头，二回羽状深裂，下部的对生、平展，上部的互生、向上斜，相距 2.5 cm，披针形，渐尖头，长 8 ~ 10 cm，宽 1.8 ~ 2.4 cm，基部截形；裂片的 15 对，长圆形，圆头。中脉明显，侧脉羽状，斜向上，每脉二叉分枝。叶为薄纸质，干后为黄绿色，幼时密被灰棕色茸毛，成长后变为光滑。孢子叶比营养叶短而瘦弱，遍体密被灰棕色茸毛，叶片强度紧缩，羽片长 2 ~ 3 cm，裂片缩成线形，背面满布暗棕色的孢子囊。

生　　境　生于林下、林缘、灌木丛、沟谷边及湿地等处，常聚集成片生长。

分　　布　黑龙江小兴安岭以南林区各地。吉林长白山各地。辽宁本溪、凤城、宽甸、丹东市区等地。华北、西南。朝鲜、俄罗斯（西伯利亚中东部）、日本等。

采　　制　春、秋季采挖根状茎，剪掉须根，除去泥土，洗净，晒干。

性味功效　味苦、涩，性微寒。有清热、解毒、止血、镇痛、利尿、杀虫的功效。

主治用法　用于治疗痢疾、便血、鼻衄、

▲分株紫萁孢子囊穗

▲分株紫萁幼株（后期）

▲分株紫萁植株

市场上的分株紫萁幼株（鲜）

▲分株紫萁群落（林下型）

▲分株紫萁根状茎

▲市场上的分株紫萁嫩叶柄（干）

▼分株紫萁幼苗

腮腺炎、麻疹、感冒、水痘、绦虫病、钩虫病、蛲虫病及外伤出血等。水煎服。

用　　量　10 ~ 15 g。

◎参考文献◎

[1] 严仲铠，李万林．中国长白山药用植物彩色图志[M]．北京：人民卫生出版社，1997: 91.

[2] 《全国中草药汇编》编写组．全国中草药汇编(上册)[M]．北京：人民卫生出版社，1975: 501-507.

[3] 中国药材公司．中国中药资源志要 [M]．北京：科学出版社，1994: 82.

▲绒紫萁植株

◀绒紫萁根状茎

▼绒紫萁孢子囊群

绒紫萁 *Osmunda claytoniana* L.

别　　名　绒蕨

俗　　名　牛毛广　牛毛广东　薇菜

药用部位　紫萁科绒紫萁的根状茎。

原 植 物　多年生土生植物。根状茎短粗，顶端叶丛簇生。叶一型，柄长 1.5 ~ 20.0 cm；叶片为长圆形，长 30 ~ 40 cm，宽 15 ~ 24 cm，急尖头，幼时通体被淡棕色茸毛，二回羽状深裂；羽片 18 ~ 25 对，对生或近对生，相距 2 ~ 3 cm，长 8 ~ 12 cm，宽 2 ~ 3 cm，披针形，急尖头，基部近截形，向顶部的羽片逐渐缩短，羽状深裂几达羽轴；裂片彼此接近，14 ~ 18 对，长圆形，圆头。叶脉纤细，分枝，小脉达于叶边，两面明显，但不隆起。叶为草质，干后黄绿色，叶轴上有淡红色的茸毛。基部 1 ~ 2 对营养羽片以上的羽片为能育，能育羽片 2 ~ 3 对，大大缩短，

▲绒紫萁群落

▼绒紫萁幼株

暗棕色，被有淡红色茸毛。

生　　境　生于林缘或河岸草地，常聚集成片生长。

分　　布　黑龙江小兴安岭以南林区各地。吉林安图、抚松、长白等地。辽宁宽甸、桓仁等地。四川、贵州、云南、台湾。朝鲜、俄罗斯（西伯利亚中东部）、印度、尼泊尔。

采　　制　春、秋季采挖根状茎，剪掉须根，除去泥土，洗净，晒干。

性味功效　味苦，性平。有舒筋活络的功效。

主治用法　用于治疗筋骨麻木等症。水煎服。

用　　量　6～9g。

◎参考文献◎

[1] 江纪武．药用植物辞典 [M]．天津：天津科学技术出版社，2005：558.

[2] 中国药材公司．中国中药资源志要 [M]．北京：科学出版社，1994：82-83.

▲绒紫萁孢子囊穗

▲吉林省松江河林业局白溪林场森林夏季景观

碗蕨科 Dennstaedtiaceae

本科共收录 1 属、2 种。

▲细毛碗蕨孢子囊群

碗蕨属 *Dennstaedtia* Bernh.

细毛碗蕨 *Dennstaedtia pilosella*（Hook.）Ching

别　　名　细毛鳞蕨

药用部位　碗蕨科细毛碗蕨的全草。

原 植 物　多年生土生植物。根状茎横走或斜升。叶近生或几为簇生，柄长 9 ~ 14 cm。叶片长 10 ~ 20 cm，宽 4.5 ~ 7.5 cm，长圆披针形，先端渐尖，二回羽状，羽片 10 ~ 14 对，对生或互生，相距 1.5 ~ 2.5 cm；一回小羽片 6 ~ 8 对，长 1.0 ~ 1.7 cm，宽 5 mm 左右，长圆形或阔披针形，上先出，基部上侧 1 片较长，与叶轴并行，两侧浅裂，顶端有 2 ~ 3 个尖锯齿，基部楔形，下延和羽轴相连，小裂片先端具 1 ~ 3 个小尖齿。叶脉羽状分叉，不到达齿端，每个小尖齿有小脉 1 条。叶草质，干后绿色或黄绿色，两面密被灰色节状长毛；叶轴与叶柄同色。孢子囊群圆形，生于小裂片腋中；囊群盖浅碗形，绿色。

生　　境　生于灌木林下石质湿地或阴湿石砬子上表面的薄土上。

分　　布　黑龙江张广才岭。吉林长白、临江、集安等地。辽宁丹东市区、凤城、鞍山、庄河、长海、大连市区等地。河北、陕西、山东、福建、贵州、四川、湖南、江西、安徽、浙江。朝鲜、俄罗斯（西伯利亚中东部）、日本。

采　　制　夏、秋季采挖全草，除去泥土，洗净，晒干。

性味功效　有祛风除湿、通经活血的功效。

主治用法　用于治疗风湿性关节炎、劳伤疼痛等症。水煎服。

用　　量　适量。

▼细毛碗蕨植株

◎参考文献◎

[1] 江纪武. 药用植物辞典[M]. 天津: 天津科学技术出版社, 2005: 256.

溪洞碗蕨 *Dennstaedtia wilfordii* (Moore) Christ

别　　名　魏氏碗蕨

药用部位　碗蕨科溪洞碗蕨的全草。

原 植 物　多年生土生植物。根状茎细长，横走，黑色。叶二列疏生或近生；柄长 14 cm 左右，基部栗黑色。叶片长 27 cm 左右，长圆披针形，先端渐尖或尾头，2 ~ 3回羽状深裂；羽片 12 ~ 14对，长2 ~ 6 cm，宽 1.0 ~ 2.5 cm，卵状阔披针形或披针形，羽柄长 3 ~ 5 mm，互生，相距 2 ~ 3 cm，斜向上，一至二回羽状深裂；一回小羽片长 1.0 ~ 1.5 cm，长圆卵形，上先出，基部楔形；末回羽片先端为 2 ~ 3 对的短尖头，边缘全缘。中脉不显，侧脉杆胭明显，弱状分叉。叶薄草质，干后淡绿或草绿色；叶轴上面有沟，下面圆形，禾秆色。孢子囊群圆形，生于末回羽片的腋中或上侧小裂片先端；囊群盖半盅形。

▲溪洞碗蕨植株

生　　境　生于灌丛、砾石地及溪边湿地等处。

分　　布　黑龙江张广才岭。吉林抚松、长白、靖宇、江源、临江、通化、集安等地。辽宁丹东市区、宽甸、凤城、本溪、桓仁、新宾、西丰、鞍山、大连等地。河北、山东、江苏、浙江、安徽、江西、福建、湖南、湖北、四川、陕西。朝鲜、俄罗斯（西伯利亚）、蒙古、日本。

采　　制　夏、秋季采挖全草，除去泥土，洗净，晒干。

性味功效　有清热解毒的功效。

主治用法　用于跌打损伤。水煎服。

用　　量　适量。

◎参考文献◎

[1] 江纪武. 药用植物辞典 [M]. 天津：天津科学技术出版社，2005: 256.

▲溪洞碗蕨叶

▲溪洞碗蕨孢子囊群

▲吉林长白山国家级自然保护区鸭绿江大峡谷森林秋季景观

▲蕨群落

▲市场上的蕨嫩叶柄（干）

蕨科 Pteridiaceae

本科共收录 1 属、1 种。

蕨属 *Pteridium* Scop.

蕨 *Pteridium aquilinum*（L.）Kuhn var. *latiusculum*（Desv.）Underw. ex Heller

俗　　名　蕨菜 如意菜 拳头菜 蕨儿菜 拳手菜 猫爪子

药用部位　蕨科蕨的根状茎及嫩叶。

原 植 物　多年生土生植物。植株高可达 1 m。根状茎长而横走。叶远生；柄长 20 ~ 80 cm；叶片阔三角形或长圆三角形，长 30 ~ 60 cm，宽 20 ~ 45 cm，先端渐尖，基部圆楔形，三回羽状；羽片 4 ~ 6 对，对生或近对生；小羽片约 10 对，互生，斜展，披针形，长 6 ~ 10 cm，宽 1.5 ~ 2.5 cm；裂片 10 ~ 15 对，长圆形，长约 14 mm，宽约 5 mm，钝头或近圆头；中部以上的羽片逐渐变为一回羽状，长圆披针形，基部较宽，对称。叶脉稠密。叶干后近革质或革质，暗绿色。叶轴及羽轴均光滑，小羽轴上面光滑，下面被疏毛，少有密毛，各回羽轴上面均有深纵沟 1 条，沟内无毛。

生　　境　生于腐殖质肥沃的林下、荒山坡、林缘及灌丛等处，常聚集成片生长。

分　　布　黑龙江小兴安岭以南山区各地。吉林长白山各地。辽宁山区各地。内蒙古山区各地。全国绝大部分地区。全世界温带和暖温带地区。

采　　制　春、秋季采挖根状茎，除去泥土，剪去不定根，洗净，晒干。夏季采收嫩叶，除去杂质，洗净，晒干。

性味功效　根状茎：味甘，性寒。有清热解毒、祛风利湿、降气化痰、利水安神的功效。嫩叶：味甘，性寒。有清热、滑肠、通便、降气的功效。

主治用法　根状茎：用于痢疾、黄疸、脱肛、高血压、头昏失眠、食膈、肠风热毒、风湿症、脱肛、白带异常、毒蛇咬伤等。水煎服。外用鲜品捣烂敷患处。叶：用于消化不良、食膈、气膈、肠风热毒、大便干燥、湿疹、痰饮、小便不利灼热疼痛等。水煎服或研末。外用鲜品捣烂敷患处。

用　　量　根状茎：15 ~ 25 g。外用适量。叶：15 ~ 25 g。外用适量。

附　　方

（1）治肠风热毒：蕨菜幼苗焙为末。每服 10 g，米汤饮下。

（2）治泄痢腹痛：蕨粉（根状茎研磨成粉）150 ~ 200 g。先用冷水少许调匀，加红糖，开水冲服。

（3）治发热不退：鲜蕨根状茎 50 ~ 100 g。水煎服。

（4）治湿疹：先将患处用水酒洗净，

▲蕨幼株

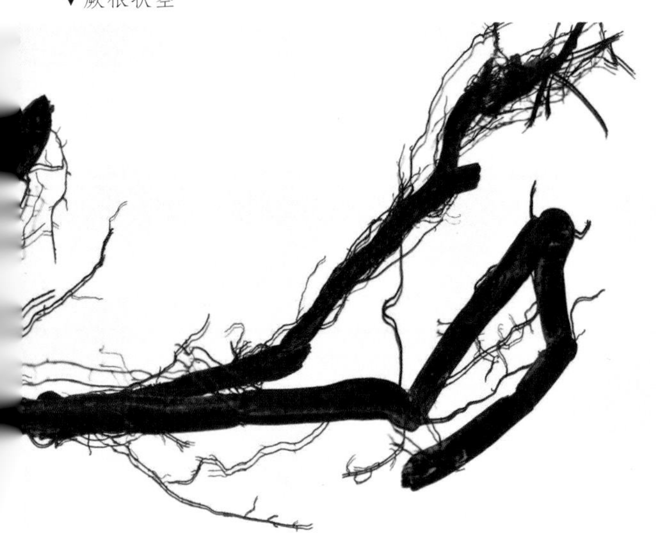

▼蕨根状茎

▼市场上的蕨嫩叶柄（鲜）

▲蕨孢子囊群

▼蕨幼苗

以蕨粉撒上或以甘油调擦。

附　注　据报道，新鲜的根状茎中含较多的绵马素，秋后更多，连续食用容易中毒，牲畜误食，作用也相同。

◎参考文献◎

[1] 朱有昌．东北药用植物[M]．哈尔滨：黑龙江科学技术出版社，1989:2604-2605.

[2] 钱信忠．中国本草彩色图鉴（第五卷）[M]．北京：人民卫生出版社，2003:433-434.

[3] 中国药材公司．中国中药资源志要[M]．北京：科学出版社，1994:90.

▲市场上的蕨嫩叶柄（用水泡开）

▲蕨植株

▲内蒙古额尔古纳国家级自然保护区森林秋季景观

▲银粉背蕨植株

中国蕨科 Sinopteridaceae

本科共收录 2 属、2 种、1 变种。

粉背蕨属 *Aleuritopteris* Fee

银粉背蕨 *Aleuritopteris argentea*（Gmel.）Fee

别　　名　五角叶粉背蕨

俗　　名　猪鬃毛　铁刷子　铁杆草　铜丝草　通经草　金牛草　金线草

药用部位　中国蕨科银粉背蕨的全草（入药称“通经草”）。

原 植 物　多年生岩生植物。植株高 15 ~ 30 cm。根状茎直立或斜升。叶簇生；叶柄长 10 ~ 20 cm，红棕色，有光泽；叶片五角形，长宽几相等，5 ~ 7 cm，先端渐尖，羽片 3 ~ 5 对，基部三回羽裂，中部二回羽裂，上部一回羽裂；基部 1 对羽片直角三角形，长 3 ~ 5 cm，小羽片 3 ~ 4 对，以圆缺刻分开，基部以狭翅相连，基部下侧 1 片最大，长 2.0 ~ 2.5 cm；裂片三角形或镰刀形；第 2

▲无银粉背蕨植株

对羽片为不整齐的一回羽裂，披针形。叶干后草质或薄革质，上面褐色，叶脉不显，下面被乳白色或淡黄色粉末。孢子囊群较多；囊群盖连续，狭，膜质，黄绿色，全缘，孢子极面观为钝三角形。

生　　境　生于石灰质山坡或岩石缝隙中。

分　　布　黑龙江大兴安岭、张广才岭等地。吉林长白山各地。辽宁丹东、宽甸、本溪、桓仁、鞍山市区、海城、长海、大连市区、建昌、凌源等地。内蒙古额尔古纳、鄂伦春旗、扎兰屯、科尔沁右翼前旗、扎鲁特旗、科尔沁左翼后旗、科尔沁左翼中旗、扎赉特旗、克什克腾旗、巴林左旗、巴林右旗、翁牛特旗、阿鲁科尔沁旗、东乌珠穆沁旗、西乌珠穆沁旗、阿巴嘎旗、正蓝旗、镶黄旗、正镶白旗、太仆寺旗等地。华北、西北、西南。朝鲜、日本、俄罗斯、蒙古、日本、尼泊尔、印度。

采　　制　夏、秋季采收全草，除去杂质，切段，洗净，晒干。

性味功效　味淡、微涩，性平。有补虚止咳、调经活血、祛湿的功效。

主治用法　用于月经不调、肝炎、赤白带下、闭经腹痛、结核咳嗽、肺炎、咯血、吐血、跌打损伤及小儿痉挛抽搐等。水煎服。

用　　量　15 ~ 25 g。

附　　方

（1）治月经不调、赤白带下：通经草 30 g。水煎服。

（2）治咳嗽咯血：通经草 25 g。煎汤，打鸡蛋。喝汤吃鸡蛋。

附　　注　在东北有 1 变种：

无银粉背蕨 var. *obscum*（Christ）Ching，叶背面淡绿色，无蜡质粉粒。其他与原种同。

▲无银粉背蕨居群

◎参考文献◎

[1] 江苏新医学院．中药大辞典（下册）[M]．上海：上海科学技术出版社，1977: 1977.
[2] 朱有昌．东北药用植物 [M]．哈尔滨：黑龙江科学技术出版社，1989: 24-25.
[3] 《全国中草药汇编》编写组．全国中草药汇编（下册）[M]．北京：人民卫生出版社，1975: 805.

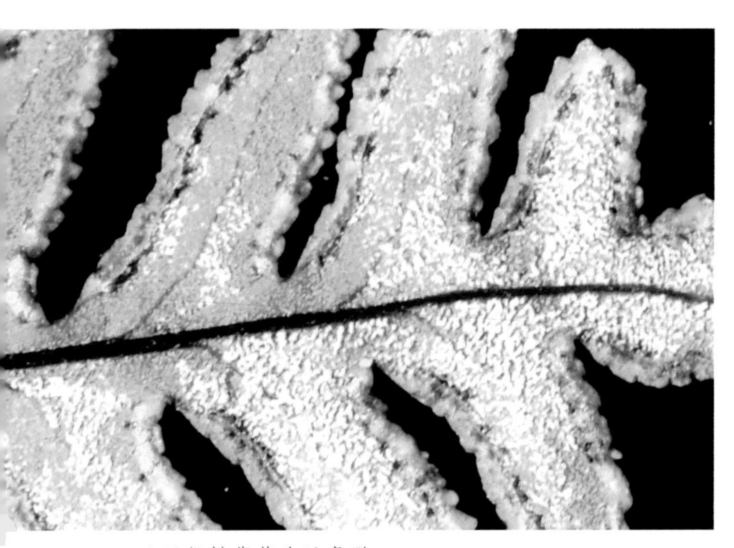

▲无银粉背蕨孢子囊群

▲银粉背蕨孢子囊群

▲华北薄鳞蕨孢子囊群

薄鳞蕨属 *Leptolepidium* Hsing et S. K. Wu

华北薄鳞蕨 *Leptolepidium kuhnii* (Milde) Hsing et S. K. Wu.

别　　名　小蕨鸡　孔氏粉背蕨　华北粉背蕨　华北银粉背蕨

药用部位　中国蕨科华北薄鳞蕨的全草（入药称“小蕨鸡”）。

原 植 物　多年生土生植物。植株高 20 ~ 40 cm。根状茎直立。叶簇生，柄长 10 ~ 15 cm，粗壮，栗红色；叶片长圆披针形，长 17 ~ 25 cm，宽 5.5 ~ 8.5 cm，先端渐尖，下部三回羽状深裂；羽片 10 ~ 12 对，近对生，基部 1 对羽片卵状三角形，先端短渐尖，长 2.5 ~ 4.0 cm，二回羽状深裂，顶部为羽状深裂；小羽片 4 ~ 5 对，卵状长圆形，先端渐尖，长 1.0 ~ 1.5 cm，宽 5 ~ 7 mm，羽状深裂；裂片 4 ~ 5 对，彼此以狭缺刻分开，长约 3 mm，宽 2 mm。叶干后草质，暗绿色或褐色，下面疏被灰白色粉末，叶脉羽状。孢子囊群圆形，成熟时汇合成线形；囊群盖草质，幼时褐绿色，老时褐色，连续，边缘波状。

生　　境　生于石灰质山坡或岩石缝隙中。

分　　布　黑龙江大兴安岭、张广才岭等地。吉林长白、临江、集安等地。辽宁宽甸、凤城、本溪等地。内蒙古牙克石、科尔沁右翼前旗、扎赉特旗等地。河北、河南、陕西、甘肃、云南。朝鲜、俄罗斯（西伯利亚中东部）。

采　　制　夏、秋季采收全草，除去杂质，切段，洗净，晒干。

性味功效　味苦，性寒。有润肺止咳、清热凉血的功效。

主治用法　用于肺热咳血、外伤等。水煎服。外用研末调敷。

用　　量　10 ~ 15 g。

附　　方

（1）治咳血：小蕨鸡根状茎 50 g。煎汤服。又方：小蕨鸡根状茎、野棉花各 15 ~ 20 g。煎水服。

（2）治刀伤：小蕨鸡叶适量，研末撒患处。

附　　注　叶有止血、固脱的功效，可治疗子宫脱垂。

▼华北薄鳞蕨植株

◎参考文献◎

[1] 江苏新医学院．中药大辞典（上册）[M]．上海：上海科学技术出版社，1977: 260.

[2] 江纪武．药用植物辞典 [M]．天津：天津科学技术出版社，2005: 452.

[3] 中国药材公司．中国中药资源志要 [M]．北京：科学出版社，1994: 94.

▲掌叶铁线蕨植株

铁线蕨科 Adiantaceae

本科共收录 1 属、1 种。

铁线蕨属 *Adiantum* L.

掌叶铁线蕨 *Adiantum pedatum* L.

俗　　名　铁丝草　铜丝草　铁线草　铁杆草　烟袋油子草

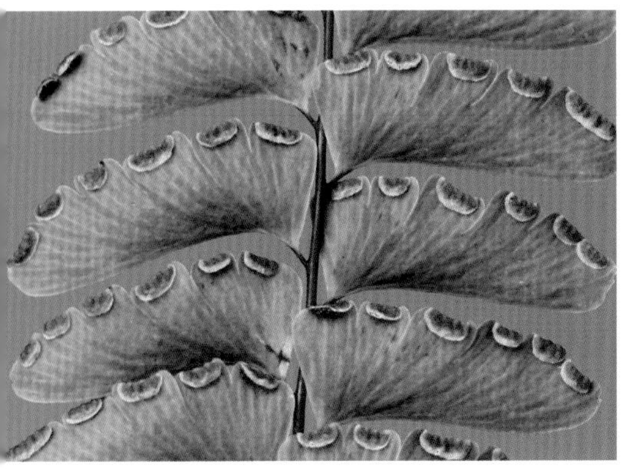

▼掌叶铁线蕨孢子囊群

药用部位　铁线蕨科掌叶铁线蕨的全草（入药称“铁丝七”）。

原 植 物　多年生土生植物。植株高 40 ~ 60 cm。根状茎直立或横卧。叶簇生或近生；柄长 20 ~ 40 cm，栗色或棕色；叶片阔扇形，长可达 30 cm，宽可达 40 cm，从叶柄的顶部二叉成左右两个弯弓形的分枝，再从每个分枝的上侧生出 4 ~ 6 片一回羽状的线状披针形羽片，各回羽片相距 1 ~ 2 cm，中央羽片最长，可达 28 cm，侧生羽片向外略缩短，宽 2.5 ~ 3.5 cm，奇数一回羽状；小羽片 20 ~ 30 对，互生，斜展；基部小羽片略小，扇形或半圆形。叶脉多回二枝分叉，直达边缘，两面均明显。叶干后草质，草绿色。孢子囊群每小羽片 4 ~ 6 枚；囊群盖长圆形或肾形，淡灰绿色或褐色，膜质，全缘，宿存。

生　　境　生于阔叶林或针阔混交林下及林缘等处。

分　　布　黑龙江大兴安岭、小兴安岭、张广才岭等地。吉林长白山各地。辽宁丹东市区、宽甸、凤城、本溪、桓仁、清原、西丰、岫岩、庄河、鞍山市区、营口等地。河北、河南、山西、陕西、甘肃、四川、云南、西藏。朝鲜、俄罗斯、日本、印度、尼泊尔。北美洲。

采　　制　夏、秋季采挖全草，除去杂质，切段，晒干。

性味功效　味甘、微涩、苦，性平。有祛湿利水、调经止痛、消炎解毒的功效。

主治用法　用于肾炎水肿、尿路感染、小便不利、淋病、血尿、黄疸性肝炎、痢疾、月经不调、崩漏、白带异常、牙痛、风湿骨痛、肺热咳嗽、瘰疬、痈肿、烧烫伤及毒蛇咬伤等。水煎服。

用　　量　15 ~ 25 g。

附　　方　治颈淋巴结结核：铁丝七全草干品50 g（鲜品100 g），加猪肉125 g同煮烂，去渣，药汁连肉同吃，每日1剂。一般服2 ~ 3周后出现疗效，少数病例服5 ~ 6 d即见效果。

◎参考文献◎

[1] 江苏新医学院．中药大辞典（下册）[M]．上海：上海科学技术出版社，1977: 1858.

[2] 朱有昌．东北药用植物 [M]．哈尔滨：黑龙江科学技术出版社，1989: 22-23.

[3] 严仲铠，李万林．中国长白山药用植物彩色图志 [M]．北京：人民卫生出版社，1997: 94.

▲掌叶铁线蕨根状茎

▲掌叶铁线蕨植株（侧）

▼市场上的掌叶铁线蕨植株

▲内蒙古自治区金河林业局金林林场森林秋季景观

▲尖齿凤丫蕨群落

▼尖齿凤丫蕨幼株

裸子蕨科 Hemionitidaceae

本科共收录 1 属、2 种。

凤丫蕨属 *Coniogramme* Fee

尖齿凤丫蕨 *Coniogramme affinis* Hieron.

药用部位 裸子蕨科尖齿凤丫蕨的干燥根状茎。

原 植 物 多年生土生植物。植株高 60 ~ 100 cm。叶柄长 30 ~ 70 cm；叶片长 25 ~ 50 cm，宽 15 ~ 40 cm，长卵形或卵状长圆形，二回羽状或基部三回羽状；羽片 5 ~ 8 对，基部一对长 20 ~ 35 cm，宽 12 ~ 20 cm，卵圆形或长卵形，柄长 2 ~ 3 cm，羽状；侧生小羽片 3 ~ 6 对，长 8 ~ 15 cm，宽 1.5 ~ 2.8 cm，披针形，渐尖头；顶生小羽片较大，基部有时叉裂；第二对羽片羽状或三出；上部的羽片单一，向上逐渐变短，长 17 ~ 10 cm，宽 2 ~ 3 cm，披针形或阔披针形；羽

▲尖齿凤丫蕨植株

▼尖齿凤丫蕨幼苗

片边缘有不甚均匀的尖细锯齿。侧脉顶端的水囊略加厚，伸达锯齿的下侧边，并与之靠合。叶干后草质，褐绿色。孢子囊群沿侧脉的2/3分布。

生　　境　生于针阔混交林、针叶林下及沟谷中。

分　　布　吉林抚松、安图、临江等地。辽宁本溪、宽甸、桓仁等地。河南、陕西、甘肃、四川、云南、西藏。朝鲜、俄罗斯（西伯利亚中东部）、缅甸、印度、尼泊尔。

采　　制　春、秋季采挖根状茎，除去泥土，剪断须根，洗净，晒干。

性味功效　味苦，性寒。有清热解毒的功效。

主治用法　用于肩痛、犬咬伤等。外用煎汤熏洗患处。

用　　量　适量。

◎参考文献◎

[1] 江纪武. 药用植物辞典 [M]. 天津: 天津科学技术出版社, 2005: 203.

[2] 中国药材公司. 中国中药资源志要 [M]. 北京: 科学出版社, 1994: 98.

▲无毛凤丫蕨植株

▼无毛凤丫蕨幼苗

无毛凤丫蕨 *Coniogramme intermedia* Hieron. var. *glabra* Ching

药用部位 裸子蕨科无毛凤丫蕨的干燥根状茎（入药称“黑虎七”）。

原 植 物 多年生土生植物。植株高 60 ～ 120 cm。叶柄长 24 ～ 60 cm；叶片和叶柄等长或稍短，宽 15 ～ 25 cm，卵状三角形或卵状长圆形，二回羽状；侧生羽片 3 ～ 8 对，基部一对最大，长 18 ～ 24 cm，三角状长圆形，柄长 1 ～ 2 cm，一回羽状；侧生小羽片 1 ～ 3 对，长 6 ～ 12 cm，披针形，长渐尖头，基部圆形至圆楔形，有短柄，顶生小羽片；第二对羽片三出或单一；第三对起羽片单一，长 12 ～ 18 cm，披针形，长渐尖头，基部呈略不对称的圆楔形。叶脉分离；侧脉二回分叉，顶端的水囊线形，略加厚，伸入锯齿，但不到齿缘。叶干后草质到纸质，上面暗绿色。孢子囊群沿侧脉分布至叶边不远处。

生　　境 生于针阔混交林、针叶林下及沟谷中。

分　　布 黑龙江宁安。吉林长白、抚松、靖宇、通化、辉南、柳河、和龙、临江、敦化、汪清等地。辽宁本溪、桓仁、辽阳等地。河北、河南、陕西、甘肃、湖北、浙江、四川、云南、贵州、西藏、台湾。朝鲜、俄罗斯(西伯利亚中东部)、日本、越南。

采　　制　春、秋季采挖根状茎，除去泥土，剪断须根，洗净，晒干。

性味功效　味甘、涩，性温。有祛风祛湿、舒筋活络、理气止痛的功效。

主治用法　用于风湿关节痛、腰痛、腿痛、跌打损伤、闪扭、痢疾、咳嗽、吐血、带下、淋浊、疮毒等。水煎服。外用捣烂敷患处。

用　　量　15 ~ 30 g。外用适量。

◎参考文献◎

[1] 钱信忠. 中国本草彩色图鉴(第五卷)[M]. 北京: 人民卫生出版社, 2003: 143-144.

[2] 江纪武. 药用植物辞典 [M]. 天津: 天津科学技术出版社, 2005: 203.

[3] 中国药材公司. 中国中药资源志要 [M]. 北京: 科学出版社, 1994: 98.

▲无毛凤丫蕨幼株(前期)

▼无毛凤丫蕨孢子囊群

▼无毛凤丫蕨幼株(后期)

▲内蒙古自治区根河林业局开拉气林场森林春季景观

蹄盖蕨科 Athyriaceae

本科共收录 4 属、6 种。

短肠蕨属 *Allantodia* R. Br.

黑鳞短肠蕨 *Allantodia crenata*（Sommerf.）Ching

别　　名　圆齿蹄盖蕨　黑齿蹄盖蕨

药用部位　蹄盖蕨科黑鳞短肠蕨的干燥根状茎。

原 植 物　多年生土生中型植物。根状茎细长横走，黑色，先端被鳞片；鳞片褐色或黑褐色，有光泽，阔披针形，边缘有稀疏的小齿；叶二列疏生或近生。能育叶长达 80 cm；叶柄长达 45 cm，基部黑色，向上禾秆色；叶片阔三角形，羽裂渐尖的顶部以下二回羽状一小羽片羽状深裂；侧生羽片达 10 对以上，互生；侧生小羽片达 10 对以上，近平展，披针形或卵状披针形；小羽片的裂片约达 10 对；叶脉羽状。叶干后草质，绿色或褐绿色，叶轴和羽轴禾秆色。孢子囊群矩圆形，在小羽片的裂片上可达 3 对，生于小脉中部或上部；囊群盖成熟时浅褐色，膜质，从一侧张开，边缘啮蚀状，宿存。

▲黑鳞短肠蕨孢子囊群

生　　境　生于针阔混交林或阔叶林下。

分　　布　黑龙江大兴安岭、小兴安岭。吉林长白、安图、抚松等地。辽宁凤城。内蒙古额尔古纳、根河、牙克石、扎兰屯、阿尔山、科尔沁右翼前旗、扎鲁特旗、克什克腾旗、巴林左旗、巴林右旗、东乌珠穆沁旗、西乌珠穆沁旗等地。河北、河南、山西、陕西。朝鲜、俄罗斯、日本。欧洲。

采　　制　春、秋季采挖根状茎，去除须根、叶柄与泥土，洗净，晒干。

附　　注　本种为内蒙古药用植物。

▲黑鳞短肠蕨植株

◎参考文献◎

[1] 江纪武. 药用植物辞典 [M]. 天津：天津科学技术出版社，2005: 33.

蹄盖蕨属 *Athyrium* Roth.

▲日本蹄盖蕨孢子囊群

日本蹄盖蕨 *Athyrium nipponicum*（Mett.）Hance

别　　名　华北蹄盖蕨　华东蹄盖蕨　云南蹄盖蕨　天目山蹄盖蕨

俗　　名　猴腿儿 猴子腿 贯众

药用部位　蹄盖蕨科日本蹄盖蕨的干燥根状茎。

原 植 物　多年生土生植物。根状茎横卧，斜升；叶簇生。能育叶长 25 ~ 120 cm；叶柄长 10 ~ 50 cm；叶片卵状长圆形，长 15 ~ 70 cm，中部宽 11 ~ 50 cm，先端急狭缩，基部阔圆形，中部以上二至三回羽状；急狭缩部以下有羽片 5 ~ 14 对，互生，斜展，柄长 3 ~ 15 mm；小羽片 8 ~ 15 对，互生，斜展或平展，有短柄或几无柄，常为阔披针形或长圆状披针形。叶脉下面明显，在裂片上为羽状，侧脉 4 ~ 5 对，斜向上，单一。叶干后草质或薄纸质，灰绿色或黄绿色。孢子囊群长圆形、弯钩形或马蹄形，每末回裂片 4 ~ 12 对；囊群盖同形，褐色，膜质，边缘略呈啮蚀状。孢子周壁表面有明显的条状褶皱。

生　　境　生于林下、林缘及沟谷中。

分　　布　吉林长白、临江、集安、通化等地。辽宁宽甸、凤城、鞍山、长海、大连市区、沈阳等地。河北、山西、陕西、宁夏、甘肃、山东、江苏、安徽、台湾、浙江、江西、河南、湖北、湖南、广东、广西、四川、贵州、云南等。朝鲜、俄罗斯、日本、尼泊尔。

▲日本蹄盖蕨植株

采　　制　春、秋季采挖根状茎，去除须根、叶柄与泥土，洗净，晒干。

性味功效　味微苦，性凉。有清热解毒、消肿止血的功效。

主治用法　用于痈毒疖肿、痢疾、衄血、蛔虫病、下肢痈肿等。水煎服。

用　　量　6 ~ 12 g。

◎参考文献◎

[1] 严仲铠，李万林．中国长白山药用植物彩色图志[M]．北京：人民卫生出版社，1997: 95.

[2] 江纪武．药用植物辞典 [M]．天津：天津科学技术出版社，2005: 90.

[3] 中国药材公司．中国中药资源志要 [M]．北京：科学出版社，1994: 101.

▲东北蹄盖蕨植株

▲东北蹄盖蕨根状茎

▲东北蹄盖蕨幼苗（后期）

▼东北蹄盖蕨孢子囊群

东北蹄盖蕨 *Athyrium brevifrons* Nakai ex Kitag.

别　　名 短叶蹄盖蕨 猴腿蹄盖蕨 多齿蹄盖蕨 雾灵山蹄盖蕨 长白山蹄盖蕨

俗　　名 猴腿儿 猴子腿

药用部位 蹄盖蕨科东北蹄盖蕨的干燥根状茎。

原 植 物 多年生土生植物。根状茎短，直立或斜升；叶簇生。能育叶长 35 ~ 120 cm；叶柄长 15 ~ 55 cm，基部直径 2.5 ~ 6.0 mm，黑褐色；叶片卵形至卵状披针形，长 20 ~ 65 cm；羽片 15 ~ 18 对，基部 1 ~ 2 对，对生，向上的互生，斜展，中部羽片披针形至线状披针形，长 12 ~ 20 cm；小羽片 18 ~ 28 对，基部的近对生，阔披针形。叶脉上面不显，下面可见，在裂片上为羽状，侧脉 2 ~ 4 对，斜向上，单一。叶干后坚草质，褐绿色。孢子囊群长圆形、弯钩形或马蹄形，生于基部上侧小脉，每裂片 1 枚，在基部较大裂片上往往有 2 ~ 3 对；囊群盖同形，浅褐色，膜质，边缘啮蚀状，宿存。孢子周壁表面无褶皱。

生　　境　生于杂木林、针阔混交林下及林缘湿润处。

分　　布　黑龙江小兴安岭以南山区各地。吉林长白山各地。辽宁桓仁、宽甸、凤城、本溪、西丰、鞍山、庄河、大连市区、北镇等地。内蒙古额尔古纳、牙克石、扎兰屯、阿尔山、赤峰等地。河北。朝鲜、蒙古、俄罗斯（西伯利亚中东部）。

采　　制　春、秋季采挖根状茎，去除须根、叶柄与泥土，洗净，晒干。

性味功效　味微苦、涩，性凉。有清热解毒、驱杀蛔虫、收敛止血的功效。

主治用法　用于虫积腹痛、荨麻疹、流感、小儿虫积、外伤出血等。水煎服。外用研末调敷。

用　　量　6 ~ 15 g。

附　　注　部分地区用其代替贯众使用。

◎参考文献◎

[1] 严仲铠，李万林．中国长白山药用植物彩色图志[M]．北京：人民卫生出版社，1997:94-95.

[2] 钱信忠．中国本草彩色图鉴（第二卷）[M]．北京：人民卫生出版社，2003:470-471.

[3] 中国药材公司．中国中药资源志要[M]．北京：科学出版社，1994:101.

▲东北蹄盖蕨幼苗（前期）

▼东北蹄盖蕨幼株

▲市场上的东北蹄盖蕨嫩叶柄

▲禾秆蹄盖蕨群落

▲禾秆蹄盖蕨幼株（林下型）

禾秆蹄盖蕨 *Athyrium yokoscense*（Franch. et Sav.）Christ

别　　名　横须贺蹄盖蕨　厚果蹄盖蕨

俗　　名　猴腿儿　猴子腿

药用部位　蹄盖蕨科禾秆蹄盖蕨的干燥根状茎。

▼禾秆蹄盖蕨孢子囊群

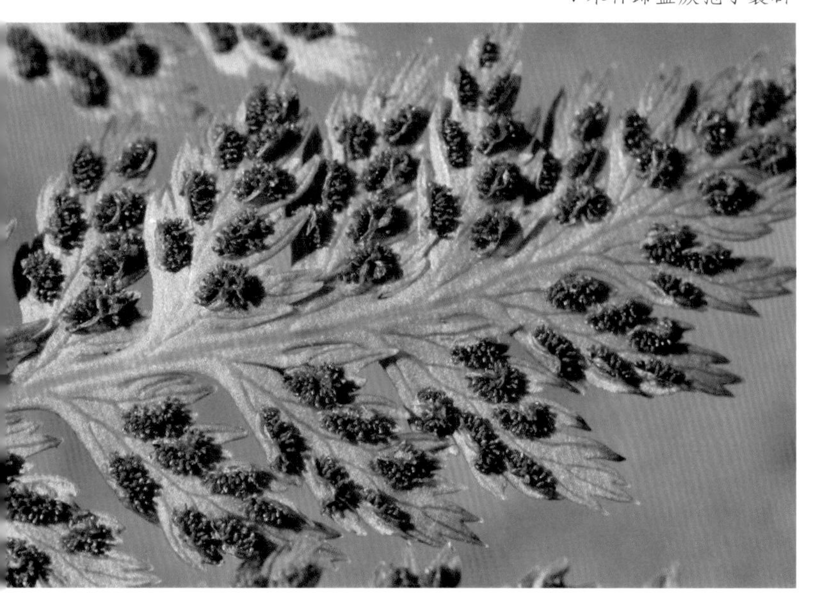

原 植 物　多年生土生植物。根状茎短粗；叶簇生。能育叶长 30 ~ 60 cm；叶柄长 10 ~ 25 cm，直径约 2.5 mm；叶片长圆状披针形，长 18 ~ 45 cm，宽 8 ~ 15 cm，渐尖头，基部不变狭，一回羽状，小羽片浅羽裂；羽片 12 ~ 18 对，下部的近对生，向上的互生，平展或稍斜展，无柄，披针形；小羽片约 12 对，长圆状披针形，长达 1 cm，宽约 5 mm，尖头，基部上侧有耳状凸起，下侧下延，通常以狭翅与羽轴相连。叶脉下面明显，在小羽片上为羽状，侧脉分叉。叶轴和羽轴下面禾秆色。孢子囊群近圆形或椭圆形；囊群盖椭圆形、弯钩形或马蹄形，浅褐色。孢子周壁表面有明显的褶皱。

生　　境　生于石缝、疏林及灌丛中。

分　　布　黑龙江小兴安岭、张广才岭等地。吉林长白山各地。辽宁丹东市区、宽甸、凤城、东港、桓仁、庄河、大连市区、盖州、沈阳等地。山东、江苏、安徽、浙江、江西、河南、湖南、贵州。朝鲜、俄罗斯（西伯利亚中东部）、日本。

采　　制　春、秋季采挖根状茎，去除须根、叶柄与泥土，洗净，晒干。

性味功效　味微苦，性凉。有驱虫、止血、解毒的功效。

主治用法　用于蛔虫病、外伤出血等。水煎服。外用研末调敷。

用　　量　15 g。外用适量。

◎参考文献◎

[1] 钱信忠. 中国本草彩色图鉴(第二卷)[M]. 北京：人民卫生出版社，2003: 241-242.

[2] 江纪武. 药用植物辞典 [M]. 天津：天津科学技术出版社，2005: 90.

[3] 中国药材公司. 中国中药资源志要 [M]. 北京：科学出版社，1994: 102.

▲禾秆蹄盖蕨幼苗

▼禾秆蹄盖蕨幼株（岩生型）

▼禾秆蹄盖蕨植株

▲东北蛾眉蕨植株

▼东北娥眉蕨幼株（前期）

蛾眉蕨属 *Lunathyrium* Koidz.

东北蛾眉蕨 *Lunathyrium pycnosorum*（Christ）Koidz.

别　　名　亚美蹄盖蕨 亚美蛾眉蕨 山东蛾眉蕨 蛾眉蕨
俗　　名　白毛鲜
药用部位　蹄盖蕨科东北蛾眉蕨的干燥根状茎（入药称“贯众”）。
原 植 物　多年生土生植物。根状茎粗而斜升；叶簇生。能育叶长 30 ～ 87 cm；叶柄长 8 ～ 31 cm，基部栗黑色，向上渐变为禾秆色；叶片阔披针形至长圆状披针形，长 24 ～ 59 cm，宽 5 ～ 18 cm，渐尖头，一回羽状，羽片深羽裂；羽片 18 ～ 25 对，下部少数几对向下逐渐缩短，中部羽片狭披针形，长 2.5 ～ 9.0 cm，宽 0.7 ～ 1.5 cm，先端渐尖，基部近截形，下部的近对生，向上互生，平展；裂片 7 ～ 19 对。

叶脉两面可见，在裂片上为羽状，每裂片有侧脉5对左右。孢子囊群长新月形至线形，每裂片3～5对；囊群盖同形，灰褐色，栉篦状排列，宿存。孢子二面型，周壁表面具少数连续的褶皱状突起。

生　　境　生于针阔叶混交林下阴湿处。

分　　布　黑龙江大兴安岭、小兴安岭、张广才岭、完达山、老爷岭。吉林长白、抚松、安图、敦化、蛟河、和龙、珲春等地。辽宁宽甸、凤城、本溪、桓仁、鞍山、西丰等地。河北、山东。朝鲜、俄罗斯（西伯利亚中东部）、日本。

▲东北蛾眉蕨幼株（后期）

采　　制　春、秋季采挖根状茎，去除须根、叶柄与泥土，洗净，晒干。

性味功效　味苦、涩，性微寒。有清热解毒、杀虫、止血的功效。

主治用法　用于痢疾、蛔虫病、蛲虫病、绦虫病、崩漏、便血、流感等。水煎服。

用　　量　10～15 g。

▲东北蛾眉蕨幼苗

▼东北蛾眉蕨孢子囊群

◎参考文献◎

[1] 江苏新医学院. 中药大辞典（上册）[M]. 上海：上海科学技术出版社，1977: 1484-1488.

[2] 严仲铠，李万林. 中国长白山药用植物彩色图志 [M]. 北京：人民卫生出版社，1997: 95.

[3] 中国药材公司. 中国中药资源志要 [M]. 北京：科学出版社，1994: 103.

▲新蹄盖蕨植株

▲市场上的新蹄盖蕨嫩叶柄

▼新蹄盖蕨幼苗（后期）

新蹄盖蕨属 *Cornopteris* Nakai

新蹄盖蕨 *Cornopteris crenulatoserrulata*（Makino）Nakai

别　　名　细齿贞蕨　东北角蕨

俗　　名　水蕨菜　烟袋油子

药用部位　蹄盖蕨科新蹄盖蕨的根状茎。

原 植 物　多年生土生植物。根状茎粗壮横走；叶远生。叶柄与叶片近等长或较叶片稍长，长 40 ~ 60 cm，下部粗壮，基部不变尖削，直径可达 7 ~ 9 mm；叶片三角状卵形至卵状长圆形，长 25 ~ 70 cm，宽 20 ~ 60 cm，顶部渐尖，基部阔楔形或稍呈心形，二回羽状，小羽片羽状深裂；羽片 10 ~ 15 对，阔披针形或长圆状披针形，下部羽片有 2 ~ 10 mm 长的短柄，近对生，斜展，基部 2 对羽片最大，长 10 ~ 32 cm，宽 4 ~ 8 cm，先端渐尖，基部稍狭，阔楔形或近平截，一回羽状；小羽片 8 ~ 20 对。叶脉在裂片上面不明显，羽状，主脉稍曲折，侧脉二叉。孢子囊群圆形或椭圆形，背生于小脉中部。孢子二面型。

生　　境　生于植被较为原始的林下、灌丛、高山草甸、林缘等处，常聚集成片生长。

分　　布　黑龙江小兴安岭以南山区各地。吉林长白、抚松、安图、临江、柳河、靖宇、通化、集安等地。辽宁宽甸、凤城、本溪、桓仁、新宾等地。朝鲜、俄罗斯（西伯利亚中东部）。

采　　制　春、秋季采挖根状茎，去除须根、叶柄与泥土，洗净，晒干。

性味功效　味微苦，性凉。有清热解毒、杀虫的功效。

主治用法　用于流感、流行性乙型脑炎、痢疾、子宫出血、麻疹、寄生虫病等。水煎服。

用　　量　15 g。

◎参考文献◎

[1] 江纪武. 药用植物辞典 [M]. 天津：天津科学技术出版社，2005: 539.

▲新蹄盖蕨幼株

▼新蹄盖蕨幼苗（前期）

▼新蹄盖蕨孢子囊群

▲吉林长白山国家级自然保护区地下森林秋季景观

▲沼泽蕨群落

▼毛叶沼泽蕨幼株（前期）

金星蕨科 Thelypteridaceae

本科共收录 1 属、1 种、1 变种。

沼泽蕨属 *Thelypteris* Schmidel

沼泽蕨 *Thelypteris palustris* Schott

别　　名　金星蕨

药用部位　金星蕨科沼泽蕨的全草。

原 植 物　多年生土生植物。植株高 35 ~ 65 cm。根状茎细长横走。叶近生，叶柄长 20 ~ 40 cm，粗 2.0 ~ 2.5 mm，基部黑褐色，向上为深禾秆色，有光泽；叶片长 22 ~ 28 cm，宽 6 ~ 9 cm 或有时稍宽，披针形，先端短渐尖并羽裂，基部几不变狭，二回深羽裂；羽片 20 对左右，彼此接近，近对生，平展或斜展，中部羽片长 4 ~ 5 cm，宽 1.0 ~ 1.2 cm，披针形，短渐尖头，基部平截，羽裂几达羽轴；叶脉在裂片上羽状，侧脉 4 ~ 6 对，单一或分叉。叶厚纸质，干后草绿色或黄绿色，叶轴和羽轴上面有一纵沟。孢子囊群圆形，背生于叶脉中部；囊群盖小，圆肾形；孢子外壁表面光滑，周壁透明，具刺状突起。

生　　境　生于湿草甸、落叶松甸子、踏头甸子及林下阴湿处，常聚集成片生长。

分　　布　黑龙江小兴安岭、张广才岭等地。吉林长白、抚松、安图、和龙、敦化、汪清、珲春、临江、通化、集安等地。辽宁丹东市区、凤城、西丰、鞍山、大连等地。内蒙古扎兰屯、科尔沁左翼后旗等地。河北、河南、山东、新疆、四川。北半球温带地区。

采　　制　夏、秋季采收全草，洗净，晒干。

性味功效　有清热解毒的功效。

用　　量　适量。

附　　注　在东北尚有 1 变种：

毛叶沼泽蕨 var. *pubescens*（Lawson）Fernald，在沿叶轴、羽轴和叶脉下面被多细胞针状长毛。其他与原种同。

◎参考文献◎

[1] 江纪武. 药用植物辞典 [M]. 天津：天津科学技术出版社，2005: 807.

▲毛叶沼泽蕨幼株（后期）

▼沼泽蕨孢子囊群

▼沼泽蕨植株

▲内蒙古额尔古纳国家级自然保护区白鹿岛森林秋季景观

▲北京铁角蕨植株（侧）

铁角蕨科 Aspleniaceae

本科共收录 3 属、3 种。

铁角蕨属 *Asplenium* L.

北京铁角蕨 *Asplenium pekinense* Hance

别　　名　小凤尾草

俗　　名　小叶鸡尾草

药用部位　铁角蕨科北京铁角蕨的全草。

原 植 物　植株高 8 ~ 20 cm。根状茎短而直立，先端密被鳞片；鳞片披针形，长 2 ~ 4 mm。叶簇生；叶柄长 2 ~ 4 cm，粗 0.8 ~ 1.0 mm，淡绿色；叶片披针形，长 6 ~ 12 cm，中部宽 2 ~ 3 cm，先端渐尖，基部略变狭，二回羽状或三回羽裂；羽片 9 ~ 11 对，下部羽片略缩短，中部羽片三角状椭圆形，长 1 ~ 2 cm，宽 6 ~ 13 mm。叶脉两面均明显，小脉扇状二叉分枝。叶坚草质，叶轴及羽轴与叶片同色。孢子囊群近椭圆形，长 1 ~ 2 mm，斜向上，每小羽片有 1 ~ 2 枚，位于小羽片中部，排列不甚整齐，成熟后为深棕色，往往满铺于小羽片下面；囊群盖同形，灰白色，膜质，全缘，开向羽轴或主脉，宿存。

生　　境　生于岩石上或石缝中。

分　　布　辽宁大连、凌源等地。内蒙古科尔沁右翼前旗、科尔沁右翼中旗等地。河北、山西、陕西、宁夏、甘肃、山东、江苏、浙江、福建、台湾、河南、湖北、湖南、广东、广西、四川、贵州、云南。朝鲜、日本。

采　　制　春、夏、秋三季采挖全草，除去泥土，洗净，晒干。

▲北京铁角蕨植株

性味功效　味甘、微辛，性温。有化痰止咳、利膈止血的功效。

主治用法　用于外感咳嗽、肺结核、外伤出血等症。水煎服。外用研末敷患处。

用　　量　10 ~ 15 g，大剂量可用至 30 g。外用适量。

附　　方　治咳嗽：北京铁角蕨 25 ~ 50 g，金背枇杷果 10 ~ 15 g。水煎代茶饮。

▼北京铁角蕨孢子囊群

◎参考文献◎

[1] 江苏新医学院．中药大辞典（上册）[M]．上海：上海科学技术出版社，1977: 263.
[2] 江纪武．药用植物辞典 [M]．天津：天津科学技术出版社，2005: 84.
[3] 中国药材公司．中国中药资源志要 [M]．北京：科学出版社，1994: 108.

▲过山蕨群落

过山蕨属 *Camptosorus* Link

过山蕨 *Camptosorus sibiricus* Rupr.

别　　名　马蹬草

俗　　名　过桥草　还阳草

药用部位　铁角蕨科过山蕨的全草。

原 植 物　多年生岩生植物。植株高达 20 cm。根状茎短小，直立，先端密被小鳞片；鳞片披针形。叶簇生；基生叶不育，较小，柄长 1 ~ 3 cm，叶片长 1 ~ 2 cm，宽 5 ~ 8 mm，椭圆形，钝头，基部阔楔形；能育叶较大，柄长 1 ~ 5 cm，叶片长 10 ~ 15 cm，宽 5 ~ 10 mm，披针形，全缘或略呈波状，基部楔形或圆楔形，以狭翅下延于叶柄，先端渐尖。叶脉网状，仅上面隐约可见，有网眼 1 ~ 3 行，靠近主脉的 1 行网眼狭长。叶草质干后暗绿色，无毛。孢子囊群线形或椭圆形，在主脉两侧各形成不整齐的 1 ~ 3 行，通常靠近主脉的 1 行较长，囊群盖向主脉开口；囊群盖狭，同形，膜质，灰绿色或浅棕色。

生　　境　生于湿润的岩石缝隙中，常聚集成片生长。

分　　布　黑龙江塔河、呼玛、黑河市区、逊克、伊春市区、嘉荫、五常、尚志、海林、东宁、宁安、穆棱、林口、虎林、饶河、方正、延寿、汤原、通河、桦川、依兰等地。吉林长白山各地。辽宁丹东市区、宽甸、凤城、本溪、桓仁、新宾、清原、铁岭、鞍山、大连、北镇、凌源等地。内蒙古额尔古纳、扎兰屯、牙克石、科尔沁右翼前旗、扎鲁特旗、扎赉特旗、克什克腾旗、巴林左旗、巴林右旗、翁牛特旗、阿鲁科尔沁旗等地。河北、山西、陕西、山东、江苏、江西、河南。朝鲜、俄罗斯（西伯利亚中东部）、日本。

▲过山蕨植株

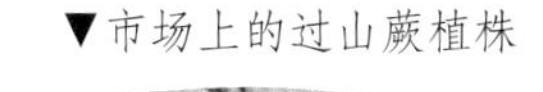

▼市场上的过山蕨植株

采　　制　春、夏、秋三季采挖全草，除去泥土，洗净，晒干。

性味功效　味淡，性平。有止血消炎、活血散瘀的功效。

主治用法　用于外伤出血、子宫出血、血栓闭塞性脉管炎、神经性皮炎、外伤出血、下肢溃疡、脉管炎及脑栓塞引起的偏瘫等。外用鲜品捣烂敷患处。

用　　量　2.5 ~ 7.5 g。外用适量。

附　　方

（1）治子宫出血：过山蕨叶 3 ~ 7 片。水煎，打鸡蛋茶喝，轻者每天 1 次，重者每天 2 次，或用叶 5 片，研末，开水冲服。

（2）治冠心病、心绞痛：全草洗净切碎，晒干，做茶剂饮用。

（3）治血栓闭塞性脉管炎：过山蕨全草洗净，泡茶饮用（抚顺民间方）。

（4）治恶疮痈疽、脉管炎：全草研粉，以芝麻油调敷破溃处，对促进伤口的愈合有较好的功效（抚顺民间方）。

▲过山蕨幼株

▼过山蕨孢子囊群

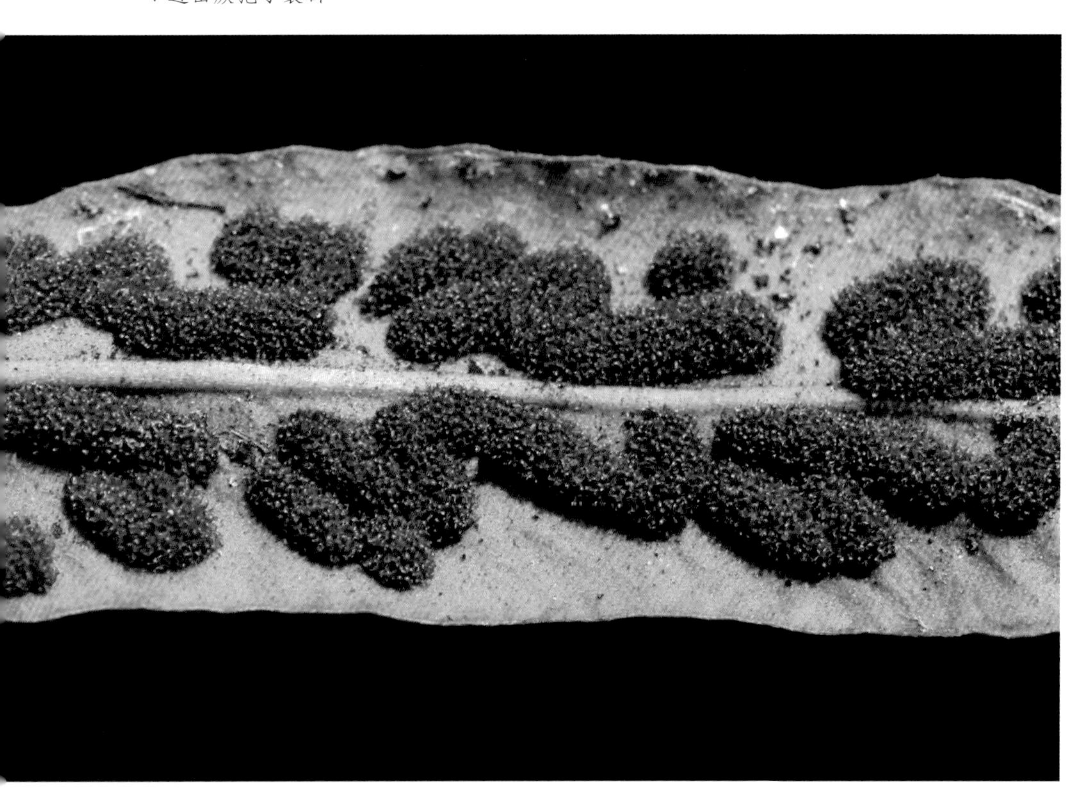

◎参考文献◎

[1] 江苏新医学院. 中药大辞典（上册）[M]. 上海: 上海科学技术出版社, 1977: 305.

[2] 朱有昌. 东北药用植物[M]. 哈尔滨: 黑龙江科学技术出版社, 1989: 37-39.

[3] 钱信忠. 中国本草彩色图鉴（第二卷）[M]. 北京: 人民卫生出版社, 2003: 386-387.

▲内蒙古自治区克什克腾旗黄岗梁林场森林夏季景观

▲东方荚果蕨幼株

球子蕨科 Onocleaceae

本科共收录 2 属、3 种。

荚果蕨属 *Matteuccia* Todaro

东方荚果蕨 *Matteuccia orientalis*（Hook.）Trev.

俗　　名　黄瓜香 青广东 广东菜

药用部位　球子蕨科东方荚果蕨的根状茎（入药称“贯众”）。

原 植 物　多年生土生植物。植株高达 1 m。根状茎短而直立。叶簇生，二型。不育叶叶柄长 30 ~ 70 cm，基部褐色，叶片椭圆形，长 40 ~ 80 cm，先端渐尖并为羽裂，基部不变狭，二回深羽裂，羽片 15 ~ 20 对，互生，斜展或有时下部羽片平展，相距约 3 cm，下部羽片最长，线状倒披针形，长 13 ~ 20 cm，宽 2.0 ~ 3.5 cm；能育叶与不育叶等高或较矮，叶片椭圆形或椭圆状倒披针形，长 12 ~ 38 cm，一回羽状，羽片多数，斜向上，彼此接近，线形，长达 10 cm，宽达 5 mm，两侧强反卷成荚果状，深紫色，有光泽，平直而不呈念珠状，孢子囊群圆形，着生于囊托上，成熟时汇合成线形；囊群盖膜质。

生　　境　生于山坡阴湿灌木丛中或山谷路旁。

分　　布　黑龙江塔河。吉林长白、抚松、临江、集安、通化、磐石等地。河南、陕西、湖北、湖南、江西、安徽、浙江、福建、台湾、广东、广西、贵州、四川、重庆、甘肃、西藏。朝鲜、俄罗斯（西伯利亚中东部）、日本、印度。

采　　制　春、秋季采挖根状茎，剪掉不定根，除去泥土，洗净，晒干。

性味功效　味苦，性凉。有祛风、止血的功效。

主治用法　用于风湿痹痛、外伤出血等。水煎服。外用研末涂患处。

用　　量　15 ~ 30 g。外用适量。

▼东方荚果蕨孢子囊穗

◎参考文献◎

[1] 江纪武．药用植物辞典 [M]．天津：天津科学技术出版社，2005：504.

[2] 中国药材公司．中国中药资源志要 [M]．北京：科学出版社，1994：110-111.

▲荚果蕨幼株群落

▼荚果蕨幼株（后期）

荚果蕨 *Matteuccia struthiopteris*（L.）Todaro

别　　名　小叶贯众

俗　　名　黄瓜香　青广东　广东菜　绿广东　青毛广

药用部位　球子蕨科荚果蕨的根状茎（入药称“贯众”）。

原 植 物　多年生土生植物。植株高 70 ~ 110 cm。根状茎粗壮。叶簇生，二型。不育叶叶柄褐棕色，长 6 ~ 10 cm，粗 5 ~ 10 mm，叶片椭圆披针形至倒披针形，长 50 ~ 100 cm，二回深羽裂，羽片 40 ~ 60 对，互生或近对生，斜展，下部的向基部逐渐缩小成小耳形，中部羽片最大，披针形或线状披针形，长 10 ~ 15 cm，宽 1.0 ~ 1.5 cm；能育叶较不育叶短，有粗壮的长柄，叶片倒披针形，长 20 ~ 40 cm，中部以上宽 4 ~ 8 cm，一回羽状，羽片线形，两侧强反卷成荚果状，呈念珠形，深褐色，包裹孢子囊群，小脉先端形成囊托，位于羽轴与叶边之间。孢子囊群圆形，成熟时连接而成为线形；囊群盖膜质。

生　　境　生于林下溪流旁、灌木丛中、林间草地及林缘等肥沃阴湿处，常聚集成片生长。

分　　布　黑龙江伊春市区、嘉荫、五常、尚志、海林、东宁、宁安、穆棱、林口、虎林、饶河、桦川、方正、延寿、

汤原、通河、依兰等地。吉林长白山各地。辽宁丹东市区、宽甸、凤城、本溪、桓仁、辽阳、鞍山市区、海城、盖州、大连、抚顺、新宾、清原、铁岭、西丰、营口市区、义县、绥中、建昌、凌源、喀左等地。内蒙古根河、鄂伦春旗、阿尔山、科尔沁右翼前旗、扎鲁特旗、克什克腾旗、巴林左旗、巴林右旗、阿鲁科尔沁旗等地。西藏。华北、西南。亚洲绝大部分温带地区、北欧。

采　制　春、秋季采挖根状茎，剪掉不定根，除去泥土，洗净，晒干。

▲荚果蕨幼株（前期）

▼荚果蕨幼苗

▼市场上的荚果蕨嫩叶柄

▲荚果蕨植株

▲荚果蕨根及根状茎

性味功效 味苦，性凉。有清热解毒、凉血止血、驱虫杀虫的功效。

主治用法 用于风热感冒、湿热斑疹、湿热肿痛、腮腺炎、喉痹、酒毒药毒、虫积腹痛、厥阻吐蛔、湿热带下、崩漏、便血、蛲虫病、痧疹、时疫流行、膝疮中毒、食骨鲠喉、烧烫伤、火疮等。水煎服或入丸、散。外用研末涂患处。

用　　量 7.5 ~ 15.0 g。外用适量。

▼荚果蕨孢子囊群

◎参考文献◎

[1] 江苏新医学院．中药大辞典（上册）[M]．上海：上海科学技术出版社，1977: 1484-1488.

[2] 朱有昌．东北药用植物 [M]．哈尔滨：黑龙江科学技术出版社，1989: 32-33.

[3] 《全国中草药汇编》编写组．全国中草药汇编（上册）[M]．北京：人民卫生出版社，1975: 501-507.

▲球子蕨植株

球子蕨属 *Onoclea* L.

球子蕨 *Onoclea sensibilis* L.

别　　名　间断球子蕨

药用部位　球子蕨科球子蕨的干燥根状茎。

原 植 物　多年生土生植物。植株高 30 ~ 70 cm。根状茎长而横走。叶疏生，二型。不育叶柄长 20 ~ 50 cm，略呈三角形，向上深禾秆色，圆柱形，叶片阔卵状三角形或阔卵形，长宽相等或长略过于宽，长 13 ~ 30 cm，先端羽状半裂，向下为一回羽状，羽片 5 ~ 8 对，披针形，基部 1 对或下部 1 ~ 2 对较大，长 8 ~ 12 cm，有短柄，边缘波状浅裂，向上的无柄，基部与叶轴合生，边缘波状或近全缘，叶轴两侧具狭翅，叶脉明显；能育叶低于不育叶，叶柄长 18 ~ 45 cm，较不育叶柄粗壮，叶片强烈狭缩，长 15 ~ 25 cm，宽 2 ~ 4 cm，二回羽状，羽片狭线形。孢子囊群圆形；囊群盖膜质，紧包着孢子囊群。

生　　境　生于草甸或湿灌丛中，常聚集成片生长。

分　　布　黑龙江大兴安岭、小兴安岭、张广才岭、老爷岭。吉林长白山各地。辽宁丹东市区、宽甸、凤城、本溪、桓仁、新宾、清原、西丰、岫岩、长海、彰武等地。内蒙古科尔沁左翼后旗。河北、河南。朝鲜、俄罗斯（西伯利亚中东部）、日本。北美洲。

采　　制　春、秋季采挖根状茎，除去泥土，洗净，晒干。

性味功效　味苦，性凉。有清热解毒、祛风止血的功效。

主治用法　用于风湿骨痛、创伤出血、崩漏、

▼球子蕨幼苗

▲球子蕨幼株

▲球子蕨孢子囊群

▼球子蕨孢子囊穗

肿痛等。水煎服。外用捣烂敷患处。

用　　量　3～9g。外用适量。

◎参考文献◎

[1] 严仲铠，李万林．中国长白山药用植物彩色图志[M]．北京：人民卫生出版社，1997:98.

[2] 江纪武．药用植物辞典 [M]．天津：天津科学技术出版社，2005:549.

[3] 钱信忠．中国本草彩色图鉴（第四卷）[M]．北京：人民卫生出版社，2003:334-335.

▲黑龙江五大连池国家级自然保护区老黑山夏季景观

▲膀胱蕨群落

岩蕨科 Woodsiaceae

本科共收录 2 属、3 种。

▲市场上的膀胱蕨植株

二羽岩蕨属 *Physematium* Kaulf.

膀胱蕨 *Physematium manchuriense*（Hook.）Nakai

别　　名 泡囊蕨 膀胱岩蕨 东北岩蕨

药用部位 岩蕨科膀胱蕨的全草。

原 植 物 多年生岩生植物。植株高 8 ~ 20 cm。根状茎短而直立。叶多数簇生；叶片披针形或线状披针形，长 12 ~ 18 cm，宽 1.5 ~ 4.0 cm，先端渐尖，向基部变狭，二回羽状深裂；羽片 12 ~ 20 对，互生或下部的对生，斜展，下部羽片远离，缩小，基部一对常为卵形或扇形，长仅 1 ~ 2 mm，中部羽片较大，相距 5 ~ 10 mm，卵状披针形或长卵形，长 1.0 ~ 1.5 cm，基部上侧截形，紧靠叶轴，下侧楔形，羽状深裂几达羽轴，裂片约 4 对，彼此接近。叶草质，干后草绿色。孢子囊群圆形，由 6 ~ 8 个孢子囊组成，

▲膀胱蕨幼株

位于小脉的中部或近顶部，每裂片有1～3枚；囊群盖大，球圆形，黄白色，薄膜质，从顶部开口。

生　　境　生于林中较阴湿的裸露岩石或石缝中。

分　　布　黑龙江大兴安岭、小兴安岭、张广才岭、老爷岭等地。吉林长白、抚松、临江、集安、蛟河、敦化等地。辽宁宽甸、凤城、本溪、桓仁、鞍山、庄河、瓦房店、大连市区等地。内蒙古牙克石、扎兰屯等地。河北、山东、安徽、浙江、江西、河南、四川、贵州。朝鲜、俄罗斯（西伯利亚中东部）、日本。

▲膀胱蕨植株

采　　制　春、秋季采挖根状茎，剪掉须根，除去泥土，晒干药用。

性味功效　有利尿、消肿、通淋的功效。

主治用法　用于淋浊、小便不利、跌打损伤。水煎服。外用捣烂敷患处。

用　　量　适量。

▲膀胱蕨孢子囊群

◎参考文献◎

[1] 中国药材公司. 中国中药资源志要 [M]. 北京: 科学出版社, 1994: 111.

▲岩蕨植株

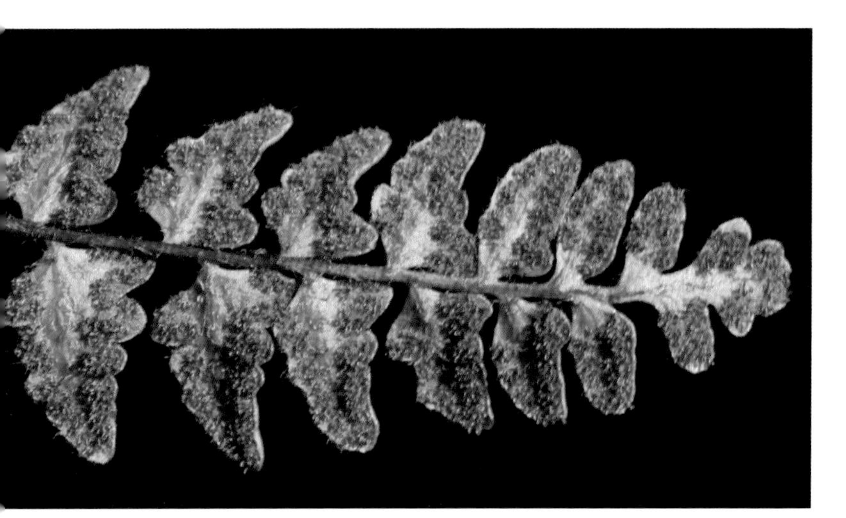

▲岩蕨孢子囊群

岩蕨属 *Woodsia* R. Br.

岩蕨 *Woodsia ilvensis*（L.）R. Br.

药用部位 岩蕨科岩蕨的根状茎。

原 植 物 多年生岩生植物。植株高12 ~ 17 cm，根状茎短而直立或斜出。叶密集簇生；柄长3 ~ 7 cm，粗约1 mm，栗色，有光泽；叶片披针形，长8 ~ 11 cm，先端短渐尖，基部稍狭，二回羽裂；羽片10 ~ 20对，斜展，下部的彼此远离，向基部逐渐缩小，中部羽片较大，疏离，卵状披针形，长8 ~ 11 cm，尖头，基部上侧截形并紧靠叶轴，下侧楔形，羽状深裂；裂片3 ~ 5对，基部1对最大，长2 ~ 4 mm，椭圆形，圆钝头。叶草质，干后青绿色或棕绿色，两面均被节状长毛，下面较密，沿叶轴及羽轴被棕色线形小鳞片及节状长毛。孢子囊群圆形，着生于小脉的先端；囊群盖碟形，膜质，边缘具长睫毛。

生　　境 生于林下岩石缝中。

分　　布 黑龙江大兴安岭、小兴安岭、张广才岭、老爷岭。吉林长白、抚松、安图、蛟河、敦化、汪清等地。辽宁凤城、瓦房店等地。内蒙古额尔古纳、根河、牙克石、鄂温克旗、扎兰屯、阿尔山、科尔沁右翼前旗、科尔沁右翼中旗、扎鲁特旗、克什克腾旗、巴林左旗、巴林右旗、阿鲁科尔沁旗、东乌珠穆沁旗、西乌珠穆沁旗、正蓝旗、镶黄旗、正镶白旗等地。河北、新疆。欧洲、亚洲（北部）、北美洲。

采　　制 春、秋季采挖根状茎，剪掉须根，除去泥土，晒干药用。

性味功效 有舒筋活血的功效。

用　　量 15 ~ 20 g。外用适量。

◎参考文献◎

[1] 江纪武. 药用植物辞典 [M]. 天津：天津科学技术出版社，2005: 860.

▼岩蕨植株（背）

耳羽岩蕨 *Woodsia polystichoides* Eaton

▲耳羽岩蕨植株

别　　名　岩蕨

药用部位　岩蕨科耳羽岩蕨 的根状茎。

原 植 物　多年生岩生植物。植株高 15 ~ 30 cm。根状茎短而直立。叶簇生；柄长 4 ~ 12 cm，禾秆色或棕禾秆色；叶片线状披针形或狭披针形，长 10 ~ 23 cm，中部宽 1.5 ~ 3.0 cm，渐尖头，向基部渐变狭，一回羽状，羽片 16 ~ 30 对，近对生或互生，平展或偶有略斜展，中部羽片较大，疏离，椭圆披针形或线状披针形，略呈镰状，长 8 ~ 20 mm，基部宽 4 ~ 7 mm，急尖头或尖头，基部不对称，上侧截形，与叶轴平行并紧靠叶轴，有明显的耳形突起。叶纸质或草质，干后草绿色或棕绿色；叶轴浅禾秆色或棕禾秆色，略有光泽。孢子囊群圆形，着生于二叉小脉的上侧分枝顶端；囊群盖杯形，边缘浅裂并有睫毛。

▲耳羽岩蕨幼株

生　　境　生于林中裸露岩石的薄土上或缝隙中。

分　　布　黑龙江大兴安岭、小兴安岭、张广才岭、完达山、老爷岭。吉林长白山各地。辽宁丹东市区、宽甸、凤城、本溪、桓仁、西丰、岫岩、庄河、大连市区等地。内蒙古扎兰屯、扎赉特旗、克什克腾旗等地。华北、西北、华中、华东、西南。朝鲜、俄罗斯（西伯利亚中东部）、日本。

采　　制　春、秋季采挖根状茎，剪掉须根，除去泥土，晒干药用。

性味功效　有清热解毒、活血散瘀、通络止痛的功效。

▼耳羽岩蕨孢子囊群

主治用法　用于扭伤筋痛、跌打损伤、瘀血肿痛等。泡酒涂搽患部。外用捣烂敷患处。

用　　量　15 ~ 20 g。外用适量。

◎参考文献◎

[1] 江苏新医学院. 中药大辞典(下册)[M]. 上海: 上海科学技术出版社, 1977: 2477.

[2] 严仲铠, 李万林. 中国长白山药用植物彩色图志[M]. 北京: 人民卫生出版社, 1997: 98-99.

[3] 中国药材公司. 中国中药资源志要[M]. 北京: 科学出版社, 1994: 111.

▲黑龙江省萝北县龙江三峡风景区森林秋季景观

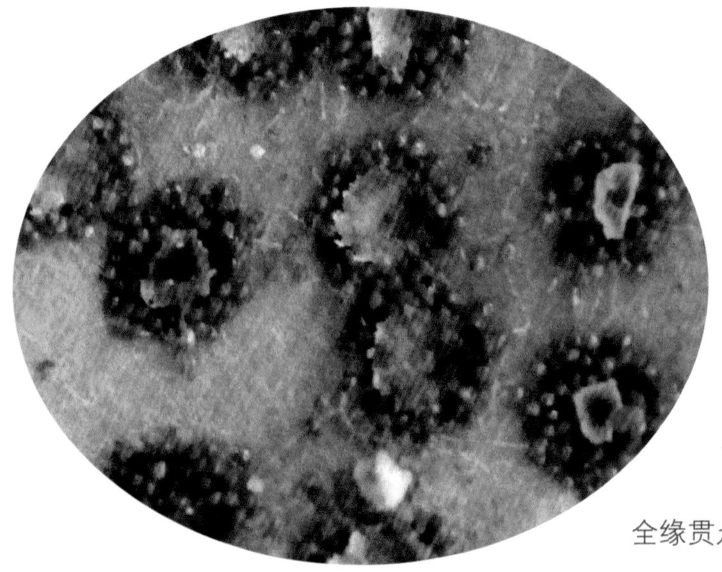

鳞毛蕨科 Dryopteridaceae

本科共收录 3 属、9 种。

贯众属 *Cyrtomium* Presl

全缘贯众 *Cyrtomium falcatum*（L. f.）Presl

▲全缘贯众孢子囊群

药用部位 鳞毛蕨科全缘贯众的根状茎和叶柄残基。

原 植 物 植株高 30 ~ 40 cm。根状茎直立。叶簇生，叶柄长 15 ~ 27 cm，禾秆色，腹面有浅纵沟，下部密生卵形、棕色，有时中间带黑棕色的鳞片；叶片宽披针形，长 22 ~ 35 cm，宽 12 ~ 15 cm，先端急尖；侧生羽片 5 ~ 14 对，互生，平伸或略斜向上，有短柄，偏斜的卵形或卵状披针形，中部的长 6 ~ 10 cm，先端长渐尖或呈尾状；具羽状脉，小脉结成 3 ~ 4 行网眼，腹面不明显，背面微凸起；顶生羽片卵状披针形，二叉或三叉状，长 4.5 ~ 8.0 cm，宽 2 ~ 4 cm。叶革质，两面光滑；叶轴腹面有浅纵沟，有披针形、边缘有齿的棕色鳞片或秃净。孢子囊群遍布羽片背面；囊群盖圆形，盾状，边缘有小齿缺。

生　　境 生于沿海山石及岛屿疏林下。

分　　布 辽宁长海、大连市区等地。山东、江苏、浙江、福建、台湾、广东。朝鲜、日本、印度。非洲（南部）。

采　　制 春、秋季采挖根状茎，以秋季最好，剪掉须根，除去泥土，晒干药用。

性味功效 味微苦、涩，微寒。有清热平肝、解毒杀虫、止血的功效。

主治用法 用于流行性感冒、感冒、流行性脑脊髓膜炎、头晕目眩、高血压、痢疾、尿血、外伤出血、肠道寄生虫病等。水煎服。

用　　量 15 ~ 50 g。

附　　注 孕妇禁忌。

◎参考文献◎

[1] 钱信忠．中国本草彩色图鉴（第二卷）[M]．北京：人民卫生出版社，2003: 535-536.

[2] 江纪武．药用植物辞典 [M]．天津：天津科学技术出版社，2005: 241.

[3] 中国药材公司．中国中药资源志要 [M]．北京：科学出版社，1994: 114.

◀全缘贯众植株

▲粗茎鳞毛蕨群落

▲市场上的粗茎鳞毛蕨根状茎

鳞毛蕨属 *Dryopteris* Adanson

粗茎鳞毛蕨 *Dryopteris crassirhizoma* Nakai

别　　名　贯众　绵马鳞毛蕨

俗　　名　野鸡膀子　鹰膀子　绵马

药用部位　鳞毛蕨科粗茎鳞毛蕨的根状茎（入药称“贯众”）。

原 植 物　多年生土生植物。植株高达 1 m。根状茎粗大。叶簇生；叶柄连同根状茎密生鳞片，鳞片膜质或厚膜质，淡褐色至栗棕色；叶轴上的鳞片明显扭卷；叶柄深麦秆色；叶片长圆 形至倒披针形，长 50 ~ 120 cm，宽 15 ~ 30 cm，基部狭缩，先端短渐尖，二回羽状深裂；羽片通常 30 对以上，线状披针形，长 8 ~ 15 cm，宽 1.5 ~ 3.0 cm，向两端

▼粗茎鳞毛蕨幼株（前期）

▲粗茎鳞毛蕨幼苗（后期）

羽片依次缩短，羽状深裂；裂片密接，长圆形，宽 2 ~ 5 mm；叶脉羽状，侧脉分叉，偶单一。叶厚草质至纸质，背面淡绿色。孢子囊群圆形，通常孢生于叶片背面上部 1/3 ~ 1/2 处，背生于小脉中下部，每裂片 1 ~ 4 对；囊群盖圆肾形或马蹄形。孢子具周壁。

生　境　生于混交林、阔叶林的林下、林缘及灌木丛中等肥沃湿润处。

分　布　黑龙江伊春市区、铁力、五常、尚志、海林、东宁、宁安、穆棱、虎林、饶河、方正、勃利、桦南、延寿、通河、木兰、汤原、依兰、庆安、绥棱等地。吉林长白山各地。辽宁宽甸、凤城、本溪、桓仁、抚顺、清原、新宾、西丰、辽阳、鞍山市区、海城、庄河、盖州、岫岩、营口市区、义县、彰武、凌源、喀左、绥中、建昌等地。河北、山西。朝鲜、日本、俄罗斯（西伯利亚中东部）。

采　制　春、秋季采挖根状茎，除去泥土，剪去须根和叶柄，洗净，晒干，切片，生用或炒炭用。

性味功效　味苦、辛，性凉。有小毒。有清热解毒、活血散瘀、驱虫、止血的功效。

主治用法　用于预防时行感冒、温热斑疹、虫积腹痛、蛔虫病、绦虫病、蛲虫病、吐血、衄血、便血、崩漏、意识减退、神经退化、神经免疫功能障碍、老年痴呆症等。煎汤或入丸、散。外用研末热涂。孕妇禁忌。

用　量　7.5 ~ 15.0 g。外用适量。

附　方

（1）预防流感：贯众 100 g。水煎服。并可放入饮用水缸中 1 ~ 2 个根状茎。又方：用贯众 15 g。水煎，分 2 次服，儿童酌减，每

▼粗茎鳞毛蕨孢子囊群

▼粗茎鳞毛蕨根状茎

周 2 次。或用贯众 15 g，南瓜蔓 33 cm。水煎服，可连服 3 d。亦可用贯众 15 g，桑叶 7.5 g。水煎服，每日 1 次，每周连服 2 d，共服 3 周。

（2）治流行性感冒：贯众 50 g，板蓝根 15 g。水煎服。

（3）治功能性子宫出血：贯众炭 50 g，海螵蛸 120 g，共研细粉。每服 7.5 g，每日 3 次。

（4）治虫积腹痛：贯众 25 g，乌梅 15 g，大黄 7.5 g。水煎服，每日 2 次。

（5）治漆疮：贯众根状茎研成粉末外涂，干时再加油调和。

（6）治火烧伤：贯众煅灰，和芝麻油调涂，止痛。

（7）预防流行性脑脊髓膜炎：贯众 100 g，雄黄 15 g，生明矾 40 g。放入饮水缸内，作为饮用水消毒用，7 d 换 1 次。

（8）预防麻疹：贯众研末。3 岁以下每服 0.25 g，每日 2 次，连服 3 d，间隔 1 个月，再服 3 d，直至麻疹流行期过为止。

（9）治便血：贯众、地榆、槐花各等量。共研细末，每次 10 g，黄酒为引，日服 2 次。

（10）治胆道蛔虫病：贯众、苦楝根皮各 75 g（15 岁以下儿童每次每岁各 5 g）。水煎 2 次，煎液混合浓缩成 100 ml 左右，空腹时 1 次顿服，连服 2 d。病情急剧者可日服 2 次，连服 2 次后须间隔 1 ~ 2 d 再服，以防中毒。除便秘者外不必服泻药。服药后 1 ~ 4 d 内连续排出蛔虫。

（11）治绦虫病：贯众根状茎。以粉末、舔剂、振荡混合剂等形式，早晚服用 4 ~ 8 g。连服 2 d，第 2 日服用泻剂。

附　注

（1）本品为《中华人民共和国药典》（2020 年版）收录的药材。

（2）用以驱虫及清热解毒，宜生用。用以止血，宜炒炭用。

◎参考文献◎

[1] 江苏新医学院．中药大辞典（上册）[M]．上海：上海科学技术出版社，1977：1484-1488.

[2] 朱有昌．东北药用植物 [M]．哈尔滨：黑龙江科学技术出版社，1989：28-31.

[3] 《全国中草药汇编》编写组．全国中草药汇编（上册）[M]．北京：人民卫生出版社，1975：501-507.

▲粗茎鳞毛蕨幼苗（前期）

▲粗茎鳞毛蕨幼株（后期）

▼粗茎鳞毛蕨植株

▲香鳞毛蕨群落

▼香鳞毛蕨幼株

香鳞毛蕨 *Dryopterisfragrans*（L.）Schott

别　　名　香叶鳞毛蕨

俗　　名　野鸡膀子

药用部位　鳞毛蕨科香鳞毛蕨的根状茎。

原 植 物　多年生岩生植物。植株高 20 ~ 30 cm。根状茎直立或斜升。叶簇生，叶柄通常长 1 ~ 2 cm，禾秆色，有沟槽，密被红棕色，长圆披针形；叶片长圆披针形，长 10 ~ 25 cm，中部宽 2 ~ 4 cm，先端短渐尖，向基部逐渐狭缩，最基部宽不足 1 cm，二回羽状至三回羽裂；羽片约 20 对，斜展，彼此靠近，往往相接，披针形，钝尖至急尖头，中部羽片长 1.5 ~ 2.0 cm，下部数对狭缩呈耳状、羽状或羽状深裂；小羽片矩圆形，边缘具锯齿或浅裂。叶草质，干后上面褐色，叶脉羽状。

▲香鳞毛蕨植株（侧）

孢子囊群圆形，背生于小脉上；囊群盖膜质，圆形至圆肾形，边缘疏具锯齿。孢子椭圆形，周壁具瘤状突起。

生　　境　生于岩缝中及砾石坡上。

分　　布　黑龙江大兴安岭、小兴安岭、张广才岭。吉林长白、抚松、靖宇、安图、通化、集安等地。辽宁桓仁、宽甸、大连等地。内蒙古额尔古纳、根河、牙克石、鄂伦春旗、阿尔山、科尔沁右翼前旗、科尔沁右翼中旗、扎鲁特旗、克什克腾旗、巴林左旗、巴林右旗、阿鲁科尔沁旗、东乌珠穆沁旗、西乌珠穆沁旗、正蓝旗、镶黄旗、正镶白旗等地。河北、新疆等。朝鲜、俄罗斯（西伯利亚中东部）、日本。北美洲。

采　　制　春、秋季采挖根状茎，除去泥土，晒干备用。

性味功效　有清热解毒、驱虫的功效。

用　　量　适量。

附　　注　根状茎：提取物可抑制葡萄球菌和真菌活性，制成软膏用于治疗多种皮肤病，如头皮炎、牛皮癣、干癣等。

▲香鳞毛蕨孢子囊群

▼香鳞毛蕨植株

◎参考文献◎

[1] 江纪武．药用植物辞典[M]．天津：天津科学技术出版社，2005：279.

▲中华鳞毛蕨植株

▲中华鳞毛蕨孢子囊群

中华鳞毛蕨 *Dryopteris chinensis*（Bak.）Koidz.

俗　　名　野鸡膀子

药用部位　鳞毛蕨科中华鳞毛蕨的根状茎。

原 植 物　多年生岩生植物。植株高 25 ~ 35 cm。根状茎粗短，直立。叶簇生，禾秆色；叶片等于或略长于叶柄，宽 8 ~ 18 cm，五角形，渐尖头；羽片 5 ~ 8 对，斜展，基部一对最大，长 6 ~ 12 cm，基部宽 3 ~ 8 cm，三角状披针形，渐尖头，基部不对称，上侧靠近叶轴，下侧斜出，柄长 5 ~ 10 mm，三回羽裂；一回小羽片斜展，下侧的较上侧的大，基部 1 片更大，长 2.5 ~ 5.0 cm，基部宽 1.5 ~ 2.5 cm，三角状披针形，短渐尖头；叶脉下面可见，在末回小羽片或裂片上羽状，侧脉分叉或单一；叶纸质，干后褐绿色。孢子囊群生于小脉顶部，靠近叶边；囊群盖圆肾形，近全缘，宿存。

生　　境　生于阔叶林下或灌丛中。

分　　布　吉林长白、抚松、安图等地。辽宁丹东市区、宽甸、凤城、鞍山、庄河、大连市区等地。山东、江苏、安徽、浙江、江西、河南。朝鲜、日本。

采　　制　春、秋季采挖根状茎，除去泥土，剪去须根和叶柄，洗净，晒干，切片，生用或炒炭用。

性味功效　有清热解毒、驱虫的功效。

用　　量　适量。

◎参考文献◎

[1] 江纪武．药用植物辞典 [M]．天津：天津科学技术出版社，2005：279.

广布鳞毛蕨 *Dryopteris expansa*（C. Presl）Fraser-Jenk. & Jermy

别　　名　大鳞毛蕨

俗　　名　野鸡膀子

药用部位　鳞毛蕨科广布鳞毛蕨的根状茎。

原 植 物　多年生土生植物。植株高 40 ~ 100 cm。根状茎短粗。叶簇生；叶片与叶柄近等长，长圆形、卵状长圆形或近三角形，长 25 ~ 50 cm，宽 12 ~ 35 cm，渐尖头，基部不变狭，三回羽状深裂；羽片 6 ~ 11 对，对生或近对生，基部羽片最大，斜三角形，具短柄，羽轴下侧小羽片显著长于上侧小羽片，其他羽片长圆状披针形，稀为长圆状卵形，具短柄，渐尖头，二回羽状；小羽片下先出，长圆形，稀卵状长圆形，尖头，具短小柄；裂片长方形或长圆形，宽 2 ~ 4 mm。叶草质，叶脉羽状，每裂片 3 ~ 4 对，不分叉。孢子囊群圆形，生于小脉顶端或上部；囊群盖圆肾形；孢子广椭圆形，褐色，具极细刺瘤。

▲广布鳞毛蕨植株

▼广布鳞毛蕨孢子囊群

生　　境　生于混交林、阔叶林的林下、林缘、灌木丛中等肥沃湿润处，常聚集成片生长。

分　　布　黑龙江小兴安岭。吉林长白、抚松、安图、和龙、敦化、汪清、临江、靖宇、柳河、通化等地。辽宁本溪、桓仁、宽甸等地。内蒙古额尔古纳、牙克石、根河、鄂伦春旗、阿尔山等地。河北。朝鲜、俄罗斯（西伯利亚中东部）、日本。欧洲、北美洲。

采　　制　春、秋季采挖根状茎，除去泥土，剪去须根和叶柄，洗净，晒干，切片，生用或炒炭用。

性味功效　味苦，性寒。有驱虫的功效。

▲广布鳞毛蕨居群

主治用法　用于驱绦虫。

用　　量　6 ~ 15 g。

◎参考文献◎

[1] 江苏新医学院．中药大辞典（上册）[M]．上海：上海科学技术出版社，1977：1064-1065.

[2] 江纪武．药用植物辞典 [M]．天津：天津科学技术出版社，2005：279.

华北鳞毛蕨 *Dryopteris goeringiana*（Kuntze）Koidz.

别　　名　美丽鳞毛蕨

俗　　名　金毛狗脊　猴腿

药用部位　鳞毛蕨科华北鳞毛蕨的根状茎(入药称“花叶狗牙七”)。

原 植 物　多年生土生植物。植株高 50 ~ 90 cm。根状茎粗壮。叶近生；叶片卵状长圆形、长圆状卵形或三角状广卵形，长 25 ~ 50 cm，宽 15 ~ 40 cm，先端渐尖，三回羽状深裂；羽片互生，具短柄，披针形或长圆披针形，长渐尖头，中下部羽片较长，长 11 ~ 27 cm，宽 2.5 ~ 6.0 cm，向基部稍微变狭，小羽片稍远离，基部下侧几个小羽片缩短，披针形或长圆状披针形，尖头至锐尖头，羽状深裂，裂片长圆形，宽 1 ~ 3 mm，通常顶端有尖锯齿；侧脉羽状，分叉；叶片草质至薄纸质，羽轴及小羽轴背面生有毛状鳞片。孢子囊群近圆形，通常沿小羽片中肋排成 2 行；囊群盖圆肾形，膜质，边缘啮蚀状。

生　　境　生于阔叶林下及灌丛中。

分　　布　黑龙江小兴安岭、张广才岭等地。吉林安图、长白、抚松等地。辽宁清原、西丰、开原、沈阳、鞍山、长海、大连市区、北镇、义县、凌源、建昌等地。内蒙古鄂伦春旗。河北、河南、山西、陕西、甘肃、四川。朝鲜、日本。

采　　制　春、秋季采挖根状茎，除去泥土，晒干备用。

性味功效　味苦、涩，性平。有除风湿、强筋骨、降血压、清热解毒的功效。

主治用法　用于治疗腰背疼痛、头晕、高血压等。水煎服。

用　　量　20 ~ 50 g。

▲华北鳞毛蕨幼株

▲华北鳞毛蕨孢子囊群

▲华北鳞毛蕨根状茎

▲华北鳞毛蕨植株

附　　方　治脊柱疼痛：花叶狗牙七 50 g，水煎服。

◎参考文献◎

[1] 江苏新医学院. 中药大辞典(上册)[M]. 上海: 上海科学技术出版社, 1977: 1064-1065.

[2] 江纪武. 药用植物辞典[M]. 天津: 天津科学技术出版社, 2005: 279.

[3] 朱有昌. 东北药用植物[M]. 哈尔滨: 黑龙江科学技术出版社, 1989: 31-32.

耳蕨属 *Polystichum* Roth.

▲鞭叶耳蕨植株

鞭叶耳蕨 *Polystichum craspedosorum* (Maxim.) Diels

别　　名　华北耳蕨

药用部位　鳞毛蕨科鞭叶耳蕨的全草。

原 植 物　多年生岩生植物。植株高10 ~ 20 cm。根状茎直立。叶簇生，叶柄长2 ~ 6 cm；叶片线状披针形或狭倒披针形，长10 ~ 20 cm，宽2 ~ 4 cm，先端渐狭，基部略狭，一回羽状；羽片14 ~ 26对，下部的对生，向上为互生，平展或略斜向下，柄极短，矩圆形或狭矩圆形，中部的长0.8 ~ 2.0 cm，宽5 ~ 8 mm，先端钝或圆形。基部偏斜，上侧截形，耳状突明显或不明显；具羽状脉，侧脉单一，腹面不明显。叶纸质；叶轴腹面有纵沟，背面密生狭披针形、基部边缘纤毛状的鳞片，先端延伸成鞭状，顶端有芽胞，能萌发新植株。孢子囊群通常位于羽片上侧边缘成1行，有时下侧也有；囊群盖大，圆形，全缘，盾状。

▼鞭叶耳蕨幼株

生　　境　生于林中阴湿处的钙质岩石上，常聚集成片生长。

分　　布　黑龙江张广才岭。吉林长白山各地。辽宁丹东市区、宽甸、凤城、本溪、桓仁、岫岩、大连、凌源等地。河北、山西、陕西、甘肃、宁夏、山东、浙江、河南、湖北、湖南、四川、贵州。朝鲜、俄罗斯（西伯利亚中东部）、日本。

采　　制　夏、秋季采挖全草，除去泥土，洗净，晒干。

◀ 鞭叶耳蕨孢子囊群

性味功效　有清热解毒的功效。

主治用法　用于肠炎、乳痈、下肢疖肿、肌肤红肿瘙痒、脏腑湿热、痢下赤白等。水煎服。

用　　量　适量。

◎参考文献◎

[1] 江纪武．药用植物辞典 [M]．天津：天津科学技术出版社，2005: 637.

[2] 中国药材公司．中国中药资源志要 [M]．北京：科学出版社，1994: 119.

▲布朗耳蕨植株

▲布朗耳蕨根状茎

▲布朗耳蕨幼株（前期）

▼布朗耳蕨孢子囊群

布朗耳蕨 *Polystichum braunii*（Spenn.）Fee

别　　名　棕鳞耳蕨

俗　　名　白毛鲜

药用部位　鳞毛蕨科布朗耳蕨的干燥根状茎。

原 植 物　多年生土生植物。植株高 40 ~ 70 cm。根状茎短而直立或斜升。叶簇生；叶柄长 13 ~ 21 cm，密生淡棕色线形、披针形鳞片和较大鳞片；叶片椭圆状披针形，长 36 ~ 60 cm，中部宽 14 ~ 24 cm，先端渐尖，能育，向基部逐渐变狭，二回羽状；羽片 19 ~ 25 对，互生，斜向上，具短柄，披针形，先端渐尖，基部不对称，中部羽片长 10 ~ 15 cm，宽 2.3 ~ 2.8 cm，一回羽状；小羽片 2 ~ 17 对，互生，无柄，矩圆形，长 0.9 ~ 1.7 cm，宽 0.5 ~ 0.9 cm，先端急尖，具锐尖头。孢子囊群圆形，大，每小羽片 1 ~ 6 对，主脉两侧各 1 行，靠近主脉，生于小脉末端或有时为近脉端生；囊群盖圆形，盾状，边缘全缘。

生　境　生于林下、林缘阴湿地等处。

分　布　黑龙江尚志、五常、宁安、海林、东宁、穆棱、方正、延寿、林口、虎林、饶河、桦南、桦川、通河、依兰等地。吉林长白山各地。辽宁丹东市区、宽甸、凤城、本溪、桓仁、抚顺、清原、新宾、西丰、鞍山市区、海城、盖州、庄河、营口市区、凌源、绥中、喀左、建昌等地。河北、安徽、河南、湖北、四川、山西、陕西、甘肃、新疆、西藏。朝鲜、俄罗斯（西伯利亚）、日本。欧洲、北美洲。

采　制　夏、秋季采挖根状茎，除去须根和叶柄，晒干。

性味功效　味微苦、涩，性寒。有清热解毒、止血、杀虫的功效。

主治用法　用于病毒发疹、衄血、轻粉中毒、头疮、白秃、腮腺炎、蛲虫病、流感、功能

▲布朗耳蕨幼株（后期）

性子宫出血等。水煎服。外用捣烂敷患处。

用　量　15～25 g。外用适量。

附　方　治热毒发疹：布朗耳蕨配升麻、荆芥、防风，煎汤服。

◀ 布朗耳蕨幼苗

◎参考文献◎

[1] 江苏新医学院．中药大辞典（上册）[M]．上海：上海科学技术出版社，1977:624.

[2] 朱有昌．东北药用植物 [M]．哈尔滨：黑龙江科学技术出版社，1989:33-34.

[3] 钱信忠．中国本草彩色图鉴（第二卷）[M]．北京：人民卫生出版社，2003:28-29.

▲戟叶耳蕨群落

戟叶耳蕨 *Polystichum tripteron*（Kuntze）Presl

药用部位 鳞毛蕨科戟叶耳蕨的根状茎及叶（入药称“三叉耳蕨”）。

别　　名 三叉耳蕨　三叶耳蕨

原 植 物 多年生土生或岩生植物。植株高 30 ~ 65 cm。根状茎短而直立。叶簇生；叶柄长 12 ~ 30 cm；叶片戟状披针形，长 30 ~ 45 cm，基部宽 10 ~ 16 cm，具 3 枚椭圆披针形的羽片；侧生 1 对羽片较短小，长 5 ~ 8 cm，宽 2 ~ 5 cm，有短柄，斜展，羽状，有小羽片 5 ~ 12 对；中央羽片远、较大，长 30 ~ 40 cm，宽 5 ~ 8 cm，有长柄，一回羽状，有小羽片 25 ~ 30 对；小羽片均互生。叶草质，干后

▲戟叶耳蕨孢子囊群

▲戟叶耳蕨植株（林地型，前期，侧）

▲戟叶耳蕨植株（林地型，后期，侧）

▲戟叶耳蕨幼苗

绿色，沿叶脉疏生卵状披针形或披针形的浅棕色小鳞片。孢子囊群圆形，生于小脉顶端；囊群盖圆盾形，边缘略呈啮蚀状，早落。孢子极面观椭圆形，赤道面观超半圆形，周壁具褶皱，常联结成网状，薄而透明。

生　境　生于林下多岩石的阴湿地上，常聚集成片生长。

分　布　黑龙江张广才岭。吉林长白山各地。辽宁宽甸、凤城、本溪、桓仁、鞍山、庄河等地。河北、山东、江苏、安徽、浙江、江西、福建、河南、湖北、湖南、广东、广西、四川、贵州、陕西、甘肃。朝鲜、俄罗斯（西伯利亚中东部）、日本。

采　制　春、夏、秋三季采挖，以秋季采挖最好，除去泥土和鳞片，晒干或鲜用。夏、秋季采摘叶，去除杂质，晒干。

▼戟叶耳蕨根状茎

性味功效　有清热解毒、利尿通淋、活血调经、止痛、补肾的功效。

主治用法　用于痢疾、内热腹痛、淋浊、肠炎、乳痈、下肢疖肿等。水煎服。外用鲜品捣烂敷患处。

用　量　根状茎：15 ~ 30 g。鲜叶：12 ~ 15 g。外用适量。

◎参考文献◎

[1] 钱信忠．中国本草彩色图鉴（第一卷）[M]．北京：人民卫生出版社，2003:49-50.

[2] 江纪武．药用植物辞典 [M]．天津：天津科学技术出版社，2005:638.

[3] 中国药材公司．中国中药资源志要 [M]．北京：科学出版社，1994:120-121.

▲戟叶耳蕨植株（岩生型）

▲戟叶耳蕨植株（林地型）

▲辽宁省庄河市天门山国家森林公园森林秋季景观

▲骨碎补居群

骨碎补科 Davalliaceae

本科共收录 1 属、1 种。

骨碎补属 *Davallia* Sm.

骨碎补 *Davallia trichomanoides* Blume

别　　名 海州骨碎补

俗　　名 石尾

药用部位 骨碎补科骨碎补的根状茎。

原 植 物 多年生土生或岩生植物。植株高 15 ~ 40 cm。根状茎长而横走，粗 4 ~ 5 mm，密被蓬松的灰棕色鳞片；鳞片阔披针形或披针形；叶柄长 6 ~ 20 cm；叶片五角形，长宽各 8 ~ 25 cm，先端渐尖，基部浅心脏形，四回羽裂；羽片 6 ~ 12 对，下部 1 ~ 2 对对生或近对生，向上的互生，有短柄，斜展，基部一对最大，三角形，长宽各 5 ~ 10 cm 或稍长；一回小羽片 6 ~ 10 对，互生，有短柄，斜向上，基部下侧一片特大。叶脉可见，叉状分枝，每钝齿有小脉 1 条，几达叶边。叶坚草质。孢子囊群生于小脉顶端，每裂片有 1 枚；囊群盖管状，长约 1 mm，先端截形，外侧有一尖角，褐色，厚膜质。

生　　境 生于岩石及树干上。

分　　布 辽宁大连、宽甸、桓仁等地。山东、江苏、台湾。朝鲜、日本。

采　　制 四季采收全草，除去杂质，洗净，晒干药用或鲜用。

性味功效 味苦，性温。有补肾强骨、续伤止痛、

▲骨碎补植株

祛风除湿的功效。

主治用法　用于肾虚腰痛、肾虚久泻、耳鸣耳聋、牙齿松动、跌扑闪挫、筋骨折伤、阑尾炎、斑秃、白癜风、鸡眼等。水煎服或浸酒。外用捣烂敷患处。

用　　量　5 ~ 15 g（鲜品 10 ~ 25 g）。外用鲜品适量。

附　　方

（1）治跌打损伤：骨碎补 25 g，红花、赤芍、土鳖虫各 15 g。水煎服。

（2）接骨续筋：骨碎补 200 g、浸酒 500 ml。分 10 次内服，每日 2 次；另晒干研末外敷。

（3）治牙痛：鲜骨碎补 50 ~ 100 g（去毛）打碎。加水蒸服（勿用铁器打煮）。

（4）治斑秃：鲜骨碎补 25 g，斑蝥 5 只，烧酒 150 ml。浸 12 d 后过滤，擦患处，每日 2 ~ 3 次。

（5）治肾虚耳鸣、耳聋、牙齿松动及疼痛难忍：骨碎补 200 g，怀熟地、山茱萸、茯苓各 100 g，牡丹皮 75 g（俱酒炒），泽泻 40 g（盐水炒）。共为末，炼蜜丸。每服 25 g，白开水送下。

（6）防治链霉素毒性及过敏反应：骨碎补饮片 25 g。水煎分 2 次服，每日 1 剂，视需要可长期服用。注射链霉素有反应的人可加服本药脱敏。

（7）治鸡眼、疣（瘊子）：骨碎补 15 g。碾成粗末，放入体积分数为 95% 的酒精 100 ml 中浸泡 3 d 备用。先将鸡眼或瘊子用温水洗泡柔软，再用小刀削去外层厚皮，然后涂擦此浸剂。每 2 h1 次，每日连续 4 ~ 6 次，多至 10 次，鸡眼经 10 ~ 15 d、瘊子经 3 d 即可脱落而愈。

◎参考文献◎

[1] 朱有昌．东北药用植物 [M]．哈尔滨：黑龙江科学技术出版社，1989: 26-28.

[2] 钱信忠．中国本草彩色图鉴（第四卷）[M]．北京：人民卫生出版社，2003: 87-88.

[3] 中国药材公司．中国中药资源志要 [M]．北京：科学出版社，1994: 124.

▲乌苏里瓦韦群落

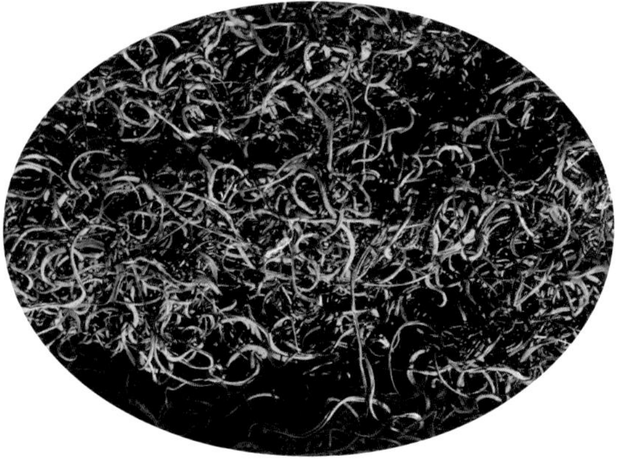

▲市场上的乌苏里瓦韦植株（绿色）

▲市场上的乌苏里瓦韦植株（褐色）

水龙骨科 Polypodiaceae

本科共收录 4 属、6 种。

瓦韦属 *Lepisorus*（J. Smith）Ching

乌苏里瓦韦 *Lepisorus ussuriensis*（Regel et Maack）Ching

俗　　名　石茶　七星草　树茶　还阳草　一叶草　剑刀草　青根

药用部位　水龙骨科乌苏里瓦韦的全草（入药称"射鸡尾"）。

原 植 物　多年生岩生或附生植物。植株高 10 ~ 15 cm。根状茎细长横走，密被鳞片；鳞片披针形，褐色，基部扩展近圆形，胞壁加厚，网眼大而透明，近等直径，向上突然狭缩，具有长的芒状尖。叶着生变化较大，相距 3 ~

▲乌苏里瓦韦植株（叶卷曲）

22 mm；叶柄长 1.5 ~ 5.0 cm，禾秆色或淡棕色至褐色；叶片线状披针形，长 4 ~ 13 cm，中部宽 0.5 ~ 1.0 cm，向两端渐变狭，短渐尖头或圆钝头，基部楔形，下延，干后上面淡绿色，下面淡黄绿色，或两面均为淡棕色，边缘略反卷，纸质或近革质。主脉上下均隆起，小脉不显。孢子囊群圆形，位于主脉和叶边之间，彼此相距 1.0 ~ 1.5 个孢子囊群体积，幼时被星芒状褐色隔丝覆盖。

生　　境　生于岩石上、石缝中或枯木及树皮上，常聚集成片生长。

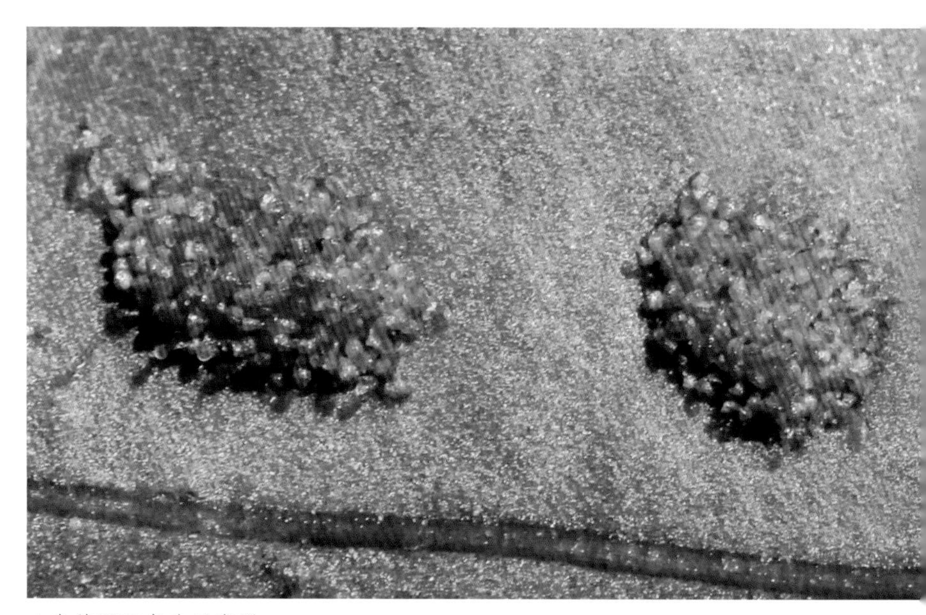

▲乌苏里瓦韦孢子囊群

▲乌苏里瓦韦植株（石生）

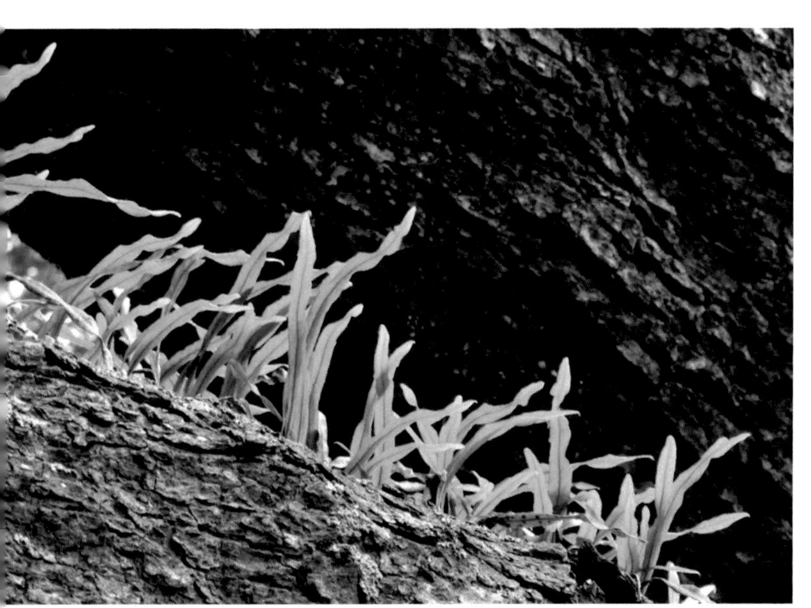

▲乌苏里瓦韦植株（树生）

分　　布　黑龙江伊春、铁力、五常、尚志、海林、东宁、宁安、穆棱、虎林、饶河、同江、抚远、方正、勃利、桦南、延寿、通河、木兰、汤原、依兰、庆安、绥棱等地。吉林长白山各地。辽宁丹东市区、凤城、宽甸、本溪、桓仁、新宾、清原、鞍山、庄河、盖州、大连市区等地。河北、山东、河南、安徽。朝鲜、俄罗斯（西伯利亚中东部）。

采　　制　四季采收全草，除去杂质，洗净，晒干药用或鲜用。

性味功效　味苦，性平，无毒。有祛风、利尿、止咳、活血的功效。

主治用法　用于尿路感染、小便不利、肾炎、水肿、湿热痢疾、肝炎、咽喉肿痛、结膜炎、口腔炎、咽炎、百日咳、肺热咳嗽、疮疡肿毒、尿血、咯血、跌打损伤、月经不调、刀伤出血及风湿疼痛等。水煎服。

用　　量　15 ~ 25 g。

附　　方　治水肿：射鸡尾 25 g，加水两碗，熬成半碗，内服（辽宁凤城民间方）。

附　　注　根状茎入药，有利尿、清热的功效。可治疗风湿疼痛、惊风、跌打伤肿。

◎参考文献◎

[1] 江苏新医学院．中药大辞典（下册）[M]．上海：上海科学技术出版社，1977：1885-1886.

[2] 朱有昌．东北药用植物 [M]．哈尔滨：黑龙江科学技术出版社，1989：39-40.

[3] 严仲铠，李万林．中国长白山药用植物彩色图志 [M]．北京：人民卫生出版社，1997：100.

▼乌苏里瓦韦幼株

▲金鸡脚假瘤蕨群落

假瘤蕨属 *Phymatopteris* Pic. Serm.

金鸡脚假瘤蕨 *Phymatopteris hastata*（Thunb.）Pic. Serm.

别　　名　金鸡脚假密网蕨　金鸡脚

药用部位　鳞毛蕨科金鸡脚假瘤蕨的全草（入药称“鹅掌金星草”）。

原 植 物　多年生岩生或土生植物。根状茎长而横走，密被鳞片；鳞片披针形。叶远生。叶片为单叶，形态变化极大，单叶不分裂或戟状二至三分裂；单叶不分裂叶的形态变化亦极大，从卵圆形至长条形，长 2 ~ 20 cm，宽 1 ~ 2 cm，顶端短渐尖或钝圆，基部楔形至圆形；分裂的叶片形态也极其多样，常见的是戟状二至三分裂。叶片的边缘具缺刻和加厚的软骨质边，通直或呈波状。中脉和侧脉两面明显，侧脉不达叶边；小脉不明显。叶纸质或草质，背面通常灰白色。孢子囊群大，圆形，在叶片中脉或裂片中脉两侧各有 1 行，着生于中脉与叶缘之间；孢子表面具刺状突起。

▼金鸡脚假瘤蕨孢子囊群

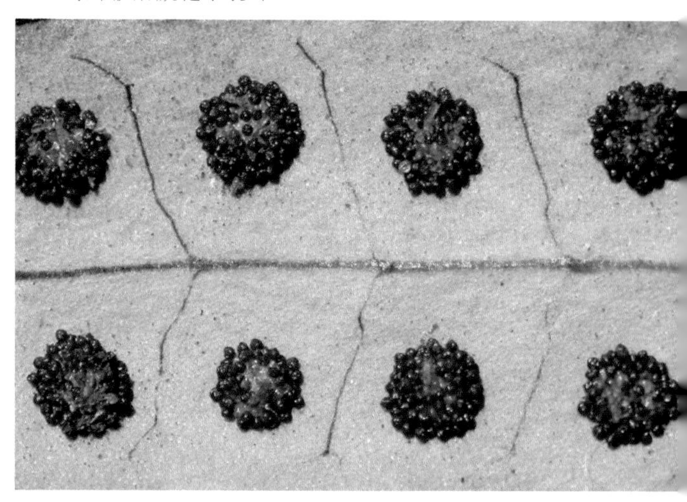

▲金鸡脚假瘤蕨植株

生　境　生于岩石上及断壁等处。

分　布　辽宁丹东市区、凤城、东港、大连等地。河南、山东、浙江、江苏、江西、福建、台湾、安徽、湖南、湖北、陕西、广西、广东、四川、贵州、甘肃、云南、西藏。朝鲜、俄罗斯（西伯利亚中东部）、日本。

采　制　夏、秋季采挖全草，晒干。

▼金鸡脚假瘤蕨植株（背）

性味功效　味苦、微辛，性凉。有清热、凉血、利尿、解毒的功效。

主治用法　用于治疗伤寒、热证、烦咳、扁桃体炎、小儿惊风、慢性肝炎、血淋、便血、小儿支气管肺炎、中暑、细菌性痢疾、腹泻、痈肿疔疮等。水煎服或浸酒。外用捣烂敷患处。

用　量　10 ~ 25 g（鲜品 50 ~ 100 g）。外用适量。

◎参考文献◎

[1] 江苏新医学院. 中药大辞典（下册）[M]. 上海：上海科学技术出版社，1977: 2402-2403.

[2] 江纪武. 药用植物辞典 [M]. 天津：天津科学技术出版社，2005: 601.

多足蕨属 *Polypodium* L.

东北多足蕨 *Polypodium sibiricum* Sipliv.

▲东北多足蕨植株

别　　名　东北水龙骨　水龙骨　小多足蕨

药用部位　水龙骨科东北多足蕨的全草。

原 植 物　多年生岩生或附生植物。根状茎长而横走，密被鳞片；鳞片披针形，暗棕色。叶远生或近生；叶柄长 5 ~ 8 cm，禾秆色；叶片长椭圆状披针形，长 10 ~ 20 cm，宽 3 ~ 5 cm，羽状深裂或基部为羽状全裂，顶端羽裂渐尖或尾尖；侧生裂片 12 ~ 16 对，平展或近平展，条形，长 2.0 ~ 2.5 cm，宽约 6 mm，基部与叶轴阔合生，顶端钝圆，边缘具浅锯齿。叶片近革质；干后上面灰绿色，平滑，背面黄绿色，褶皱。叶脉分离，裂片的中脉和侧脉均不明显，在叶表面隐约可见，侧脉顶端具水囊，不达叶边，在叶背不显。孢子囊群圆形，在裂片中脉两侧各 1 行，靠近裂片边缘着生，无盖。

▲东北多足蕨植株（背）

▼东北多足蕨幼株

生　　境　生于混交林下或石缝中的腐殖质土中。

分　　布　黑龙江大兴安岭、小兴安岭、张广才岭、完达山、老爷岭。吉林长白山各地。辽宁桓仁、宽甸、新宾、大连等地。内蒙古额尔古纳、根河、牙克石、扎兰屯、阿尔山、科尔沁右翼前旗、扎赉特旗等地。河北。朝鲜、俄罗斯（西伯利亚）、蒙古、日本。北美洲。

采　　制　夏、秋季采挖全草，除去泥土，晒干。

▲东北多足蕨居群

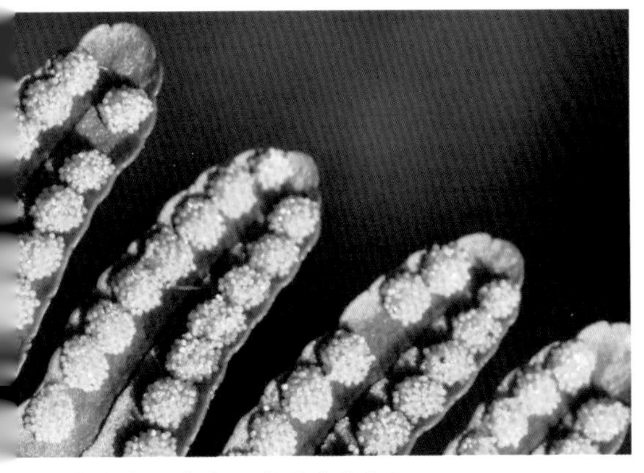

▲东北多足蕨孢子囊群（黄色）

▼东北多足蕨孢子囊群（褐色）

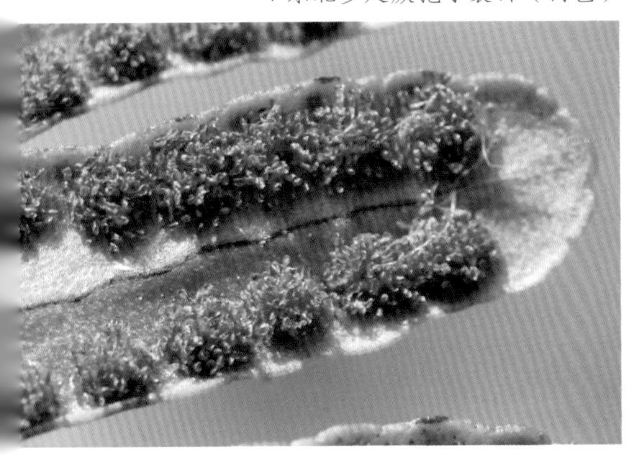

性味功效 味甘、苦，性凉。有解毒退热、祛风利湿、止血破血、止咳止痛的功效。

主治用法 用于尿路感染、风湿性关节痛、尿路感染、咳嗽气喘、牙痛、小儿高热、热淋、小便短赤、荨麻疹、疮疡肿毒、跌打损伤等。水煎服。外用熬水洗或捣烂敷患处。

用　　量 25 ~ 50 g。外用适量。

◎参考文献◎

[1] 严仲铠，李万林．中国长白山药用植物彩色图志[M]．北京：人民卫生出版社，1997：100-101.

[2] 江纪武．药用植物辞典 [M]．天津：天津科学技术出版社，2005：636.

[3] 中国药材公司．中国中药资源志要 [M]．北京：科学出版社，1994：135.

▲有柄石韦植株（侧，岩生型）

▼市场上的有柄石韦植株

石韦属 *Pyrrosia* Mirbel

有柄石韦 *Pyrrosia petiolosa*（Christ）Ching

别　　名　长柄石韦

俗　　名　石茶 小石韦 独叶草 独叶茶 牛皮茶 血芨芨草

药用部位　水龙骨科有柄石韦的叶及根。

原 植 物　多年生岩生或附生植物。植株高 5 ~ 15 cm。根状茎细长横走，幼时密被披针形棕色鳞片；鳞片长尾状，渐尖头，边缘具睫毛。叶远生，一型；具长柄，长度通常为叶片长度的 1/2 ~ 2 倍，基部被鳞片，向上被星状毛，棕色或灰棕色；叶片椭圆形，急尖短钝头，基部楔形，下延，干后厚革质，全缘，上面灰淡棕色，有洼点，疏被星状毛，下面被厚层星状毛，初为淡棕色，后为砖红色。主脉下面稍隆起，上面凹陷，侧脉和小脉均不显。孢子囊群布满叶片下面，成熟时扩散并汇合。

生　　境　生于向阳干燥的裸露岩石或石缝中。

分　　布　黑龙江嘉荫、伊春市区、铁力、五常、尚志、海林、东宁、

▲有柄石韦植株

▲有柄石韦孢子囊群

宁安、穆棱、林口、虎林、饶河、方正、勃利、桦南、延寿、通河、木兰、汤原、依兰、庆安、绥棱等地。吉林长白山各地。辽宁丹东市区、宽甸、凤城、本溪、桓仁、西丰、法库、鞍山、盖州、大连、北镇、凌源、建昌、建平、义县、绥中等地。内蒙古扎兰屯、通辽等地。华北、西北、西南和长江中下游各地。朝鲜、俄罗斯。

采　　制　四季采收叶，除去根、根状茎及泥土，洗净，晒干。夏、秋季采挖根状茎，除去须根和叶柄，晒干。

性味功效　叶：味苦、甘，性凉。有利水通淋、清热止血、清肺泄热的功效。根状茎：味苦、甘，性凉。有通淋、消胀、除劳热、止血的功效。

主治用法　叶：用于淋痛、尿血、尿道炎、尿路结石、肾炎、崩漏、肺热咳嗽、慢性气管炎、金疮、肠炎、痢疾、哮喘、肺脓疡、痈疽等。水煎服。外用捣烂敷患处。根状茎：用于淋病、胸膈气胀、虚劳蒸热、吐血、创伤出血等。水煎服。外用捣烂敷患处。

用　　量　叶：7.5 ~ 15.0 g。外用适量。根状茎：7.5 ~ 15.0 g。外用适量。

附　　方

（1）治急、慢性肾炎，肾盂肾炎：有柄石韦叶20枚。水煎服。又方：石韦片，每服2～3片，每日3次。

（2）治泌尿系统结石：有柄石韦叶、车前草各50 g，生栀子25 g，甘草15 g。水煎服。

（3）治尿中带血、小便作痛：有柄石韦叶、生蒲黄、当归、赤芍各15 g。水煎服。

（4）治急性尿道炎、膀胱炎、小便不利、尿道疼痛：有柄石韦叶、车前子各15 g。水煎服。

（5）治淋病：有柄石韦叶适量加红糖，炒后冲水内服（辽宁凌源民间方）。

（6）治妇女产后瘀血、无乳：有柄石韦叶及刺玫果根适量煎水，打入数个红皮鸡蛋，加1滴獾子油，内服（辽宁本溪民间方）。

（7）治崩中漏下：有柄石韦叶研末。每服15 g，温酒服。

（8）治支气管哮喘：有柄石韦叶50 g。水煎服，日服3次。小儿酌减。

（9）治创伤出血：有柄石韦根状茎阴干研末，撒伤口。

（10）治手颤作摇：有柄石韦根状茎煎汤，当茶水频服。

附　　注

（1）本品为《中华人民共和国药典》（2020年版）收录的药材。

▲有柄石韦植株（侧，树生型）

▼有柄石韦群落

（2）叶上的茸毛可治疗烫火伤。

◎参考文献◎

[1] 江苏新医学院. 中药大辞典（上册）[M]. 上海：上海科学技术出版社，1977：579-582，597.

[2] 朱有昌. 东北药用植物[M]. 哈尔滨：黑龙江科学技术出版社，1989：40-41.

[3]《全国中草药汇编》编写组. 全国中草药汇编（上册）[M]. 北京：人民卫生出版社，1975：333.

▲华北石韦植株（侧）

▲华北石韦群落

华北石韦 *Pyrrosia davidii*（Baker）Ching

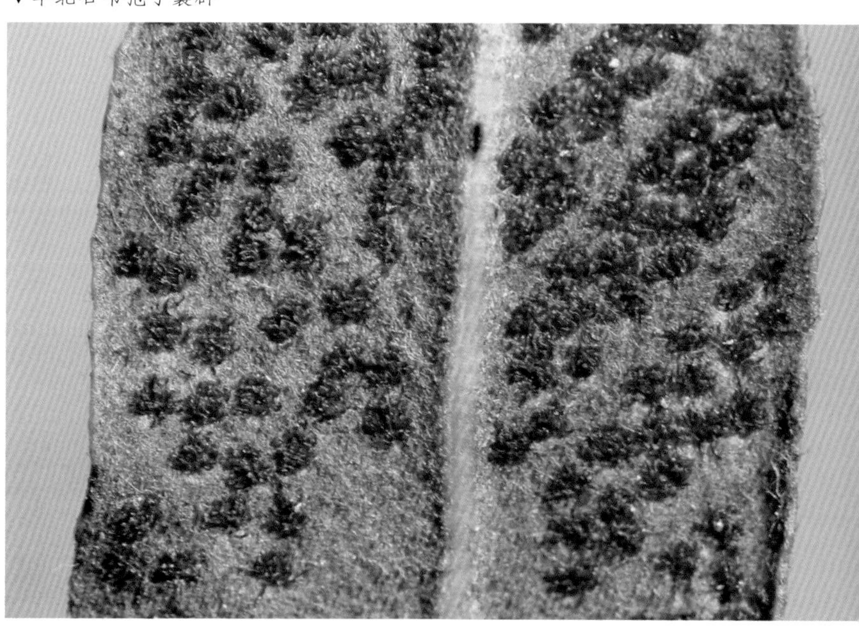

▼华北石韦孢子囊群

别　　名　北京石韦

俗　　名　石茶

药用部位　水龙骨科华北石韦的全草。

原 植 物　多年生岩生或土生植物。高 5 ~ 10 cm。根状茎略粗壮而横卧，密被披针形鳞片；鳞片长尾状，渐尖头，幼时棕色，老时中部黑色，边缘具齿牙。叶密生，一型；叶柄长 2 ~ 5 cm，基部着生处密被鳞片，向上被星状毛，禾秆色；叶片狭披针形，中部最宽，向两端渐狭，短渐尖头，顶端圆钝，基部楔形，两边狭翅沿叶柄长下延，长 5 ~ 7 cm，中部宽 0.5 ~ 2.0 cm，全缘，干后软纸质，上面淡灰绿色，下面棕色，

▲华北石韦植株

▲市场上的华北石韦植株

密被星状毛，主脉在下面不明显隆起，上面浅凹陷，侧脉与小脉均不显。孢子囊群布满叶片下表面，幼时被星状毛覆盖，棕色，成熟时孢子囊开裂而呈砖红色。

生　　境　附生在阴湿岩石上。

分　　布　辽宁丹东、宽甸、凌源等地。内蒙古科尔沁左翼后旗、敖汉旗、喀喇沁旗、宁城、正蓝旗、镶黄旗、正镶白旗、太仆寺旗等地。河北、山东、河南、湖北、湖南、陕西、甘肃。

采　　制　四季采收全草，除去根、根状茎及泥土，洗净，晒干。

性味功效　味甘、苦，微寒。有清热利尿、通淋的功效。

主治用法　用于治疗胸腔脓疡、肺热咳嗽、咽喉肿痛、跌打损伤、外伤出血、肾虚遗精、肾炎水肿、泌尿道感染等。水煎服或外敷。

用　　量　5 ~ 10 g。

◎参考文献◎

[1] 江苏新医学院．中药大辞典（上册）[M]．上海：上海科学技术出版社，1977: 579-582.

[2]《全国中草药汇编》编写组．全国中草药汇编（上册）[M]．北京：人民卫生出版社，1975: 241-242.

[3] 中国药材公司．中国中药资源志要 [M]．北京：科学出版社，1994: 136.

线叶石韦 *Pyrrosia linearifolia* (Hook.) Ching

▲线叶石韦孢子囊群

别　　名　绒毛蕨

俗　　名　石茶

药用部位　水龙骨科线叶石韦的叶。

原 植 物　多年生岩生或附生植物。植株高 3 ~ 10 cm。根状茎细长横走，密被线状披针形鳞片；鳞片长渐尖头，棕色，全缘。叶近生，一型，几无柄；叶片线形，长 2 ~ 8 cm，宽 2 ~ 3 mm，钝圆头，下部渐狭，下延至基部，全缘，干后纸质，上面褐色，密被无色钻状分枝臂的星状毛，下面棕色，密被两层不同的星状毛。叶脉均不显。孢子囊群聚生于主脉两侧，呈 1 ~ 2 行排列，无盖，被星状毛覆盖，成熟时孢子囊开裂，呈深棕色。

▲线叶石韦居群

生　　境　生于林区岩石上或阔叶枯朽老树的树皮上。

分　　布　吉林通化、集安等地。辽宁丹东市区、宽甸、凤城、桓仁等地。云南、台湾。朝鲜、日本。

采　　制　四季采收叶，除去根、根状茎及泥土，洗净，晒干。

性味功效　味苦、涩，微凉。有清热、调经、利尿的功效。

▲线叶石韦植株

主治用法　用于治疗肺热咳嗽、尿路感染、急慢性肾炎、膀胱炎、尿道炎等症。水煎服。

用　　量　15 ~ 25 g。

附　　注　本种在辽宁宽甸被当作乌苏里瓦韦入药使用，临床用途和用量与乌苏里瓦韦基本相似。

◎参考文献◎

[1] 曲再春. 丹东地区野生动植物原色图鉴植物分册（一）[M]. 长春：吉林教育出版社，2012: 19.

▲黑龙江珍宝岛湿地国家级自然保护区夏季景观

▲苹植株

苹科 Marsileaceae

本科共收录 1 属、1 种。

苹属 *Marsilea* L.

苹 *Marsilea quadrifolia* L.

别　　名　田字草　四叶菜　叶合草

俗　　名　十字草　破铜钱　水铜钱

药用部位　苹科苹的全草。

原 植 物　多年生水生植物。植株高 5 ~ 20 cm。根状茎细长横走，分枝，顶端被淡棕色毛，茎节远离，向上发出一至数枚叶子。叶柄长 5 ~ 20 cm；叶片由 4 片倒三角形的小叶组成，呈十字形，长宽各 1.0 ~ 2.5 cm，外缘半圆形，基部楔形，全缘，幼时被毛，草质。叶脉从小叶基部向上呈放射状分叉，组成狭长网眼，伸向叶边，无内藏小脉。孢子果双生或单生于短柄上，而柄着生于叶柄基部，长椭圆形，幼时被毛，褐色，木质，坚硬。每个孢子果内含多数孢子囊，大小孢子囊同生于孢子囊托上，1 个大孢子囊内只有 1 个大孢子，而小孢子囊内有多数小孢子。

生　　境　生于沼泽、池塘及水田等处。

▲苹群落

分　　布　黑龙江东宁、密山、虎林、饶河等地。吉林梅河口、柳河、辉南、敦化、通化等地。辽宁庄河、大连市区等地。长江以南各地。新疆。世界温、热两带地区。

采　　制　夏、秋季采收全草，除去泥土，洗净，鲜用或晒干。

性味功效　味甘，性寒。有清热解毒、利尿消肿、止血安神、截疟的功效。

主治用法　用于治疗风热目赤、急性结膜炎、肾炎水肿、泌尿系统感染、热淋、湿热水肿、淋巴结炎、乳腺炎、疟疾、吐血、衄血、糖尿病、痈疮、肝炎、神经衰弱、毒蛇咬伤等。水煎服。外用鲜品捣烂敷患处。

用　　量　20 ~ 50 g（鲜品：50 ~ 100 g。大剂量：150 ~ 250 g）。外用适量。

附　　方

（1）治疟疾：鲜苹 150 ~ 250 g。于发作前 3 h 水煎服。或用鲜全草揉搓如蚕豆大，于疟疾发作前 4 ~ 5 h，塞入一侧外耳道或塞鼻。

（2）治急性结膜炎、肾炎、水肿肝炎：苹 15 ~ 50 g。水煎服。

（3）治吐血：鲜苹 10 g，鸭肝 1 个。共捣烂，开水烫熟炖服。

（4）治疔疮、肿毒：鲜苹一把。洗净捣烂外敷，每日换 1 ~ 2 次。

（5）治外伤腰痛：先将鲜苹全草 30 ~ 50 g 和醋共炒，然后酌加水煎，温服。

（6）治毒蛇咬伤：鲜苹全草适量，加雄黄末 15 g，捣敷伤口周围。又方：鲜苹全草 100 ~ 150 g，捣绞汁，冷开水送服，渣敷伤处。

◎参考文献◎

[1] 江苏新医学院．中药大辞典（上册）[M]．上海：上海科学技术出版社，1977：1303-1304.

[2] 朱有昌．东北药用植物 [M]．哈尔滨：黑龙江科学技术出版社，1989：41-42.

[3]《全国中草药汇编》编写组．全国中草药汇编（上册）[M]．北京：人民卫生出版社，1975：511-512.

▲吉林查干湖国家级自然保护区湿地夏季景观

▲槐叶苹群落

槐叶苹科 Salviniaceae

本科共收录 1 属、1 种。

▲槐叶苹植株（夏季）

槐叶苹属 *Salvinia* Adans.

槐叶苹 *Salvinia natans*（L.）All.

别　　名　蜈蚣萍

俗　　名　蜈蚣漂　水上漂　大浮萍

药用部位　槐叶萍科槐叶萍的全草（入药称“蜈蚣萍”）。

原 植 物　小型漂浮植物。茎细长而横走，被褐色节状毛。三叶轮生，上面二叶漂浮水面，形如槐叶，长圆形或椭圆形，长 0.8 ~ 1.4 cm，宽 5 ~ 8 mm，顶端钝圆，基部圆形或稍呈心形，全缘；叶柄长 1 mm 或近无柄。叶脉斜出，在主脉两侧有小脉 15 ~ 20 对，每条小脉上面有 5 ~ 8 束白色刚毛；叶草质，上面深绿色，下面密被棕色茸毛。下面一叶悬垂水中，细裂成线状，被细毛，形如须根，起着根的作用。孢子果 4 ~ 8 个簇生于沉水叶的基部，表面疏生成束的短毛，小孢子果表面淡黄色，大孢子果表面淡棕色。

生　　境　生于池沼、稻田及水泡子及静水溪河内等处，常聚集成片生长。

▲内蒙古汗马国家级自然保护区森林秋季景观

▲杉松雄球花

▼杉松幼苗

▲杉松种子

松科 Pinaceae

本科共收录 4 属、15 种、1 变型。

冷杉属 *Abies* Mill.

杉松 *Abies holophylia* Maxim.

别　　名　杉松冷杉　辽东冷杉　沙松

俗　　名　白松

药用部位 松科杉松的枝、叶。

原 植 物 常绿乔木，高达30 m，胸径达1 m；幼树树皮淡褐色、不开裂，老则浅纵裂，呈条片状，灰褐色或暗褐色；枝条平展；一年生枝淡黄灰色或淡黄褐色，有光泽，二、三年生枝呈灰色、灰黄色或灰褐色；冬芽卵圆形，有树脂。叶在果枝下面列成两列，上面的叶斜上伸展，在营养枝上排成两列，条形，直伸或呈弯镰状，长2～4 cm，先端急尖或渐尖。球果圆柱形，长6～14 cm，熟时淡黄褐色或淡褐色；中部种鳞近扇状四边形或倒三角状扇形；苞鳞短，长不及种鳞的一半；种子倒三角状，长8～9 mm，种翅宽大，淡褐色；子叶5～6枚，条形，长2.5～3.3 cm。花期4—5月，球果10月成熟。

生　　境 生于阴湿的缓山坡、排水良好的平湿地和天然针阔叶混交林中，常组成针叶林或针叶树与阔叶树混交林。混生树种有红松、臭冷杉、红皮云杉、长白

▲杉松植株

▼杉松树干

▼杉松枝条（花期）

▲杉松枝条（果期）

鱼鳞云杉、黄花落叶松、大青杨、枫桦、春榆、裂叶榆、山杨、糠椴、黄檗、胡桃楸及水曲柳等。

分　布　黑龙江张广才岭及老爷岭等地。吉林长白山各地。辽宁本溪、凤城、宽甸、桓仁等地。朝鲜、俄罗斯（西伯利亚中东部）。

▼杉松雌球果

采　制　四季采收枝、叶，除去杂质，洗净。

主治用法　民间外用熏洗治疗风湿。

用　量　适量。

◎参考文献◎

［1］严仲铠，李万林．中国长白山药用植物彩色图志［M］．北京：人民卫生出版社，1997:103.

［2］中国药材公司．中国中药资源志要［M］．北京：科学出版社，1994:142-143.

［3］江纪武．药用植物辞典［M］．天津：天津科学技术出版社，2005:797.

▲臭冷杉群落

▲臭冷杉幼株

▼臭冷杉幼雌球果

臭冷杉 *Abies nephrolepis*（Trautv.）Maxim.

别　　名 东陵冷杉 华北冷杉 臭松

俗　　名 白松

药用部位 松科臭冷杉的枝叶及树皮。

原 植 物 常绿乔木，高达 30 m，胸径 50 cm。幼树树皮通常平滑，老则呈灰色，裂成长条块。枝条斜上伸展或开展，树冠圆锥形或圆柱状；一年生枝淡黄褐色或淡灰褐色，二、三年生枝灰色、淡黄灰色或灰褐色；冬芽圆球形，有

树脂。叶列成两列，叶条形，直或弯镰状，长1～3 cm，宽约1.5 mm；营养枝上的叶先端有凹缺或两裂。球果卵状圆柱形或圆柱形，长4.5～9.5 cm，熟时紫褐色或紫黑色；中部种鳞肾形或扇状肾形；苞鳞倒卵形；种子倒卵状三角形，微扁，长4～6 mm，种翅淡褐色或带黑色；子叶4～5枚，条形，长9～13 mm，宽1.5～2.0 mm，先端有凹缺。花期4—5月，球果9—10月成熟。

生　　境　生于阴湿缓山坡及排水良好的平湿地，常与红松、红皮云杉、鱼鳞云杉混生成林，在缓坡或丘陵地常组成小片纯林，俗称“臭松排子”。在排水较好的缓坡上则与红松、红皮云杉、鱼鳞云杉、大青杨、香杨等针叶树、阔叶树混生成林。

分　　布　黑龙江小兴安岭、完达山及张广才岭等地。吉林长白山各地。辽宁宽甸、桓仁、本溪。朝鲜、俄罗斯（西伯利亚中东部）。

采　　制　四季采收枝、叶，洗净药用。

性味功效　味辛、涩，性温。有祛风祛湿的功效。

主治用法　用于腰腿痛。外用煎水熏敷。

用　　量　适量。

▲臭冷杉植株（秋季）

▼臭冷杉树干

▼臭冷杉雌球果

臭冷杉雌球果（绿色）

▲臭冷杉植株（夏季）

▲臭冷杉枝条（果期）

▲臭冷杉幼苗

▲臭冷杉雄球花

▼臭冷杉枝条（花期）

◎参考文献◎

[1] 钱信忠．中国本草彩色图鉴（第四卷）[M]．北京：人民卫生出版社，2003: 153-154.

[2] 中国药材公司．中国中药资源志要 [M]．北京：科学出版社，1994: 143.

[3] 江纪武．药用植物辞典 [M]．天津：天津科学技术出版社，2005: 2.

▲落叶松枝条（红果）

▲落叶松雌球果

▼落叶松植株（夏季）

落叶松属 *Larix* Mill.

落叶松 *Larix gmelinii*（Rupr.） Kuzen.

别　　名　兴安落叶松　达乌里落叶松

俗　　名　意气松　一齐松

药用部位　松科落叶松的松节油。

▲落叶松群落（夏季）

原植物 落叶乔木，高达 35 m，胸径 60 ~ 90 cm。幼树皮深褐色，老树皮灰色、暗灰色或灰褐色。枝斜展或近平展，树冠卵状圆锥形；一年生长枝较细，淡黄褐色或淡褐黄色，二、三年生枝褐色、灰褐色或灰色；冬芽近圆球形，芽鳞暗褐色。叶倒披针状条形，长 1.5 ~ 3.0 cm，先端尖或钝尖。球果幼时紫红色，成熟前卵圆形或椭圆形，成熟时上部的种鳞张开，长 1.2 ~ 3.0 cm，种鳞 14 ~ 30 枚；中部种鳞五角状卵形，长 1.0 ~ 1.5 cm；苞鳞较短；种子斜卵圆形，灰白色，具淡褐色斑纹，长 3 ~ 4 mm，种翅中下部宽，上部斜三角形，先端钝圆；子叶 4 ~ 7 枚，针形，长约 1.6 cm。花期 5—6 月，球果 9 月成熟。

生　境 生于山麓、沼泽、泥炭沼泽、草甸、山坡、河谷及山顶等处。在土层深厚、肥润、排水良好

▲落叶松雄球花

▲落叶松幼雌球果

▲落叶松植株（秋季）

▲落叶松幼苗

▲落叶松幼株

▲落叶松群落（秋季）

▲落叶松枝条（绿果）

的北向缓坡及丘陵地带生长旺盛。常组成大面积的单纯林，或与白桦、黑桦、丛桦、山杨、樟子松、红皮云杉、鱼鳞云杉等针阔叶树组成以落叶松为主的混交林。

分　　布　黑龙江大兴安岭、小兴安岭等地。内蒙古额尔古纳、根河、牙克石、鄂伦春旗、阿荣旗、莫力达瓦旗、扎兰屯、阿尔山等地。俄罗斯（西伯利亚中东部）、蒙古。

采　　制　在采伐前1～2年，用刀割破树皮，等树脂流出半凝固后，再用刀刮去，加工成松节油。

性味功效　有祛风、止痛的功效。

用　　量　适量。

◎参考文献◎

[1] 江纪武．药用植物辞典 [M]．天津：天津科学技术出版社，2005: 442.

[2] 中国药材公司．中国中药资源志要 [M]．北京：科学出版社，1994: 144.

▲黄花落叶松群落（秋季）

▲绿果黄花落叶松雌球果

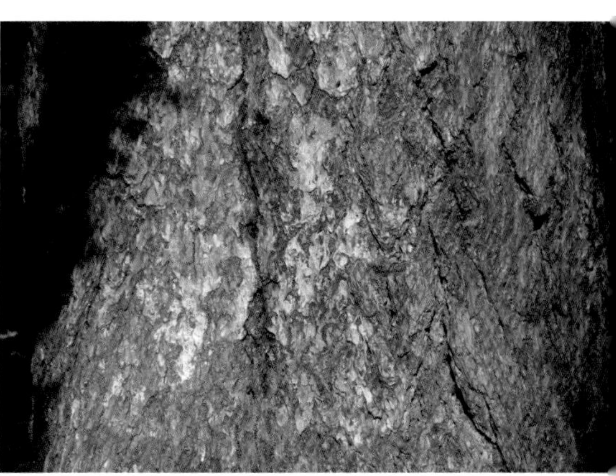

▲黄花落叶松树干

▼黄花落叶松枝条（花期）

黄花落叶松 *Larix olgensis* Henry

别　　名　长白落叶松　朝鲜落叶松

俗　　名　落叶松　黄花松

药用部位　松科黄花落叶松的树脂。

原 植 物　落叶乔木，高达 30 m，胸径达 1 m；树皮灰色、暗灰色、灰褐色，纵裂成长鳞片状翅离，易剥落，剥落后呈酱紫红色；枝平展或斜展，树冠塔形；当年生长枝淡红褐色或淡褐色；短枝深灰色；冬芽淡紫褐色。叶倒披针状条形，长 1.5 ~ 2.5 cm，

▲黄花落叶松枝条（果期）

先端钝或微尖。球果成熟前淡红紫色或紫红色，熟时淡褐色或稍带紫色，长卵圆形，种鳞微张开，通常长 1.5 ~ 2.6 cm，种鳞 16 ~ 40 枚；中部种鳞广卵形，常呈四方状；苞鳞暗紫褐色，矩圆状卵形或卵状椭圆形；种子近倒卵圆形，淡黄白色或白色，具不规则的紫色斑纹，长 3 ~ 4 mm，种翅先端钝尖，种子连翅长约 9 mm。花期 5 月，球果 9—10 月成熟。

▲黄花落叶松雌球果

生　　境　生于水沟、阴湿的山坡及火山灰质地和石砬子上，在谷地中的沼泽地上常形成大面积纯林，俗称“黄花松甸子”。也常在土壤潮湿的低坡、平地及溪河两岸的山麓与山谷湿地组成混交林，常见的针叶树阔叶树种有红松、长白鱼鳞云杉、红皮云杉、臭冷杉、杉松、白桦、辽东桤木、水曲柳、色木槭、紫椴、蒙古栎等，常在不同立地条件组成以黄花松为主的不同类型的森林。

分　　布　黑龙江张广才岭、老爷岭。吉林长白山各地。辽宁东部山区各地。俄罗斯（西伯利亚中东部）。

采　　制　在采伐前 1 ~ 2 年，用刀割破树皮，等树脂流出半凝固后，再用刀刮去。

性味功效　有祛风、止痛的功效。

主治用法　用于肌肉痛、关节痛。外用研末入膏药

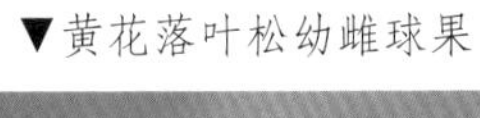

▼黄花落叶松幼雌球果

▲黄花落叶松种子

▲黄花落叶松植株（秋季）

▲黄花落叶松幼苗

▲黄花落叶松植株（夏季）

或敷患处。

用　量　适量。

附　注　在东北尚有1变型：

绿果黄花落叶松 f. *viridis*（Wils.）Nakai，幼果绿色，其他与原种同。

▼黄花落叶松雄球花

◎参考文献◎

[1] 钱信忠．中国本草彩色图鉴（第四卷）[M]．北京：人民卫生出版社，2003: 550-551.

[2] 江纪武．药用植物辞典 [M]．天津：天津科学技术出版社，2005: 443.

▲华北落叶松群落

华北落叶松 *Larix gmelinii var. principis-rupprechtii*（Mayr）Pilg.

别　　名　雾灵落叶松

俗　　名　落叶松

药用部位　松科华北落叶松的树脂。

原 植 物　落叶乔木，高达 30 m，胸径 1 m；树皮暗灰褐色，不规则纵裂，成小块片脱落；枝平展，具不规则细齿；苞鳞暗紫色，近带状矩圆形，长 0.8 ~ 1.2 cm，基部宽，中上部微窄，先端圆截形，中肋

▲华北落叶松植株

▲华北落叶松树干

▲华北落叶松雌球果

延长成尾状尖头，仅球果基部苞鳞的先端露出；种子斜倒卵状椭圆形，灰白色，具不规则的褐色斑纹，长3～4 mm，直径约2 mm，种翅上部三角状，中部宽约4 mm，种子连翅长1.0～1.2 cm；子叶5～7枚，针形，长约1 cm，下面无气孔线。花期4—5月，球果10月成熟。

生　境　生于阳坡、阴坡及沟谷边。常形成大面积的单纯林。

分　布　内蒙古喀喇沁旗、宁城、镶黄旗、正蓝旗、正镶白旗、太

▼华北落叶松雄球花

▲华北落叶松幼雌球果

▼华北落叶松枝条

仆寺旗等地。河北、山西等。

采　　制　在采伐前1～2年，用刀割破树皮，等树脂流出半凝固后，再用刀刮去。

性味功效　有祛风、止痛的功效。

主治用法　用于关节痛。外用研末入膏药或敷患处。

用　　量　适量。

◎参考文献◎

[1] 江纪武. 药用植物辞典 [M]. 天津: 天津科学技术出版社, 2005: 443.

云杉属 *Picea* Dietr.

白扦 *Picea meyeri* Rehd. et. Wils.

别　　名 钝叶杉 红扦云杉 刺儿松 毛枝云杉 沙地云杉

俗　　名 白儿松

药用部位 松科白扦的根、根皮、松节、松叶及花粉。

原 植 物 常绿乔木，高达30 m，胸径约60 cm；树皮灰褐色，裂成不规则的薄块片脱落；大枝近平展，树冠塔形；一年生枝黄褐色，二、三年生枝淡黄褐色、淡褐色或褐色；冬芽圆锥形。主枝之叶常辐射伸展，侧枝上面之叶伸展，两侧及下面之叶向上弯伸，四棱状条形，长1.3 ~ 3.0 mm，宽约2 mm，先端钝尖或钝，横切面四棱形。球果成熟前绿色，熟时褐黄色，矩圆状圆柱形，长6 ~ 9 cm，直径2.5 ~ 3.5 cm；中部种鳞倒卵形，长约1.6 cm，先端圆或钝三角形，下部宽楔形或微圆，鳞背露出部分有条纹；种子倒卵圆形，长约3.5 mm，种翅淡褐色，倒宽披针形，连种子长约1.3 cm。花期4月，球果9—10月。

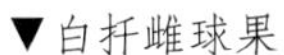
▼白扦雌球果

▲白扦植株

生　　境 生于气温较低、雨量及湿度较平原高、土壤为灰色及棕色森林土或棕色森林土的地带，常组成以白扦为主的针叶树阔叶树混交林。常见的伴生树种有青扦、华北落叶松、臭冷杉、黑桦、红桦、白桦及山杨等。

▲白扦群落

分　　布　内蒙古西乌珠穆沁旗、克什克腾旗。山西、河北等。

采　　制　春、秋季采挖根，洗净，晒干。四季剥去树皮，晒干。四季采收叶，除去杂质，洗净，晒干。4—5 月开花时，摘掉雄花穗搓下，过箩获取花粉。

性味功效　根及树皮：有收敛生肌、止痛的功效。叶：有祛风活血、明目、安神、解毒、止痒的功效。花粉：有燥湿、收敛止血的功效。

主治用法　根及树皮：用于风湿骨痛、跌打肿痛、外伤出血等，外用研末调敷。叶：用于风湿关节痛、跌打肿痛、感冒、夜盲、高血压等，水煎服。花粉：用于眩晕、胃痛、

▼白扦枝条

痢疾、疮毒湿烂、创伤出血等，水煎服或泡水当茶饮。枝节：有祛风祛湿、活络止痛的功效。浸泡热水中，局部冲洗治疗风湿痛。树脂（入药称“松香”）：有燥湿祛风、生肌止痛的功效。

用　　量　适量。

◎参考文献◎

[1] 江纪武. 药用植物辞典 [M]. 天津：天津科学技术出版社，2005: 603.

[2] 中国药材公司. 中国中药资源志要 [M]. 北京：科学出版社，1994: 145.

▲长白鱼鳞云杉群落

▼长白鱼鳞云杉幼雌球果（后期）

长白鱼鳞云杉 *Picea jezoensis* Carr. var. *komarovii* （V. Vassil.） Cheng et L. K. Fu

别　　名　长白鱼鳞松　鱼鳞松　鱼鳞云杉

俗　　名　鱼鳞头　白松

药用部位　松科长白鱼鳞云杉的枝叶、皮及树脂。

原 植 物　常绿乔木，高 20 ~ 40 m，胸径达 1 m；树皮灰色，裂成鳞状块片。枝条短，近平展，树冠尖塔形；一年生枝黄色或淡黄色；冬芽圆锥形或卵状圆锥形，小枝基部宿存芽鳞的先端常向外翻曲。小枝上面之叶覆瓦状向前伸展，下面及两侧的叶向两边弯伸，条形，直或微弯曲，长 1 ~ 2 cm。球果卵圆形或卵状椭圆形，成熟前绿色，熟时淡褐色或褐色，长 3 ~ 4 cm，直径 2.0 ~ 2.2 cm；种鳞薄，排列疏松，中部种鳞菱状卵形，中下部较宽，长 1.0 ~ 1.2 cm，先端圆，边缘具不规则的小缺齿；苞鳞卵状矩圆形，长约 3 mm，先端有短尖头或圆；种子近倒卵圆形，连翅长 7.0 ~ 8.5 mm。花期 4—5 月，球果 9—10 月成熟。

生　　境　生于阴湿的山坡及平坦地；在高海拔地区常形成大面积纯林。常组成针叶树或针叶树、阔叶树混交林，常见的伴生树种有臭冷杉、杉松、红皮云杉、红松、岳桦、白桦、水曲柳、

▲长白鱼鳞云杉树干

▼长白鱼鳞云杉雌球果

蒙古栎、色木槭等。

分　　布　黑龙江小兴安岭、完达山及张广才岭等地。吉林长白、抚松、安图、临江、靖宇、和龙、敦化、汪清、集安、柳河等地。辽宁宽甸、桓仁、本溪等地。朝鲜、俄罗斯（西伯利亚中东部）。

采　　制　四季采收枝、叶，除去杂质，洗净，晒干。全年剥取树皮，切片，除去杂质，晒干。在采伐前 1 ~ 2 年，用刀割破树皮，等树脂流出半凝固后，再用刀刮去。

性味功效　有消炎、祛痰、止咳的功效。

主治用法　用于咳嗽痰喘、气管炎等。水煎服。

用　　量　适量。

▲长白鱼鳞云杉雄球花

▲长白鱼鳞云杉枝条（花期）

▼长白鱼鳞云杉枝条（果期）

◎参考文献◎

[1] 严仲铠,李万林. 中国长白山药用植物彩色图志[M]. 北京: 人民卫生出版社，1997: 105.

[2] 江纪武. 药用植物辞典 [M]. 天津: 天津科学技术出版社，2005: 603.

[3] 中国药材公司. 中国中药资源志要 [M]. 北京: 科学出版社，1994: 144.

▲长白鱼鳞云杉幼雌球果（前期）

▲长白鱼鳞云杉植株

▲红皮云杉群落

▼红皮云杉枝条（花期）

红皮云杉 *Picea koraiensis* Nakai

别　　名　带岭云杉 沙树 岛内云杉

俗　　名　红皮臭 高丽云杉

药用部位　松科红皮云杉的枝叶及树皮。

原 植 物　常绿乔木，高达 30 m 以上，胸径 60 ~ 80 cm；树皮灰褐色或淡红褐色，裂成不规则薄条片脱落，裂缝常为红褐色；大枝斜伸至平展，树冠尖塔形，一年生枝黄色、淡黄褐色或淡红褐色，二、三年生枝淡黄褐色、褐黄色或灰褐色；冬芽圆锥形。叶四棱状条形，长 1.2 ~ 2.2 cm，先端急尖，横切面四棱形，四面有气孔线。球果

▲红松群落

▲市场上的红松种子

▲红松树干（粗皮）

▼红松树干（细皮）

松属 *Pinus* L.

红松 *Pinus koraiensis* Sieb. et Zucc.

别　　名　朝鲜松　海松　新罗松

俗　　名　果松　红果松

药用部位　松科红松的种子、松节、松针及花粉。

原 植 物　常绿乔木，高达 50 m，胸径 1 m；幼树皮灰褐色，大树皮灰褐色或灰色，纵裂成不规则的长方鳞状块片，裂片脱落后露出红褐色的内皮；树干上部常分叉，枝近平展，树冠圆锥形；

▲红松植株（匍匐型）

▼红松总雄球花

▲市场上的红松雌球果（松塔）

冬芽淡红褐色。针叶5针1束，长6 ~ 12 cm，粗硬，直，深绿色，边缘具细锯齿；叶鞘早落。雄球花椭圆状圆柱形，红黄色，长7 ~ 10 mm，多数密集于新枝下部呈穗状；雌球花绿褐色，圆柱状卵圆形。球果圆锥状卵圆形、圆锥状长卵圆形或卵状矩圆形，长9 ~ 14 cm；种鳞菱形，鳞脐不显著；种子大，倒卵状三角形，微扁，长1.2 ~ 1.6 cm；子叶13 ~ 16枚，针状。花期6月，球果第二年9—10月成熟。

生　境　生于气候温暖、湿润、棕色森林土地带，常与红皮云杉、臭冷杉、杉松、黄花落叶松、鱼鳞云杉、东北红豆杉、硕桦、黑桦、山杨、大青杨、紫椴、糠椴、水曲柳、春榆、蒙古栎、黄檗、胡桃楸、东北槭、三花槭等形成针叶林或针阔混交林。

分　布　黑龙江伊春市区、铁力、五常、尚志、海林、东宁、宁安、

松植株（森林型）

▲红松植株（岩生型）

▲红松幼苗

▼红松幼株

穆棱、林口、虎林、饶河、方正、勃利、桦南、延寿、通河、木兰、汤原、依兰等地。吉林长白山各地。辽宁本溪、桓仁、凤城等地。朝鲜、俄罗斯（西伯利亚中东部）、日本。

采　　制　9月下旬采摘球果，晒干、搓打后选出种子，除去杂质和硬壳，晒干或烘干。四季采收枝叶，也可从砍到的树上锯下瘤状的节。4—5月开花时，摘掉雄花穗搓下，过箩获取花粉。

性味功效　种子：味甘，性温。有滋补强壮、润肺滑肠、熄风镇咳的功效。松节：味苦，性温。有祛风除湿、活络止痛的功效。花粉：味甘，性温。有燥湿、收敛的功效。松叶：味苦、涩，性温。有祛风、活血、明目安神、止痒的功效。

主治用法　种子：用于风痹体寒、头眩、肺燥咳嗽、吐血、慢性便秘。水煎服或入丸、膏。松节：用于风湿性关节痛、腰腿痛、大骨节病、跌打肿痛。水煎服。松叶：用于流行性感冒、风湿症、夜盲症、高血压、神经衰弱、冻疮。水煎服。花粉：用于黄水疮、皮肤糜烂、尿布性皮炎、胃溃疡、十二指肠溃疡、咳血。水煎服。

用　　量　种子：7.5 ~ 15.0 g。松节：20 ~ 50 g。松叶鲜品50 ~ 100 g。外用适量。煎水洗患处。花粉：5 ~ 10 g。外用适量。

附　　方

（1）治肺燥咳嗽：松子仁、核桃仁各 50 g，共捣成膏状，加蜂蜜 25 g，蒸熟，每次 10 g，饮后米汤送下，每日 3 次。

（2）治大骨节病：松节 7.5 kg，蘑菇 750 g，红花 500 g。加水 50 L，煎至 25 L，过滤，加白酒 5 L。每服 20 ml，每日 2 次。

（3）治夜盲症：松针洗净捣烂，加等量水煎汁。每服 200 ml，每日 3 次。

（4）治冻疮：鲜松针一大把，煎水洗患处。每日 2 次。

（5）治风痹寒气、虚羸少气、五脏劳损、咳嗽吐痰、骨蒸盗汗、精神恍惚、饮食不甘、遗精滑泄：松子仁 400 g，麦门冬（不去心）500 g，金樱子、枸杞子各 400 g。熬膏，少加炼蜜收。每日早晚白汤调服 10 余茶匙。

（6）治中风口眼㖞斜：松叶 500 g，切细，白酒 1.5 L，装坛内封口后放锅内煮 30 min，取出。日服 1 次，每次 10 ~ 20 ml。又方：松叶 500 g 捣汁，用清酒 1 L 浸 2 d。温酒每次服用 10 ~ 20 ml，渐增至 50 ml，头面出汗止。

附　　注　嫩果入药，可治疗跌打损伤、风湿关节痛。树皮入药，有祛风湿、祛瘀、敛疮的功效。

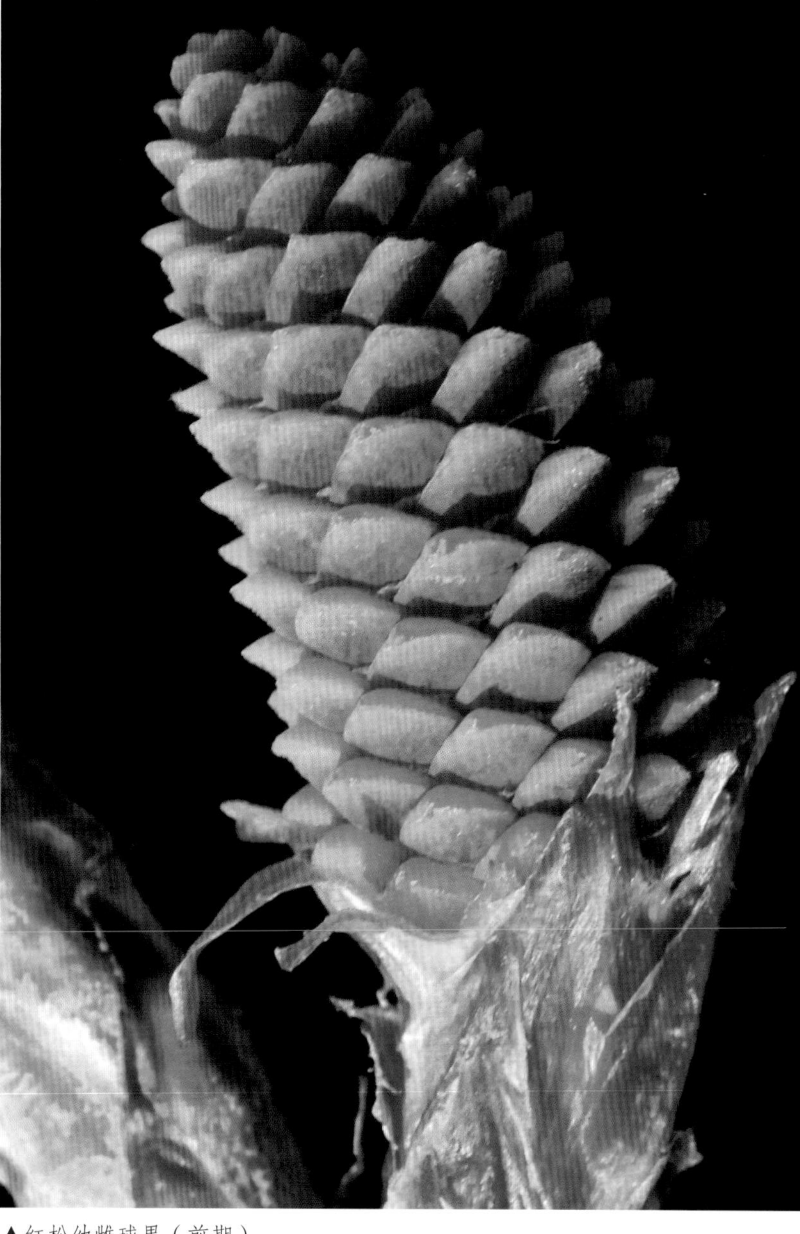
▲红松幼雌球果（前期）

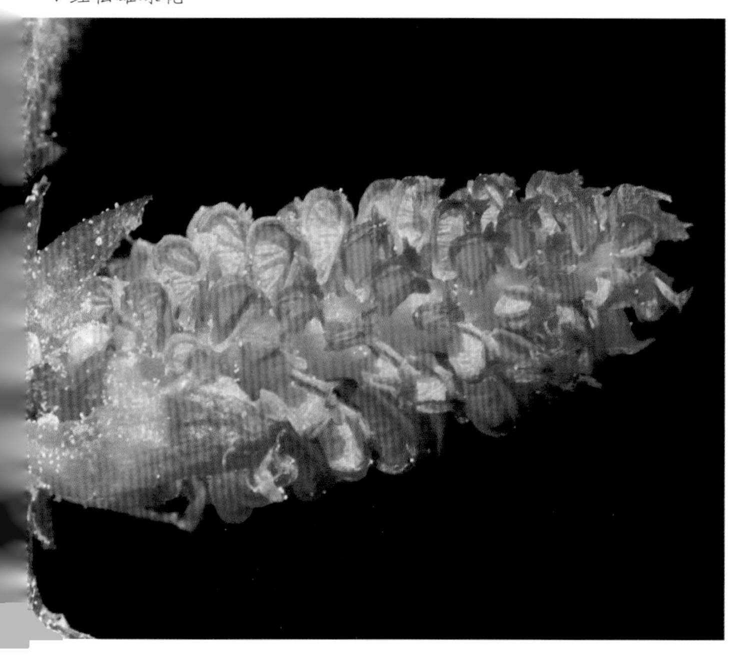
▼红松雄球花

▼红松幼雌球果（后期）

▲红松雌球果

▲红松枝条（花期）

▲红松种子

▼红松枝条（果期）

◎参考文献◎

[1] 江苏新医学院．中药大辞典（下册）[M]．上海：上海科学技术出版社，1977：1938.

[2] 朱有昌．东北药用植物 [M]．哈尔滨：黑龙江科学技术出版社，1989：49-51.

[3] 中国药材公司．中国中药资源志要 [M]．北京：科学出版社，1994：146.

植株（沼泽型）

▲新疆五针松雌球果

▼新疆五针松幼雌球果（紫红色）

▲新疆五针松种子

新疆五针松 *Pinus sibirica* Du Tour

别　　名　西伯利亚红松　鲜卑五针松

药用部位　松科新疆五针松的松节、松叶、花粉、果实及树脂。

原 植 物　常绿乔木，高达 35 m，胸径 1.8 m；树皮淡褐色或灰褐色；枝条较密，水平开展，树冠尖塔形；小枝粗壮，黄色或淡褐黄色；冬芽红褐色，圆锥形，先端尖。针叶 5 针 1 束，较粗硬，长 6 ~ 11 cm，边缘具疏生细锯齿；横切面近三角形，树脂道 3 个，中生；叶鞘早落。球果直立，圆锥状卵圆形，长 5 ~ 8 cm，成熟后种鳞不张开或微张开；种鳞上部厚，下部较薄，宽楔形，约呈 90° 角向内弯曲，鳞盾紫褐色，上部圆，边缘锐利，微向内曲，下部底

▲新疆五针松幼株

▲新疆五针松植株

边近截形，鳞脐明显，黄褐色；种子生于种鳞腹面下部的凹槽中，不脱落，黄褐色，倒卵圆形，长约 1 cm。花期 5 月，球果第二年 9—10 月成熟。

生　　境　生于阴向的山坡上，但以在土层深厚、排水良好的沙壤土或黏壤土中生长最好，常形成纯林。

分　　布　黑龙江漠河。内蒙古额尔古纳、根河、牙克石等地。新疆。俄罗斯（西伯利亚）。

采　　制　四季采收松节。四季采集松叶。5—6 月开花时，摘掉雄花穗搓下，过箩获取花粉。9 月下旬采摘球果，晒干或烘干。四季采收树脂，经蒸馏除去挥发油后，除去杂质，研末用。

性味功效　松节：有祛风湿、止痛的功效。松叶：有祛风活血、明目安神、解毒止痒的功效。花粉：有润肺燥湿、收敛止血的功效。果实及树脂：有生肌、杀虫止咳的功效。

主治用法　松节：用于风湿关节痛、痉挛、牙痛等。松叶：用于体虚浮肿、腰酸无力、脱发、夜盲等。花粉：用于肺痨、外伤出血等。果实及树脂：用于疖肿、咳嗽痰喘等。

用　　量　松节：20 ~ 50 g。松叶鲜品：50 ~ 100 g。外用适量。煎水洗患处。花粉：5 ~ 10 g。外用适量。球果：7.5 ~ 15.0 g。树脂：0.5 ~ 1.0 g。

▼新疆五针松枝条

▼新疆五针松雄球花

▲新疆五针松幼苗

▲新疆五针松树干

▲新疆五针松幼雌球果（橙红色）

◎参考文献◎

[1] 江纪武. 药用植物辞典 [M]. 天津：天津科学技术出版社，2005: 609.

[2] 中国药材公司. 中国中药资源志要 [M]. 北京：科学出版社，1994: 147.

▲樟子松群落（岩生型）

▼樟子松植株（岩石型）

▲樟子松树干

樟子松 *Pinus sylvestris* L. var. *mongolica* Litv.

别　　名　海拉尔松

俗　　名　獐子松

药用部位　松科樟子松的树脂（称“松香”）、松节油、花粉、叶及果实。

原 植 物　常绿乔木，高达 25 m，胸径达 80 cm；大树皮厚，树干下部灰褐色或黑褐色；枝斜展或平展，幼树树冠尖塔形，老则呈圆顶或平顶；一年生枝淡黄褐色，二、三年生枝呈灰褐色；冬芽褐色或淡黄褐色。针叶2针1束，硬直，常扭曲，长4～9cm；叶鞘基部宿存，黑褐色。雄球花圆柱状卵圆形，长5～10 mm，聚生新枝下部，长3～6 cm；雌球花有短梗，淡紫褐色，当年生小球果长约1 cm，下垂。球果卵圆形或长卵圆形，长3～6 cm，成熟前绿色，熟时淡褐灰色；种子黑褐色，长卵圆形或倒卵圆形，微扁，长4.5～5.5 mm；子叶6～7枚，长1.3～2.4 cm。花期5～6月，球果第二年9—10月成熟。

生　　境　生于山脊、沙丘及向阳山坡，以及较干旱的沙地及石砾沙土地区。多成纯林或与落叶松混生。

分　　布　黑龙江漠河、塔河、呼玛、黑河、加格达奇、呼中等地。辽宁彰武。内蒙古额尔古纳、根河、牙克石、鄂伦春旗、鄂温克旗、阿尔山等地。俄罗斯（西伯利亚中东部）、蒙古。

采　　制　4—5月开花时，摘掉雄花穗搓下，过箩获取花粉。6—7月采集叶。9—10月采集雌球果。秋季采摘成熟果实，晒至种鳞开裂，除去种子，用时打碎。四季采收枝叶和树脂，也可从砍到的树上锯下瘤状的节。树脂经蒸馏除去挥发油后，再除去杂质，研末用。

▲樟子松植株（森林型）

▼樟子松幼雌球果（前期）

▼樟子松雌球果

▲樟子松群落（草原型）

▼樟子松枝条（果期）

性味功效　松香：味苦、甘，性温。有燥湿杀虫、拔毒生肌的功效。松节：味苦，性温。有祛风除湿、活络止痛的功效。花粉：味甘，性温。有燥湿、收敛、止血的功效。松叶：味苦、涩，性温。有祛风活血、明目安神、解毒、止痒的功效。球果：味苦，性温。有祛痰、平喘、止咳的功效。

主治用法　松香：用于疥癣、痈疽疮疔。松节：用于筋骨疼痛、骨节风湿病、跌打损伤、大骨节病等。花粉：用于黄水疮、皮肤糜烂、尿布性皮炎、

胃溃疡、十二指肠溃疡、脓水淋沥、外伤出血，水煎服。松叶：用于流感、风湿病关节痛、跌打损伤、神经衰弱、高血压、夜盲症、冻疮等，水煎服。球果：用于咳嗽气喘、吐白沫痰。

用　　量　松香：0.5 ~ 1.0 g。松节：30 ~ 50 g。花粉：3 ~ 6 g。外用适量。松针鲜品：50 ~ 100 g。外用适量，煎水洗患处。球果：30 ~ 60 g。

▼樟子松枝条（花期）

▲樟子松群落（森林型）

◎参考文献◎

[1] 朱有昌. 东北药用植物 [M]. 哈尔滨：黑龙江科学技术出版社，1989: 51-53.

[2] 江纪武. 药用植物辞典 [M]. 天津：天津科学技术出版社，2005: 610.

[3] 中国药材公司. 中国中药资源志要 [M]. 北京：科学出版社，1994: 147.

▲樟子松幼雌球果（后期）

▲樟子松雄球花

▲樟子松植株（草原型）

▲樟子松幼苗

▲油松群落

▼油松雌球果

油松 *Pinus tabulaeformis* Carr.

别　　名　东北黑松　短叶马尾松　紫翅油松　短叶松

俗　　名　油松蛋子　黑松

药用部位　松科油松的树脂（称“松香”）、松节油（称“松油”）、花粉（称“松花粉”）、叶（称“松叶”）、果实（称“松果”）及根（称“松根”）。

原 植 物　常绿乔木，高达 25 m，胸径可达 1 m 以上；树皮灰褐色或褐灰色，裂成不规则的较厚鳞状块片，裂缝及上部树皮红褐色；枝平展或向下斜展，老树树冠平顶，小枝较粗，褐黄色；冬芽矩圆形。针叶 2 针 1 束，深绿色，粗硬，长 10 ~ 15 cm。雄球花圆柱形，长 1.2 ~ 1.8 cm，在新枝下

部聚生成穗状。球果卵形或圆卵形，长 4 ~ 9 cm，有短梗，向下弯垂，成熟前绿色，熟时淡黄色或淡褐黄色；中部种鳞近矩圆状倒卵形，长 1.6 ~ 2.0 cm；种子卵圆形或长卵圆形，淡褐色，有斑纹，长 6 ~ 8 mm，直径 4 ~ 5 mm；子叶 8 ~ 12 枚，长 3.5 ~ 5.5 cm；初生叶窄条形，长约 4.5 cm。花期 4—5 月，球果第二年 10 月成熟。

生　境　生于山坡干燥的沙质地，常形成纯林。

分　布　吉林龙井、珲春、图们、九台、公主岭、梨树等地。辽宁大连市区、庄河、鞍山、本溪、新宾、清原、抚顺、开原、铁岭、彰武、北镇、建平、建昌、凌源、绥中等地。内蒙古喀喇沁旗、宁城。河北、山东、河南、山西、陕西、甘肃、青海、四川。朝

▼油松幼雌球果（后期）

▲油松居群

▲油松幼雌球果（前期）

▼油松植株

鲜、俄罗斯（西伯利亚中东部）。

采　　制　四季采收树脂，经蒸馏除去挥发油后，除去杂质，研末用。4—5 月开花时，摘掉雄花穗搓下，过箩获取花粉。四季采收枝叶，也可从砍到的树上锯下瘤状的节。秋季采摘成熟果实，晒至种鳞开裂，除去种子，用时打碎。春、夏、秋三季采挖根，洗净，切片，晒干。

性味功效　松香：味苦、甘，性温。有燥湿杀虫、拔毒生肌、祛风止痛的功效。松节：味苦，性温。有祛风除湿、活络止痛的功效。松花粉：味甘，性温。有燥湿、收敛、祛风、益气、止血的功效。松叶：味苦、涩，性温。有祛风活血、明目安神、解毒、止痒的功效。松果：味苦，性温。有祛痰、平喘、止咳的功效。松根：味苦，性温。无毒。有舒筋活络、止血杀虫的功效。

主治用法　松香：用于疥癣、痈疽、疮疔、痔漏、白秃、扭伤、金疮、烧烫伤、风湿痹痛、疠风瘙痒等。松节：用于筋骨疼痛、骨节风湿病、跌打损伤、鹤膝风、大骨节病等。松花粉：用于黄水疮、皮肤糜烂、尿布性皮炎、胃溃疡、十二指肠溃疡、脓水淋沥、外伤出血。水煎服。松叶：用于流感、风湿病关节痛、跌打损伤、夜盲症、神经衰弱、高血压、失眠、水肿、冻疮等。水煎服。松果：用于风痹疼痛、肠燥便难、痔疾等。水煎服。外用煎水洗。松根：用于筋骨痛、伤损吐血、虫牙痛等。水煎服。

用　　量　松香：0.5 ~ 1.0 g。松节：25 ~ 50 g。松花粉：5 ~ 10 g。外用适量。松针：15 ~ 25 g（鲜品 50 ~ 100 g）。外用适量，煎水洗患处。松果：10 ~ 15 g。松根：50 ~ 100 g。研末：5 g。

附　　方

（1）治慢性骨髓炎、骨结核：松香 500 g，樟脑、血竭各 200 g，银朱、铅粉各 300 g，石膏 250 g，冰片、蓖麻子各 100 g。将上述药在石臼中锤成膏状（即千锤膏），外敷患部。

（2）治小儿湿疹：松香 200 g，煅石膏 10 g，枯矾 10 g，雄黄 3 g，冰片 2 g。共研细粉，加凡士林 55 g 调成软膏。患处先用双氧水洗净，再涂上软膏，用纱布包扎，隔日换 1 次。

（3）治烧伤：老松树皮烧成炭，研为极细末，装瓶备用。烧伤部位经清创后，有渗出液或化脓者直接撒粉；无渗出液者用芝麻油调成糊状敷患处。

（4）治血小板减少性紫癜：松针 100 g，茅根、藕节各 50 g，仙鹤草 25 g（松针及茅根以鲜品为佳）。水煎 2 次，分服，每日 1 剂。服药时间可延长至症状全消后 1 周以上。

（5）治冻疮：鲜松针一大把，煎水洗患处，每日 2 次。已溃及未溃均适用。

（6）治淋巴结结核溃烂：松香 50 g。研为细粉。有脓水者干撒，干者用猪油调敷。

▲油松总雄球花

▼油松雄球花

▼油松枝条（花期）

▲油松枝条（果期）

▲市场上的油松花粉

（7）治腰痛：松针 50 g。水煎去渣，加冰糖 30 g 调服。

（8）治失眠、维生素 C 缺乏症、营养性水肿：鲜松针 50 ～ 100 g。水煎服。

（9）治白癜风：先以葱、花椒、甘草三味煎汤洗，再以青嫩松球果蘸鸡子白、硫黄，同磨如粉，擦 8 ～ 9 次。

（10）治水田皮炎：松节、艾叶各适量。制成松艾酒精，涂擦患处。

附　注

（1） 根、皮、幼枝、松仁及松油等亦药用。

（2） 本品为《中华人民共和国药典》（2020 年版）收录的药材。

▼油松树干

◎参考文献◎

[1] 江苏新医学院．中药大辞典（上册）[M]．上海：上海科学技术出版社，1977：1252-1256，1259．

[2] 朱有昌．东北药用植物 [M]．哈尔滨：黑龙江科学技术出版社，1989：53-55．

[3] 《全国中草药汇编》编写组．全国中草药汇编（上册）[M]．北京：人民卫生出版社，1975：493-495．

▲偃松植株（山坡型）

▲偃松幼株

▲偃松种子

▼偃松植株（岩生型）

偃松 *Pinus pumilla*（Pall.）Regel

俗　　名　矮松　爬地松　马尾松　千叠松　爬松

药用部位　松科偃松的花粉。

原 植 物　常绿灌木，高达 3 ~ 6 m，树干通常伏卧状，基部多分枝，匍伏的大枝可长达 10 m 或更长，生于山顶则近直立丛生状；树皮灰褐色，裂成片状脱落；一年生枝褐色，二、三年生枝暗红褐色；冬芽红褐色。针叶 5 针 1 束，较细短、硬直而微弯，长 4 ~ 8 cm，树脂道通常 2 个；叶鞘早落。雄球花椭圆形，黄色，长

▲偃松群落

▼偃松雄球花

约 1 cm；雌球花及小球果单生或 2 ~ 3 个集生，卵圆形，紫色或红紫色。球果直立，圆锥状卵圆形或卵圆形，成熟时淡紫褐色或红褐色，长 3.0 ~ 4.5 cm；种鳞近宽菱形或斜方状宽倒卵形；种子生于种鳞腹面下部的凹槽中，三角形倒卵圆形，长 7 ~ 10 mm。花期 6—7 月，球果第二年 9 月成熟。

生　境　生于阴湿山坡、山脊及山顶等处。在土层浅薄、气候寒冷的高

▼偃松总雄球花

山上部之阴湿地带与西伯利亚刺柏混生，或在落叶松或黄花落叶松林下形成茂密的矮林。

分　布　黑龙江大兴安岭、小兴安岭及张广才岭等地。吉林长白、抚松、安图、临江、敦化、汪清、珲春等地。内蒙古额尔古纳、根河、牙克石、鄂伦春旗、阿尔山等地。朝鲜、俄罗斯（西伯利亚中东部）、蒙古。

采　制　4—5月开花时，摘掉雄花穗搓下，过箩获取花粉。

性味功效　味甘，性温。有燥湿、收敛、止血的功效。

主治用法　用于黄水疮、皮肤糜烂、

▼偃松雌球果（前期）

尿布性皮炎、胃溃疡、十二指肠溃疡、脓水淋沥、外伤出血。水煎服。

用　　量　3 ~ 6 g。外用适量。

附　　注　枝、叶入药，可治疗咳嗽痰喘。种子入药，有润肺止咳的功效。树枝蒸馏液入药，可治疗慢性气管炎、哮喘等。

◎参考文献◎

[1] 严仲铠，李万林．中国长白山药用植物彩色图志[M]．北京：人民卫生出版社，1997:107-108.

[2] 江纪武．药用植物辞典[M]．天津：天津科学技术出版社，2005:609.

[3] 中国药材公司．中国中药资源志要[M]．北京：科学出版社，1994:147.

▲偃松枝条

▲市场上的偃松雄球花

▼偃松雌球果

▼偃松幼雌球果（后期）

赤松 *Pinus densiflora* Sieb. et Zucc.

别　　名　辽东赤松 短叶赤松 灰果赤松 日本赤松

俗　　名　油松蛋子

药用部位　松科赤松的花粉、松节及针叶。

原 植 物　常绿乔木，高达 30 m，胸径达 1.5 m；树皮橘红色，裂成不规则的鳞片状块片脱落，树干上部树皮红褐色；枝平展形成伞状树冠；一年生枝淡黄色或红黄色；冬芽矩圆状卵圆形。针叶 2 针 1 束，长 5 ~ 12 cm。雄球花淡红黄色，圆筒形，长 5 ~ 12 mm；雌球花淡红紫色，单生或 2 ~ 3 个聚生。球果成熟时暗黄褐色或淡褐黄色，种鳞张开，卵圆形或卵状圆锥形，长 3.0 ~ 5.5 cm，直径 2.5 ~ 4.5 cm；种鳞薄，鳞盾扁菱形，通常扁平；种子倒卵状椭圆形或卵圆形，长 4 ~ 7 mm；子叶 5 ~ 8 枚，长 2.5 ~ 4.0 cm，初生叶窄条形，中脉两面隆起，长 2 ~ 3 cm。花期 5 月，球果第二年 9 月下旬至 10 月成熟。

生　　境　生于向阳干燥山坡和裸露岩石或石缝中，常形成纯林。

分　　布　黑龙江东宁、鸡东等地。吉林集安、通化、白山、临江、敦化、

▲赤松幼雌球果（前期）

▼赤松雄球花

▼赤松枝条（果期）

▲赤松群落

▲赤松雌球果

▼赤松树干

安图、和龙、汪清、龙井、珲春、图们等地。辽宁丹东市区、宽甸、凤城、岫岩、东港、庄河、本溪、桓仁、抚顺、大连市区、长海、瓦房店、营口市区、盖州、北镇等地。华北。山东、江苏。朝鲜、俄罗斯（西伯利亚中东部）、日本。

采　　制　4—5 月开花时，摘掉雄花穗搓下，过箩获取花粉。四季从砍到的树上锯下瘤状的节。四季采摘针叶，晒干。

性味功效　花粉：味甘，性温。有润肺、益气、祛风、收敛、止血的功效。松节：味苦，性温。有祛风湿、活血止痛的功效。针叶：味苦、涩，性温。有祛风活血、明目安神、解毒、止痒的功效。

主治用法　花粉：用于胃溃疡、十二指肠溃疡、咯血、外伤出血、黄水疮等。水煎服。外用适量。松节：用于风湿性关节痛、腰腿痛、筋骨疼痛、大骨节病、跌打损伤等、流行性感冒、夜盲症、高血压、神经衰弱、冻伤等。水煎服。外用煎水洗。针叶：入药可治疗风湿关节炎、筋骨疼痛。

用　　量　针叶：5 ~ 10 g。外用适量。松节：25 ~ 50 g。花粉：鲜品 50 ~ 100 g。外用适量。

附　　方

（1）治大骨节病：松节 7.5 kg，蘑菇 750 g，红花 500 g。加水 50 L，煎至 25 L，过滤，加白酒 5 L。每服 20 ml，每日 2 次。

（2）治臁疮：赤松球果若干个，白矾、章丹各等量，

松植株

▲吉林省白河林业局黄松浦林场森林秋季景观

▲杜松群落（峭壁型）

▼杜松枝条

柏科 Cupressaceae

本科共收录 3 属、5 种。

刺柏属 *Juniperus* L.

杜松 *Juniperus rigida* Sieb. et Zucc.

别　名　软叶杜松　柽柏

俗　名　崩松　棒松　棒儿松　刺柏　刚桧　刺松　臭柏

药用部位 柏科杜松的种子（入药称“杜松实”）。

原 植 物 常绿灌木或小乔木，高达 10 m；枝条直展，形成塔形或圆柱形的树冠，枝皮褐灰色，纵裂；小枝下垂，幼枝三棱形，无毛。叶三叶轮生，条状刺形，质厚，坚硬，长 1.2 ~ 1.7 cm，宽约 1 mm，上部渐窄，先端锐尖，上面凹成深槽，槽内有 1 条窄白粉带，下面有明显的纵脊，横切面呈内凹的“V”状三角形。雄球花椭圆状或近球状，长 2 ~ 3 mm，药隔三角状宽卵形，先端尖，背面有纵脊。球果圆球形，直径 6 ~ 8 mm，成熟前紫褐色，熟时淡褐黑色或蓝黑色，常被白粉；种子近卵圆形，长约 6 mm，顶端尖，有 4 条不显著的棱角。花期 5 月，果期 10 月。

生　　境 生于阳面沙质山坡石砾地和岩缝间。

▼杜松植株（山崖型）

▲杜松群落（山坡型）

▲杜松雄球花

分　　布　黑龙江宁安。吉林长白、抚松、集安、通化、靖宇、江源、敦化、桦甸等地。辽宁开原、抚顺、本溪、丹东、宽甸、桓仁、海城、盖州、大连、岫岩、营口市区等地。内蒙古克什克腾旗、翁牛特旗、正蓝旗、正镶白旗、镶黄旗、太仆寺旗等地。华北、西北。朝鲜、日本。

采　　制　秋季采收球果，去掉外皮，除去杂质，晒干。

性味功效　味辛，性温。有发汗、利尿、祛风祛湿、镇痛的功效。

主治用法　用于关节炎、尿路感染、水肿、痛风、肾结石、痔疮、风湿痛、疥癣、鳞屑癣及秃疮等。水煎服。外用适量捣烂敷患处。

用　　量　1.5 ~ 5.0 g。

附　　方　治风湿性关节炎：杜松实适量，捣烂外敷。

附　　注　杜松在西藏常被用以防瘟疫。在蒙古，妇女临盆时会以杜松来助产。在欧洲，通常用其作为疯狗咬伤的特效药。

▲杜松树干

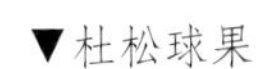

▼杜松球果

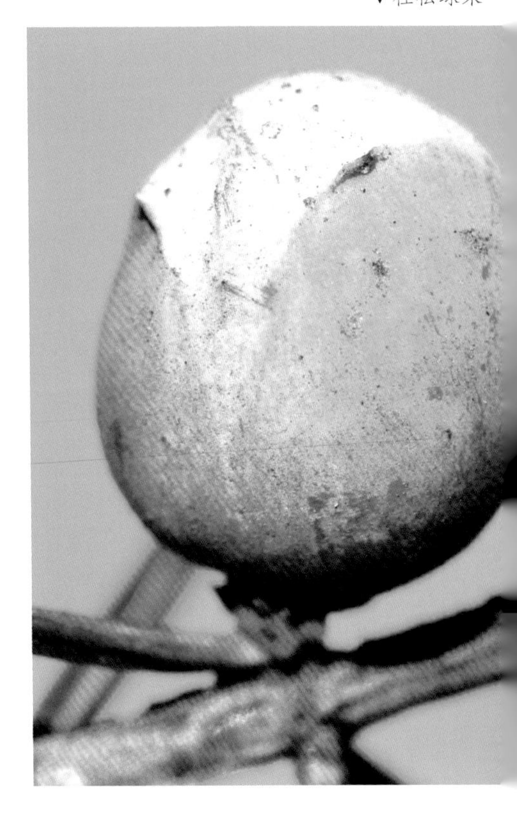

◎参考文献◎

[1] 江苏新医学院．中药大辞典（上册）[M]．上海：上海科学技术出版社，1977: 1035.

[2] 朱有昌．东北药用植物 [M]．哈尔滨：黑龙江科学技术出版社，1989: 58-59.

[3] 中国药材公司．中国中药资源志要 [M]．北京：科学出版社，1994: 150-151.

杜松植株（山坡型）

▲西伯利亚刺柏群落

▼西伯利亚刺柏枝条

西伯利亚刺柏 *Juniperus sibirica* Burgsd.

别　　名　矮桧　西伯利亚杜松　高山桧　鲜卑侧柏　山桧

药用部位　柏科西伯利亚刺柏的球果。

原 植 物　常绿匍匐灌木，高30～100cm。枝叶密，树皮暗灰紫褐色，不规则浅裂，可剥离；幼枝无毛，渐变为灰色至褐色至暗褐色；芽小，红褐色。针叶3枚轮生，斜伸，通常呈镰刀状弯曲，长7～14 mm，宽约1.5 mm，披针形或卵状披针形，先端锐尖或上部渐窄或锐尖头，上面绿色，稍凹，中间有较宽的白粉带，下面暗绿色，具纵脊。花单生叶腋，雌雄同株，雌球、雄球生于上年生枝的叶腋。球果浆果状，球形，暗红褐色，有白粉，熟时蓝黑色，顶部有3条浅沟，直径5～7 mm；内有黄褐色种子1～3枚，种子三棱状卵形，长约5 mm，先端尖，基部圆形，有棱角。花期6月，果期7—8月。

生　　境　生于高山冻原带和石砾山地或疏林下等处，常聚集成片生长。

分　　布　黑龙江大兴安岭、小兴安岭。吉林长白、抚松、安图、临江、汪清等地。内蒙古额尔古纳、根河、牙克石、

▲西伯利亚刺柏植株

鄂伦春旗、阿尔山等地。新疆、西藏。朝鲜、俄罗斯（西伯利亚）、日本。亚洲（中部）。

采　　制　秋季采收成熟球果，除去杂质，洗净，晒干或阴干。

性味功效　有祛风、镇痛、利尿的功效。

主治用法　用于风湿症、痛风、肾及膀胱疾病所致的排尿困难。水煎服。树脂及松香入药，有祛风燥湿、排脓拔毒、生肌止痛的功效。松节油入药，可用作皮肤刺激药。

用　　量　15 ~ 25 g。

▲西伯利亚刺柏球果（前期）

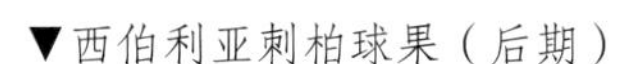

▼西伯利亚刺柏球果（后期）

◎参考文献◎

[1] 严仲铠，李万林．中国长白山药用植物彩色图志 [M]．北京：人民卫生出版社，1997:109-110.

[2] 江纪武．药用植物辞典 [M]．天津：天津科学技术出版社，2005:430.

[3] 中国药材公司．中国中药资源志要 [M]．北京：科学出版社，1994:151.

▲兴安圆柏球果

兴安圆柏 *Juniperus sabina* var. *davurica*（Pall.）Farjon

别　　名　兴安桧 陀弗利亚圆柏

俗　　名　爬山松

▲兴安圆柏雄球花

▲兴安圆柏枝条（果期）

▲兴安圆柏植株

药用部位 柏科兴安圆柏的叶及球果。

原植物 常绿匍匐灌木；分枝多，枝皮紫褐色，裂成薄片剥落；小枝密集，直立或斜伸。叶二型，常同时出现在生殖枝上，刺叶交叉对生，常较细长，斜展或近直立，排列疏松，窄披针形或条状披针形，先端渐尖，有时急尖，长3～9 mm；鳞叶交叉对生，排列紧密，长1～3 mm，先端急尖、渐尖或钝，叶背中部有椭圆形或矩圆形腺体。雄球花卵圆形或近矩圆形，顶端圆，长4～5 mm，雄蕊6～9对，卵圆形。着生雌球花和球果的小枝弯曲，球果常呈不规则球形，通常较宽，长4～6 mm，直径6～8 mm，熟时暗褐色至蓝紫色，被白粉，有1～4粒种子；种子卵圆形。花期6月，果期7—8月。

生境 生于山峰岩石间、高山顶部、山坡或林下等处，常聚集成片生长。

分布 黑龙江大兴安岭、小兴安岭。吉林长白、抚松、安图、临江、集安、通化、龙井、敦化等地。辽宁新宾。内蒙古额尔古纳、根河、牙克石、鄂伦春旗、科尔沁右翼前旗等地。朝鲜、俄罗斯（西伯利亚中东部）。

采制 四季采收枝叶，切段，洗净，阴干。秋季采收成熟球果，除去杂质，洗净，阴干。

性味功效 有镇痛止咳、利尿平喘的功效。

▲兴安圆柏枝条（花期）

主治用法 用于风湿症、肾脏损伤、尿血、膀胱热、尿闭、水肿及痛风等。水煎服。

用量 适量。

◎参考文献◎

[1] 江纪武．药用植物辞典[M]．天津：天津科学技术出版社，2005: 706.

[2] 中国药材公司．中国中药资源志要[M]．北京：科学出版社，1994: 152.

▲侧柏植株（扁平型）

▼侧柏枝条

侧柏属 *Platycladus* Spach

侧柏 *Platycladus orientalis*（L.）Franco

俗　　名　扁柏　香柏　柏树　柏子树

药用部位　柏科侧柏的枝、叶及种仁（入药称“柏子仁”）。

原 植 物　常绿乔木，高达 20 m，胸径 1 m；树皮薄，浅灰褐色，纵裂成条片；枝条向上伸展或斜展，幼树树冠卵状尖塔形，老树树冠则为广圆形。叶鳞形，长 1 ~ 3 mm，先端微钝。雄球花黄色，卵圆形，长约 2 mm；雌球花近球形，直径约 2 mm，蓝绿色，被白粉。球果近卵圆形，长 1.5 ~ 2.5 cm，成熟前近肉质，蓝绿色，被白粉，成熟后木质，开裂，红褐色；中间两对种鳞倒卵形或椭圆形，鳞背顶端的下方有一向外弯曲的尖头，上部 1 对种鳞窄长，近柱状；种子卵圆形或近椭圆形，顶端微尖，灰褐色或紫褐色，长 6 ~ 8 mm，稍有棱脊，无翅或有极窄之翅。花期 4—5 月，球果 10 月成熟。

生　　境　生于平地或悬崖峭壁及干燥贫瘠的山地上，常形成纯林。

▲侧柏植株（圆锥形）

▲侧柏雌球花

分　　布　辽宁建昌、北镇、朝阳、凌源等地。内蒙古喀喇沁旗、宁城、正蓝旗、正镶白旗、镶黄旗、太仆寺旗等地。全国绝大部分地区（黑龙江、吉林、青海及新疆除外）。朝鲜。

采　　制　四季采收枝、叶。秋、冬季采收球果，除去果皮及种皮，获取种仁。

性味功效　枝叶：味苦、涩，性微寒。有凉血止血、清肺止咳、祛风湿、散肿毒的功效。种仁：味甘、辛，性平。有养心安神、清热通便的功效。

主治用法　枝叶：用于咯血、衄血、胃肠道出血、尿血、崩漏、血痢、功能性子宫出血、慢性支气管炎、丹毒、腮腺炎、高血压、烫伤、风湿痹痛等。种仁：用于神经衰弱、心悸、失眠、健忘、遗精、便秘等。水煎服。

▼侧柏幼株

用　　量　枝叶：10 ~ 20 g。种仁：5 ~ 15 g。

附　　方

（1）治脱发：侧柏叶 200 g，当归 100 g。焙干共研细粉，水泛为丸，每服 15 g，淡盐汤送下，每日 1 次，连服 20 d 为一个疗程。必要时连服 3 ~ 4 个疗程。又方：柏子仁、当归各 500 g。共研细末，炼蜜为丸，每日 3 次，饭后服 10 ~ 15 g。

（2）治慢性气管炎：鲜侧柏叶 75 g，穿山龙 25 g，黄芩、桔梗各 15 g，苍术、黄芪各 10 g，甘草 1 g。以上为 1 d 用量，制成浸膏片，每日分 3 次服，10 d 为一个疗程。

（3）治功能性子宫出血：侧柏叶 200 g。水煎，分 3 次服。又方：侧柏叶 50 g，白芍、木贼各 15 g。共炒焦，水煎服，每日 2 次。

（4）治心悸、失眠：柏子仁、夜交藤各 20 g，炒酸枣仁、茯苓、远志各 15 g。水煎服。

（5）治大便秘结：柏子仁、火麻仁各 25 g。水煎服。

（6）治便血：侧柏叶炭 20 g，荷叶、生地黄、百草霜各 15 g。水煎服。

（7）治小便尿血：侧柏叶 50 g，黄连 5 g。焙干共研末，每服 15 g，黄酒为引，日服 2 次。

（8）治流行性腮腺炎：侧柏叶适量。洗净捣烂，加鸡蛋白调成泥状，外敷，每日换药 2 次。

（9）治百日咳：新鲜侧柏叶（连幼枝）50 g，加水煎成 100 ml，再加蜂蜜 20 ml。如用干品，则每 50 g 煎成 150 ml，另加蜂蜜 30 ml。剂量：1 岁以内每次 10 ~ 15 ml，1 ~ 3 岁 15 ~ 30 ml，4 岁以上 30 ~ 50 ml，日均服 3 次。视病情需要连服 1 ~ 3 周。治疗越早，疗效越好，疗程亦越短。侧柏叶以新鲜者效果最佳。

附　注

（1）树脂入药，可治疗疥癣、癞疮、秃疮、黄水疮、丹毒等。涂敷或熬膏搽。

（2）本品为《中华人民共和国药典》（2020 年版）收录的药材。

◎参考文献◎

[1] 江苏新医学院．中药大辞典（上册）[M]．上海：上海科学技术出版社，1977：1375-1377.

[2] 江苏新医学院．中药大辞典（下册）[M]．上海：上海科学技术出版社，1977：1514-1515.

[3] 朱有昌．东北药用植物 [M]．哈尔滨：黑龙江科学技术出版社，1989：55-57.

[4]《全国中草药汇编》编写组．全国中草药汇编（上册）[M]．北京：人民卫生出版社，1975：550-551.

▲侧柏树干

▲侧柏球果（前期）

▼侧柏雄球花

▲侧柏群落

▲朝鲜崖柏群落

▼朝鲜崖柏树干

崖柏属 *Thuja* L.

朝鲜崖柏 *Thuja koraiensis* Nakai

别　　名　长白侧柏　朝鲜柏

俗　　名　香柏

药用部位　柏科朝鲜崖柏的枝叶及种仁。

原 植 物　常绿乔木，高达 10 m，胸径 30 ~ 75 cm；幼树树皮红褐色，平滑，有光泽，老树树皮灰红褐色，浅纵裂；枝条平展或下垂，树冠圆锥形；当年生枝绿色，二年生枝红褐色，三、四年生枝灰红褐色。叶鳞形，中央之叶近斜方形，长 1 ~ 2 mm，先端微尖或钝，小枝上面的鳞叶绿色，下面的鳞叶被白粉。雄球花卵圆形，黄色。球果椭圆状球形，长 9 ~ 10 mm，直径 6 ~ 8 mm，熟时深褐色；种鳞 4 对，交叉对生，薄木质，最下部的种鳞近椭圆形，中间两对种鳞近矩圆形，最上部的种鳞窄长，近顶端有突起的尖头；种子椭圆形，扁平，长约 4 mm，宽约 1.5 mm，两侧有翅。花期 5 月，果期 8—9 月。

生　　境　生于湿润肥沃的山谷、山坡、山顶、路旁、林内及林缘处，常聚集成片生长。

分　　布　黑龙江张广才岭。吉林长白、安图、抚松、集安、临江、江源等地。辽宁桓仁。朝鲜。

采　　制　四季采收枝叶，切段，晒干。秋季采收球果，除去果皮及种皮，获取种仁。

性味功效　枝叶：味甘、苦、涩，性寒。有凉血止血、祛痰止咳、止痢、生发乌发的功效。种仁：味甘、辛，性平。有养心安神、润肠通便的功效。

主治用法　枝叶：用于吐血、衄血、便血、尿血、子宫出血、急慢性菌痢、慢性支气管炎、百日咳。水煎服。种仁：用于神经衰弱、心悸不眠、遗精多汗、津少便秘。水煎服。

用　　量　枝叶：10 ~ 30 g。种仁：20 g。

◎参考文献◎

[1] 严仲铠，李万林. 中国长白山药用植物彩色图志[M]. 北京：人民卫生出版社，1997: 110.

[2] 钱信忠. 中国本草彩色图鉴（第一卷）[M]. 北京：人民卫生出版社，2003: 559-560.

[3] 中国药材公司. 中国中药资源志要[M]. 北京：科学出版社，1994: 153.

▲朝鲜崖柏幼株

▼朝鲜崖柏球果

▼朝鲜崖柏枝条

▲朝鲜崖柏植株（前期

▲朝鲜崖柏植株（后期）

▲东北红豆杉枝条（花期）

▼东北红豆杉雄球花（侧）

红豆杉科 Taxaceae

本科共收录 1 属、1 种。

红豆杉属 *Taxus* L.

东北红豆杉 *Taxus cuspidata* Sieb. et Zucc.

别　　名　紫杉　宽叶紫杉

俗　　名　赤板松　米树

药用部位　红豆杉科东北红豆杉 的枝（去皮小枝）、叶。

原 植 物　常绿乔木，高达 20 m，胸径达 1 m。树皮红褐色，有浅裂纹。枝条平展或斜上直立，密生；一年生枝绿色，秋后呈淡红褐色，二、三年生枝呈红褐色或黄褐色。冬芽淡黄褐色。叶排成不规则的 2 列，斜上伸展，约成 45° 角，条形，通常直，长 1.0 ~ 2.5 cm，基部

▲东北红豆杉雄球花

▼东北红豆杉枝条（果期）

窄，有短柄，先端通常凸尖，上面深绿色，有光泽，下面有两条灰绿色气孔带，气孔带较绿色边带宽 2 倍，干后呈淡黄褐色。雄球花有雄蕊9～14枚，各具5～8个花药。种子紫红色，有光泽，卵圆形，长约 6 mm，上部具3～4个钝脊，顶端有小钝尖头，种脐通常三角形或四方形。花期5—6月，种子 9—10 月成熟。

生　　境　生于湿润肥沃的河岸、谷地、漫岗，常成群或散生于针阔混

交林内。

分　　布　黑龙江铁力、穆棱、林口等地。吉林安图、长白、临江、抚松、靖宇、通化、集安、敦化、和龙、汪清、柳河、辉南、江源等地。辽宁宽甸、桓仁、凤城、岫岩等地。朝鲜、俄罗斯（西伯利亚中东部）、日本。

采　　制　四季采收枝叶，除去杂质，洗净，阴干。

性味功效　有利尿、通经的功效。

主治用法　用于肾炎水肿、小便涩痛、糖尿病及高血压等。水煎服。

用　　量　枝：15 ~ 25 g。叶：5 ~ 10 g。

附　　方

（1）治糖尿病：东北红豆杉叶 10 g。水煎，日服 2 次，连服用（如有恶心、呕吐等副作用，则停药；无副作用，10 g 逐渐加量至 25 g 为止）。

（2）治肾炎水肿、小便不利：东北红豆杉叶 10 g，木通 15 g，玉米须 15 g。水煎，日服 2 次。

附　　注

（1）肉质假种皮微甜，多吃会引起中毒。

（2）从树皮中提取的紫杉醇对肿瘤有一定的抑制作用。

▲东北红豆杉植株

▼东北红豆杉幼株

▼东北红豆杉树干

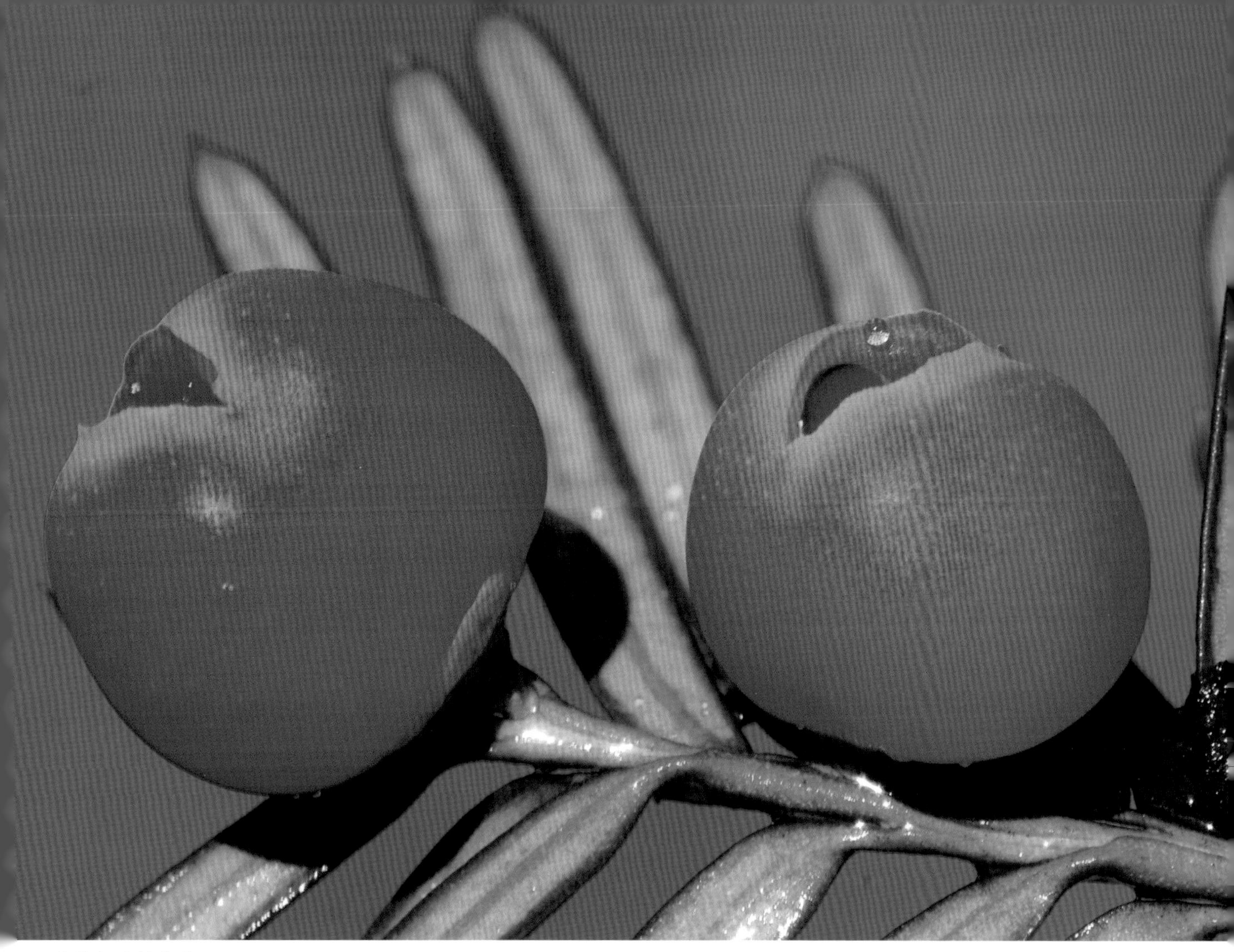

▲东北红豆杉种子

▼东北红豆杉种子（去掉肉质的假种皮）

◎参考文献◎

[1] 江苏新医学院．中药大辞典（下册）[M]．上海：上海科学技术出版社，1977:2342.

[2] 朱有昌．东北药用植物[M]．哈尔滨：黑龙江科学技术出版社，1989:46-47.

[3] 严仲铠，李万林．中国长白山药用植物彩色图志[M]．北京：人民卫生出版社，1997:110-111.

▲内蒙古自治区陈巴尔虎旗莫日格勒河湿地夏季景观

▲中麻黄植株

麻黄科 Ephedraceae

本科共收录 1 属、4 种。

麻黄属 *Ephedra* Tourn ex L.

中麻黄 *Ephedra intermedia* Schrenk ex Mey.

俗　　名　麻黄草

药用部位　麻黄科中麻黄的茎枝。

原 植 物　灌木，高 20 ~ 100 cm。茎直立或匍匐斜上，粗壮。绿色小枝常被白粉呈灰绿色，直径 1 ~ 2 mm。雄球花通常无梗，数个密集于节上呈团状，具 5 ~ 7 对交叉对生或 5 ~ 7 轮的苞片，雄花有 5 ~ 8 枚雄蕊，花丝全部合生，花药无梗；雌球花 2 ~ 3 枚成簇，对生或轮生于节上，苞片 3 ~ 5 轮或 3 ~ 5 对交叉对生，最上一轮苞片有 2 ~ 3 枚雌花；雌花的珠被管长达 3 mm，常呈螺旋状弯曲；雌球花成熟时肉质红色，椭圆形、卵圆形或矩圆状卵圆形，长 6 ~ 10 mm，直径 5 ~ 8 mm。种子包于肉质红色的苞片内，不外露，3 粒或 2 粒，常呈卵圆形或长卵圆形，长 5 ~ 6 mm，直径约 3 mm。花期 5—6 月，种子 7—8 月成熟。

生　　境　生于干旱荒漠、沙滩地区及干旱的山坡或草地上。

分　　布　吉林通榆、镇赉、洮南、长岭、前郭尔罗斯等地。辽宁彰武、建平、建昌等地。内蒙古科尔沁右翼前旗、扎鲁特旗、扎赉特旗、敖汉旗、翁牛特旗、克什克腾旗、巴林左旗、巴林右旗、阿鲁科尔沁旗、东乌珠穆沁旗、西乌珠穆沁旗等地。河北、山东、山西、陕西、甘肃、青海、新疆。俄罗斯、蒙古、阿富汗、伊朗等。

采　　制　秋季割去地上部分（用根者连根拔起），去净泥土，把根与茎分开后切段晒干。

性味功效　味辛、微苦，性温。有发汗散寒、宣肺平喘、利水消肿的功效。

主治用法　用于风寒感冒、胸闷喘咳、水肿、痰喘咳嗽、哮喘等症。水煎服。根入药，有止汗的功效。用于盗汗。

用　　量　2.5 ~ 10.0 g。

附　　注　本品为《中华人民共和国药典》（2020 年版）收录的药材。

▼中麻黄肉质苞片

◎参考文献◎

[1] 江苏新医学院．中药大辞典（下册）[M]．上海：上海科学技术出版社，1977: 2221-2225，2227-2228.

[2] 朱有昌．东北药用植物 [M]．哈尔滨：黑龙江科学技术出版社，1989: 59-61.

[3] 《全国中草药汇编》编写组．全国中草药汇编（下册）[M]．北京：人民卫生出版社，1975: 721-724.

▲草麻黄植株（果期）

草麻黄 *Ephedra sinica* Stapf

别　　名　麻黄　华麻黄

俗　　名　麻黄草　色道麻

药用部位　麻黄科草麻黄的茎枝及根。

原 植 物　草本状灌木，高 20 ~ 40 cm。木质茎短或呈匍匐状。小枝直伸或微曲，表面细纵槽纹常不明显，节间长 2.5 ~ 5.5 cm。叶二裂，鞘占全长 1/3 ~ 2/3。雄球花多呈复穗状，常具总梗，苞片通常 4 对，雄蕊 7 ~ 8，花丝合生；雌球花单生，在幼枝上顶生，在老枝上腋生，基部在成熟过程中常有梗抽出，使雌球花呈侧枝顶生状，苞片 4 对；雌花 2；雌球花成熟时肉质红色，矩圆状卵圆形或近于圆球形，长约 8 mm，直径 6 ~ 7 mm。种子通常 2 粒，包于苞片内，黑红色或灰褐色，三角状卵圆形或宽卵圆形，长 5 ~ 6 mm，直径 2.5 ~ 3.5 mm，表面具细皱纹，种脐明显，半圆形。花期 5—6 月，种子 8—9 月成熟。

生　　境　生于山坡、平原、干燥荒地、河床及草原等处，常组成大面积的单纯群落。

分　　布　黑龙江杜尔伯特、泰来、肇源、龙江等地。吉林镇赉、通榆、洮南、乾安、长岭、双辽、扶余、德惠、伊通等地。辽宁阜新、彰武、北票、建平、义县、建昌、瓦房店、盖州等地。内蒙古额尔古纳、科尔沁右翼前旗、科尔沁右翼中旗、科尔沁左翼中旗、扎赉特旗、科尔沁左翼后旗、奈曼旗、扎鲁特旗、阿鲁科尔沁旗等地。河北、山西、河南、陕西。蒙古。

采　　制　秋季割去地上部分（用根者连根拔起），去净泥土，把根与茎分开后切段晒干。

性味功效　茎枝：味辛、微苦，性温。有发汗、平喘、利尿的功效。根：微甘，性平。有止汗的功效。

主治用法　茎枝：用于治疗风寒感冒、发热无汗、皮肤不仁、咳嗽气喘、风水水肿、小便不利、骨节疼痛、头痛鼻塞、支气管炎、风疹瘙痒等。水煎服或入丸、散。糖尿病、心功能不全患者，体虚而自汗、盗汗、气喘者忌服。根：用于体虚自汗、盗汗等。水煎服或入丸、散。外用研细作为扑粉。

用　　量　茎枝：2.5 ~ 10.0 g。根：15 ~ 25 g。外用适量。

▲草麻黄雄球花

（4）治流行性喘憋性肺炎：草麻黄、甘草各 5 g，生石膏 25 g，杏仁 10 g，北沙参 20 g。水煎 2 次，混匀，2 岁以下分 5 ~ 6 次服，3 ~ 4 岁分 3 次服，5 岁以上分 2 次服。轻者每日 1 剂，重者每日 2 剂。

（5）治急性肾炎：草麻黄 10 g，生石膏 50 g（先煎），连翘、泽泻各 20 g，赤小豆、茅根各 25 g。水煎服。对消除尿中蛋白与红细胞有很好的效果。车前草、金钱草、萹蓄、玉米须等药均可酌情选用。

（6）治接骨、消肿、止疼：苏木 50 g，草麻黄 15 g 掺灰，乳香 15 g 去油，没药 15 g 去油。各研细末，将苏木、草麻黄用黄酒煮熟去渣，冲入乳香、没药内，用碗将药盖住停片刻，温服出汗（先将骨折对位）。

（7）治跌打损伤、骨折疼痛等症：草麻黄 30 g 烧灰存性，头发 50 g 烧灰，乳香 50 g

附　　方

（1）治慢性气管炎（寒型）：草麻黄、细辛、干姜各 5 g，白芍、桂枝各 15 g，甘草、半夏各 10 g，五味子 7.5 g。水煎服。治慢性气管炎（外寒里热型）：草麻黄、生甘草、百部各 5 g，杏仁、前胡各 15 g，生石膏 25 g（先煎）。水煎服。

（2）治支气管哮喘（寒喘型）：草麻黄、桂枝各 10 g，干姜、细辛各 2.5 g，射干、半夏各 15 g，五味子、生甘草各 5 g。水煎服。治支气管哮喘（热喘型）：草麻黄 10 g，杏仁 15 g，生石膏 50 g（先煎），甘草 5 g；如热重或伴有支气管感染，可加黄芩、桑白皮、蒲公英、大青叶、鱼腥草、野荞麦根各 15 g。水煎服。

（3）治肺炎及小儿麻疹合并肺炎：草麻黄 10 g，杏仁 15 g，生石膏 25 g（煎），甘草 7.5 g。水煎服。

▼草麻黄肉质苞片

▲草麻黄群落

去油。共研细末，每服 15 g。温酒调服。

（8）治感冒：草麻黄 15 g，生姜 10 g，甘草 5 g。水煎，日服 2 次，服后取汗。

（9）治自汗、盗汗：草麻黄根 15 g，黄芪 25 g，浮小麦 15 g，牡蛎 15 g。共研细末，每次 3 g，日服 2 次。又方：草麻黄根 15 g，浮小麦、煅牡蛎（先煎）各 50 g。水煎服。

（10）治脚汗：草麻黄根 30%，牡蛎 30%，乌洛托品 15%，滑石粉 25%。共研细末，装入绢袋内，适量撒在脚上即可。用于长途步行、施工，一般能保持 10 ～ 15 d 脚不出汗。

▼草麻黄植株（花期）

附　注

（1）全草及种子有毒，服大量中毒后初表现为中枢兴奋、神经过敏、焦虑不安、烦躁、心悸、心动过速、头痛、眩晕、震颤、出汗及发热，有的有恶心、呕吐、上腹胀痛、瞳孔散大，或有排便困难、心前区疼痛，重度中毒者则有视物不清、呼吸困难、惊厥，最后因呼吸衰竭、心室纤颤而死亡。

（2）本品为《中华人民共和国药典》（2020 年版）收录的药材。

◎参考文献◎

[1] 江苏新医学院．中药大辞典（下册）[M]．上海：上海科学技术出版社，1977：2221-2225，2227-2228.

[2] 朱有昌．东北药用植物 [M]．哈尔滨：黑龙江科学技术出版社，1989：59-61.

[3] 《全国中草药汇编》编写组．全国中草药汇编（下册）[M]．北京：人民卫生出版社，1975：721-724.

▲单子麻黄植株

▲单子麻黄肉质苞片

单子麻黄 *Ephedra monosperma* Gmel. ex Mey.

别　　名　小麻黄

俗　　名　麻黄草

药用部位　麻黄科单子麻黄的茎枝。

原 植 物　草本状矮小灌木，高 5 ~ 15 cm。木质茎短小，长 1 ~ 5 cm，多分枝，皮多呈褐红色。绿色小枝开展或稍开展，常微弯曲，节间细短，长 1 ~ 2 cm。叶 2 片对生，膜质，鞘状，长 2 ~ 3 mm。雄球花生于小枝上下各部，单生枝顶或对生节上，多呈复穗状，长 3 ~ 4 mm，苞片 3 ~ 4 对，广圆形，雄蕊 7 ~ 8，花丝完全合生；雌球花单生或对生节上，无梗，苞片 3 对，基部合生，雌花通常 1。雌球花成熟时肉质红色，微被白粉，卵圆形或矩圆状卵圆形，长 6 ~ 9 mm，直径 5 ~ 8 mm，最上一对苞片约 1/2 分裂；种子外露，多为 1 粒，三角状卵圆形或矩圆状卵圆形，长约 5 mm，直径约 3 mm。花期 6 月，种子 8 月成熟。

生　　境　生于山坡石缝中或林木稀少的干燥地区。

分　　布　黑龙江杜尔伯特、泰来、肇源、龙江等地。吉林镇赉、通榆、洮南、乾安、长岭等地。辽宁阜新、彰武、北票等地。内蒙古额尔古纳、牙克石、阿尔山、科尔沁右翼前旗、科尔沁右翼中旗、科尔沁左翼中旗、扎赉特旗、科尔沁左翼后旗、奈曼旗、扎鲁特旗等地。河北、山西、新疆、青海、宁夏、甘肃、四川、西藏。俄罗斯、蒙古。

采　　制　秋季割去地上部分（用根者连根拔起），去净泥土，把根与茎分开后切段晒干。

性味功效　味辛、微苦，性温。有发汗解表、止咳平喘、解表利水的功效。

主治用法　用于治疗外感风寒、喘咳、水肿等症。水煎服。

用　　量　1.5 ~ 9.0 g。

◎参考文献◎

[1] 朱有昌. 东北药用植物 [M]. 哈尔滨：黑龙江科学技术出版社，1989: 61-62.

[2] 江纪武. 药用植物辞典 [M]. 天津：天津科学技术出版社，2005: 294.

[3] 中国药材公司. 中国中药资源志要 [M]. 北京：科学出版社，1994: 157.

木贼麻黄 *Ephedra equisetina* Bge.

别　　名　木麻黄　山麻黄

俗　　名　麻黄草

药用部位　麻黄科木贼麻黄的茎枝。

原 植 物　直立小灌木，高达 1 m。木质茎粗长，直立，基部直径达 1.0 ~ 1.5 cm。中部茎枝直径 3 ~ 4 mm；小枝细，直径约 1 mm，节间短，长 1.0 ~ 3.5 cm，纵槽纹细浅不明显，常被白粉呈蓝绿色或灰绿色。叶 2 裂，长 1.5 ~ 2.0 mm。雄球花单生或 3 ~ 4 枚集生于节上，无梗或开花时有短梗，卵圆形或窄卵圆形，苞片 3 ~ 4 对，假花被近圆形，雄蕊6 ~ 8，花丝全部合生，微外露，花药 2 室；雌球花常 2 个对生于节上，窄卵圆形或窄菱形，苞片 3 对，雌花 1 ~ 2，珠被管长达 2 mm；雌球花成熟时肉质红色，长卵圆形或卵圆形，长 8 ~ 10 mm。种子通常 1 粒，窄长卵圆形，长约 7 mm。花期 6—7 月，种子 8—9 月成熟。

生　　境　生于干旱的山脊、山顶及岩壁等处。

分　　布　内蒙古克什克腾旗、巴林左旗、巴林右旗、翁牛特旗、东乌珠穆沁旗、西乌珠穆沁旗、阿巴嘎旗、正蓝旗、镶黄旗、正镶白旗、太仆寺旗等地。河北、山西、陕西、甘肃、新疆等。俄罗斯、蒙古。

▲木贼麻黄居群

▲木贼麻黄植株

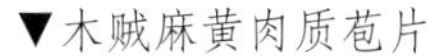

▼木贼麻黄肉质苞片

▼木贼麻黄雄球花

采　　制　秋季割去地上部分（用根者连根拔起），去净泥土，把根与茎分开后切段晒干。

性味功效　味辛、微苦，性温。有发汗散寒、宣肺平喘、利水消肿的功效。

主治用法　用于治疗风寒感冒、胸闷咳嗽、风水水肿、支气管哮喘等症。水煎服。

用　　量　2.5 ~ 10.0 g。

附　　注　本品为《中华人民共和国药典》（2020 年版）收录的药材。

◎参考文献◎

[1] 江苏新医学院．中药大辞典（下册）[M]．上海：上海科学技术出版社，1977: 2221-2225，2227-2228.

[2]《全国中草药汇编》编写组．全国中草药汇编（下册）[M]．北京：人民卫生出版社，1975: 721-724.

[3] 中国药材公司．中国中药资源志要 [M]．北京：科学出版社，1994: 156.

▲吉林长白山国家级自然保护区高山苔原带春季景观

▲吉林长白山国家级自然保护区高山苔原带夏季景观

▲吉林长白山国家级自然保护区高山苔原带春季景观

第十四章 被子植物

本章共收录 120 科、628 属、1 519 种、72 变种、39 变型药用被子植物。

▲胡桃楸群落

▲市场上的胡桃楸果核

▲市场上的胡桃楸果皮

▲市场上的胡桃楸种仁

◎参考文献◎

[1] 江苏新医学院．中药大辞典（下册）[M]．上海：上海科学技术出版社，1977: 1793.
[2] 朱有昌．东北药用植物 [M]．哈尔滨：黑龙江科学技术出版社，1989: 207-209.
[3] 《全国中草药汇编》编写组．全国中草药汇编（上册）[M]．北京：人民卫生出版社，1975: 668.

枫杨属 *Pterocarya* Kunth.

枫杨 *Pterocarya stenoptera* C. DC.

▲枫杨幼苗

别　　名　枫柳 麻柳
俗　　名　水麻柳 蜈蚣柳 枫柳 元宝柳 平杨柳
药用部位　胡桃科枫杨的枝、叶（入药称“枫柳叶”）、树皮（入药称“枫柳皮”）、根（入药称“枫柳树根”）及果实（入药称“枫柳果”）。
原 植 物　落叶乔木，高达 30 m，胸径达 1 m。幼树树皮平滑，浅灰色，老时则深纵裂。小枝灰色至暗褐色，具灰黄色皮孔。叶多为偶数或稀奇数羽状复叶，长 8 ~ 25 cm，叶柄长 2 ~ 5 cm，叶轴具翅但翅不甚发达，与叶柄一样被有疏或密的短毛；小叶 6 ~ 25 枚，无小叶柄，长椭圆形至长椭圆状披针形，长 8 ~ 12 cm。雄葇荑花序长 6 ~ 10 cm，雄花常具 1 枚发育的花被片，雄蕊 5 ~ 12 枚；雌葇荑花序顶生，具 2 枚长达 5 mm 的不孕性苞片；雌花几乎无梗。果实长椭圆形，长 6 ~ 7 mm；果翅狭，条形或阔条形，长 12 ~ 20 mm，宽 3 ~ 6 mm，具近于平行的脉。花期 4—5 月，果熟期 8—9 月。

▲枫杨枝条（果期）

▼枫杨植株

▲枫杨幼株

生　　境　生于河岸、山坡、林缘及杂木林中等处。

分　　布　吉林集安。辽宁大连市区、庄河、丹东市区、东港、岫岩、宽甸、本溪、沈阳、盖州等地。山东、安徽、河南、陕西。西南、华南。朝鲜。

采　　制　四季采收枝条。夏、秋季采摘叶。四季剥取树皮。春、夏、秋三季挖根。秋季采摘果实。

▲枫杨雌葇荑花序

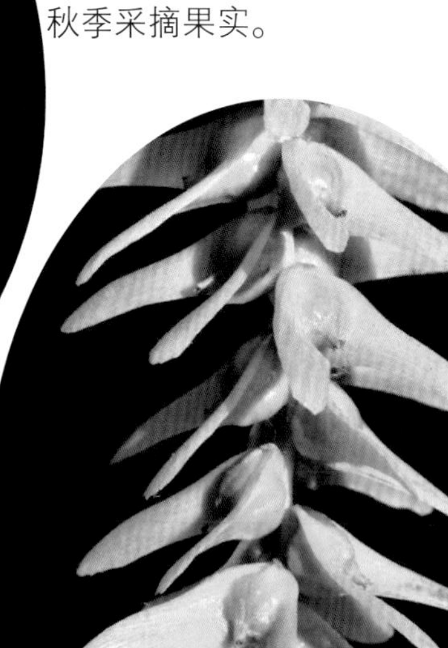

枫杨果实 ▶

性味功效　枝、叶：味辛、苦，性温。有小毒。有杀虫止痒、利尿消肿的功效。树皮：味辛，性温。有毒。有杀虫止痒、利尿消肿的功效。树根：味辛、苦，性热。有毒。有杀虫止痒、祛风止痛的功效。果实：味辛，性温。有散寒止咳的功效。

功能主治　枝、叶：用于慢性气管炎、关节炎、黄癣、脚癣、天疱疮、皮炎湿疹、烫火伤。水煎服。外用煎水洗、捣敷或酒精浸搽。树皮：用于龋齿痛、疥癣、烫火伤等。捣茸塞牙缝，煎水含漱或熏洗，或酒精浸搽。树根：疥癣、牙痛、风湿筋骨疼痛、烫火伤等。水煎服或浸酒。外用捣敷或调敷。果实：煎水洗澡可治疗天疱疮。

用　　量　枝、叶：6 ~ 10 g，外用适量。树皮：适量。树根：7 ~ 15 g，外用适量。

▲枫杨雄花

▲枫杨枝条（花期）

果实（炒黄用）：25 ~ 40 g。

附　　方

（1）血吸虫病：鲜枫杨树叶500 g。加水750 ml，煮沸10 ~ 15 min，煎取药液500 ~ 600 ml，每服100 ml，每日3次，20 ~ 30 d为一个疗程。

（2）治牙痛：枫杨皮捣茸，塞患处或噙用。

（3）治皮肤癣：鲜枫杨叶100 g（切碎），酒精500 ml。将枫杨叶放入酒精中浸一星期后取用，外擦患处，每日擦1 ~ 2次，或取叶煎水洗。又方：用枫杨皮及羊蹄根，以酒精浸搽。

[illegible]治膝关节炎：枫杨叶、虎耳草各等量。捣烂，敷患处。

[illegible]性气管炎：鲜枫杨叶250 g。加水500 ml，煮沸15 [illegible]后弃渣，继续煎熬浓缩至200 ml，加糖适量调味。[illegible] 100 ml，分3 ~ 4次口服。

（6）治[illegible]组织炎、疖肿及外科化脓性疾病：鲜枫杨叶500 [illegible]洗净，加水1 L煮沸，去渣，滤液浓缩成500 ~ [illegible] ml。以消毒纱布浸透，外敷患处。

（7）治[illegible]疱疮：枫杨嫩叶及果实各500 g。煎水洗澡。

（8）[illegible]脚趾湿烂：枫杨叶适量。捣烂，擦患处。

◎参考文献◎

[1] 江苏新医学院．中药大辞典（上册）[M]．上海：上海科学技术出版社，1977: 1260.

[2] 江苏新医学院．中药大辞典（下册）[M]．上海：上海科学技术出版社，1977: 2226-2228.

[3] 朱有昌．东北药用植物 [M]．哈尔滨：黑龙江科学技术出版社，1989: 209-211.

[4] 《全国中草药汇编》编写组．全国中草药汇编（上册）[M]．北京：人民卫生出版社，1975: 499.

枫杨雄葇荑花序▶

▲黑龙江茅兰沟国家级自然保护区森林秋季景观

▲钻天柳群落

▼钻天柳幼株

▼钻天柳枝条（果期）

杨柳科 Salicaceae

本科共收录 3 属、13 种、2 变种、1 变型。

钻天柳属 *Chosenia* Nakai

钻天柳 *Chosenia arbutifolia*（Pall.）A. Skv.

别　　名　朝鲜柳　红毛柳　上天柳

俗　　名　红梢柳　化妆柳　顺河柳

药用部位　杨柳科钻天柳的叶。

原 植 物　落叶乔木，高可达 20 ~ 30 m，胸径达 0.5 ~ 1.0 m。树冠圆柱形。树皮褐灰色。小枝无毛，有白粉。叶长圆状披针形至披针形，长 5 ~ 8 cm，宽 1.5 ~ 2.3 cm，先端渐尖，基部楔形，两面无毛，上面灰绿色，下面苍白色，常有白粉，边缘稍有锯齿或近全缘；叶柄长 5 ~ 7 mm；无托叶。花序先叶开放；雄花序开放时下垂，长 1 ~ 3 cm，轴无毛，雄蕊 5，短于苞片，着生于苞片基部，花药球形，黄色；苞片倒卵

▲钻天柳树干（老树）

▲钻天柳雄柔荑花序

形，不脱落，外面无毛，边缘有长缘毛，无腺体；雌花序长 1.0 ~ 2.5 cm，轴无毛；子房近卵状长圆形，有短柄，花柱 2，柱头 2 裂；苞片倒卵状椭圆形。花期 5 月，果期 6 月。

生　　境　生于林区河流两岸排水良好的碎石沙土上，常形成纯林。

分　　布　黑龙江漠河、塔河、呼玛、伊春市区、铁力、尚志、海林、五常、穆棱、方正、东宁、宁安等地。吉林长白、抚松、

▼钻天柳树干（幼树）

▲钻天柳植株（春季）

▲钻天柳枝条（花期）

▼钻天柳植株（冬季）

安图、临江、敦化、汪清、和龙、通化等地。辽宁西丰、宽甸、桓仁、凤城等地。内蒙古额尔古纳、根河、牙克石、鄂伦春旗、扎兰屯、阿尔山等地。朝鲜、俄罗斯（西伯利亚中东部）、日本。

采　　制　夏、秋季采摘叶，除去杂质，鲜用或晒干。

性味功效　有清热平喘、止咳化痰、强心镇静的功效。

用　　量　适量。

◎参考文献◎

[1] 中国药材公司．中国中药资源志要[M]．北京：科学出版社，1994：162.

[2] 江纪武．药用植物辞典[M]．天津：天津科学技术出版社，2005：172.

[3] 严仲铠，李万林．中国长白山药用植物彩色图志[M]．北京：人民卫生出版社，1997：112.

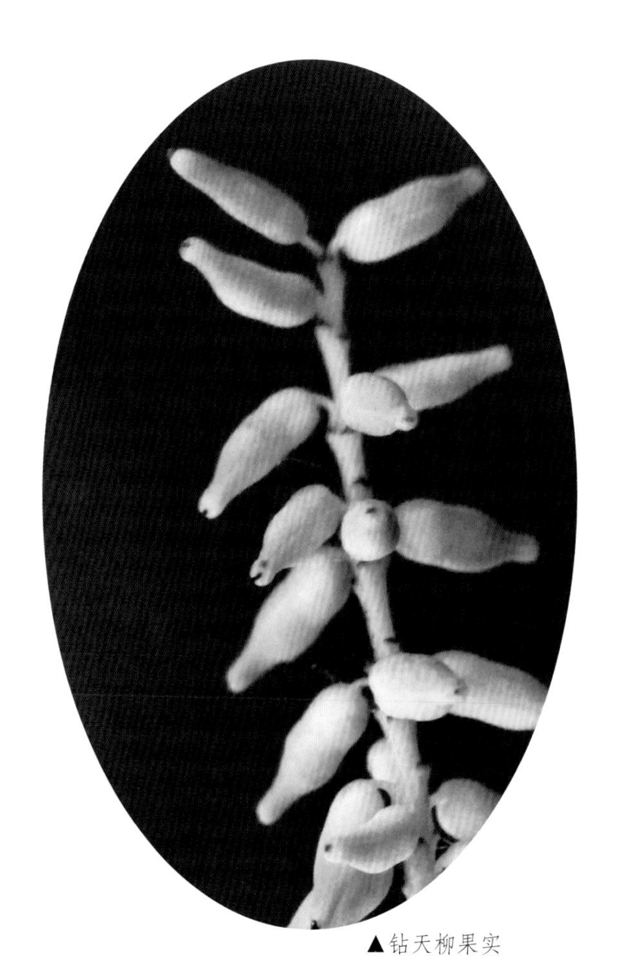

▲钻天柳果实

▲香杨植株

杨属 *Populus* L.

香杨　*Populus koreana* Rehd.

俗　　名　憨大杨 哈大杨 皱叶杨

药用部位　杨柳科香杨的树皮、叶及根皮。

原 植 物　落叶乔木，高达 30 m，胸径 1.0 ~ 1.5 m。树冠广圆形。树皮暗灰色，具深沟裂。小枝粗壮，初时有黏性树脂，无毛；芽大，长卵形，栗色或淡红褐色，具香气；短枝叶椭圆形、椭圆状披针形及倒卵状椭圆形，长 9 ~ 12 cm，先端钝尖，基部宽楔形，具细的腺圆锯齿，上面暗绿色，有明显皱纹，下面带白色；叶柄长 1.5 ~ 3.0 cm，先端有短毛；长枝叶窄卵状椭圆形或倒卵状披针形，长 5 ~ 15 cm，

▲香杨幼株

▲香杨雄菜荑花序

宽 8 cm 或更宽，基部多为楔形，叶柄长 0.4 ~ 1.0 cm。雄花序长 3.5 ~ 5.0 cm；雄蕊 10 ~ 30，花药暗紫色；雌花序无毛。蒴果卵圆形，2 ~ 4 瓣裂。花期 4—5 月，果期 6 月。

生　　境　生于山坡中腹以下的平坦地、河岸、溪流、谷地等处。

分　　布　黑龙江黑河、孙吴、逊克、嘉荫、萝北、鹤岗市区、伊春市区、铁力、尚志、海林、五常、穆棱、方正、东宁、宁安、虎林、饶河、鸡东、宝清等地。吉林长白山各地。辽宁东部山区各地。内蒙古额尔古纳、牙克石等地。朝鲜、俄罗斯（西伯利亚中东部）。

采　　制　四季剥取树皮，除去杂质，切片，洗净，鲜用或晒干。夏、秋季采摘叶，除去杂质，鲜用或晒干。春、夏、秋三季挖根，除去泥土，洗净，剥取根皮，鲜用或晒干。

性味功效　树皮：味苦、辛，性温。有清热解毒、祛风行瘀、凉血止咳、消痰、驱虫的功效。叶：味苦、辛，性温。根皮：味苦、辛，性温。

主治用法　树皮：用于高血压病、肺热咳嗽、小便淋漓、风痹、脚气、扑损瘀血、妊娠下痢、牙痛、口疮、蛔虫病、秃疮疥癣等。水煎服。外用捣烂敷患处。叶：用于龋齿、骨疽久发、臁疮腿等。水煎服。外用捣烂敷患处。根皮：用于肺热咳嗽、淋浊、白带、妊娠下痢、牙痛、口疮等。水煎服。外用煎水洗。

用　　量　树皮：5 ~ 15 g。外用适量。叶：5 ~ 15 g。外用适量。根皮：20 ~ 40 g。外用适量。

◎参考文献◎

[1] 中国药材公司. 中国中药资源志要 [M]. 北京: 科学出版社, 1994: 163.

[2] 江纪武. 药用植物辞典 [M]. 天津: 天津科学技术出版社, 2005: 639.

▼香杨树干

山杨 *Populus davidiana* Dode

别　　名　响叶杨　火杨　白杨

俗　　名　山小叶杨　铁叶杨

药用部位　杨柳科山杨的树皮、叶及根皮。

原 植 物　落叶乔木，高达 25 m。老树皮基部黑色、粗糙。树冠圆形。小枝圆筒形，光滑，赤褐色，萌枝被柔毛。芽卵形，微有黏质。叶三角状卵圆形或近圆形，长宽近等，长 3 ~ 6 cm，先端钝尖、急尖或短渐尖，基部圆形、截形或浅心形，边缘有密波状浅齿，发叶时显红色；萌枝叶大，三角状卵圆形，叶背有柔毛；叶柄长 2 ~ 6 cm。花序轴有疏毛或密毛；苞片棕褐色，掌状条裂，边缘有密长毛；雄花序长 5 ~ 9 cm，雄蕊 5 ~ 12 枚，花药紫红色；雌花序长 4 ~ 7 cm；柱头 2 深裂，带红色。果序长达 12 cm；蒴果卵状圆锥形，有短柄，2 瓣裂。花期 4—5 月，果期 5—6 月。

生　　境　生于林中向阳的采伐迹地和火烧迹地上及山坡、荒地、林中空地、杂木林间等处，常形成小面积纯林或与其他树种形成混交林。

分　　布　黑龙江大兴安岭、小兴安岭、张广才岭、完达山、老爷岭。吉林长白山各地。辽宁山区各地。内蒙古额尔古纳、根河、牙克石、扎兰屯、阿尔山、科尔沁右翼前旗、扎鲁特旗、科尔沁右翼中旗、突泉、阿鲁科尔沁旗、克什克腾旗、巴林左旗、巴林右旗、翁牛特旗、

▲山杨雌葇荑花序

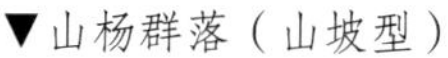

▼山杨群落（山坡型）

▲山杨群落（湿地型）

▲山杨枝条

东乌珠穆沁旗、西乌珠穆沁旗、阿巴嘎旗、正蓝旗、镶黄旗、正镶白旗、太仆寺旗等地。华北、西北、华中、西南高山地区。朝鲜、俄罗斯（西伯利亚中东部）。

采　　制　四季剥取树皮，除去杂质，切片，洗净，鲜用或晒干。夏、秋季采摘叶，除去杂质，鲜用或晒干。春、夏、秋三季挖根，除去泥土，洗净，剥取根皮，鲜用或晒干。

性味功效　树皮：味苦，性平。有清热解毒、祛风行瘀、凉血止咳、消痰、驱虫的功效。叶：味苦、辛，性温。根皮：味苦、辛，性寒。

主治用法　树皮：用于高血压病、肺热咳嗽、小便淋漓、风痹、脚气、扑损瘀血、妊娠下痢、牙痛、口疮、蛔虫病、秃疮疥癣等。水煎服。外用捣烂敷患处。叶：用于龋齿、骨疽久发、臁疮腿等。水煎服。外用捣烂敷患处。根皮：用于肺热咳嗽、淋浊、白带、妊娠下痢、牙痛、口疮等。水煎服。外用煎水洗。树枝：用于腹痛、腹胀、疮疡、燕吻疮等。

◀山杨果穗

▲山杨雄葇荑花序

山杨植株（秋季）▶

用　　量　树皮：25 ~ 40 g。外用适量。叶：5 ~ 15 g。外用适量。根皮：20 ~ 40 g。外用适量。

附　　方

（1）治妊娠下痢：山杨树皮 500 g。将其切细，加水煎取 400 ml，分 3 次服。

（2）治牙痛：山杨树皮，醋煎含之。

（3）治经年不愈的臁疮腿：山杨叶 1 kg。以 1.5 L 醋煎煮，用煮熟的树叶贴敷患处，用绷带缠好。每日换药 1 次，换药前用开水洗涤患处（内蒙古民间方）。或用山杨新叶，用手指打数十下，使叶变软，以背面贴患处，每个疮面贴一枚叶。

（4）治小便淋漓不断：山杨树皮 15 g。水煎，日服 2 次。

（5）治口疮：山杨根皮熬水洗。

（6）治高血压病：山杨树皮 5 g。水煎，日服 3 次。

（7）治秃疮、疥癣：山杨树皮（焙黑）、枯矾各等量。研细末，用芝麻油调匀，敷患处。

◀山杨树干

（8）治小儿秃疮疖：杨絮 500 g，水 2.5 L。煎 4 h，将杨絮捞出，再熬成膏，抹患处。

◎参考文献◎

[1] 江苏新医学院. 中药大辞典（上册）[M]. 上海：上海科学技术出版社，1977: 709，745，753.

[2] 朱有昌. 东北药用植物 [M]. 哈尔滨：黑龙江科学技术出版社，1989: 201-202.

[3] 中国药材公司. 中国中药资源志要 [M]. 北京：科学出版社，1994: 163.

▼山杨植株（夏季）

▲小青杨植株

▼小青杨果实

小青杨 *Populus pseudo-simonii* Kitag.

俗　　名　白杨

药用部位　杨柳科小青杨的树皮、枝和叶。

原 植 物　落叶乔木，高达 20 m。树冠广卵形。树皮老时浅沟裂。幼枝有棱，萌枝棱更显著，小枝淡灰色或黄褐色，无毛。芽圆锥形，较长，黄红色，黏性。叶菱状椭圆形、卵圆形或卵状披针形，长 4 ~ 9 cm，宽 2 ~ 5 cm，最宽处在叶中部以下，先端渐尖或短渐尖，基部楔形、广楔形或近圆形，边缘具交错起伏的细密锯齿，有缘毛；萌枝叶较大，长椭圆形。雄花序长 5 ~ 8 cm；雌花序长 5.5 ~ 11.0 cm，子房圆锥形，柱头 2 裂。蒴果长圆形，近无柄，长约 8 mm，先端渐尖，2 ~ 3 瓣裂。花期 4—5 月，果期 5—6 月。

生　　境　生于山坡、山沟和河流两岸或平地等处。

分　　布　黑龙江西部各地。吉林长白山各地。辽宁林区各地。内蒙古扎兰屯、扎赉特旗、扎鲁特旗、科尔沁右翼中旗、科尔沁左翼中旗、克什克腾旗、巴林左旗、巴林右旗等地。河北、陕西、山西、甘肃、青海、四川。朝鲜、俄罗斯（西伯利亚中东部）。

采　　制　四季剥取树皮，除去杂质，切片，洗净，鲜用或晒干。四季刈割枝条，切段，洗净，鲜用或晒干。夏、秋季采摘叶，除去杂质，鲜用或晒干。

性味功效　味苦、辛，性平。有清热解毒、祛风、止咳、行瘀凉血、驱虫止痒的功效。

主治用法　树皮：用于高血压病、肺热咳嗽、蛔虫病、小便淋漓、秃疮疥癣。水煎服。外用捣烂敷患处。枝条：用于腹痛、疮疡。水煎服。外用捣烂敷患处。叶：用于龋齿。水煎服。

用　　量　树皮：5 ~ 15 g。外用适量。枝条：5 ~ 15 g。外用适量。叶：5 ~ 15 g。

▲小青杨枝条

◎参考文献◎

[1] 钱信忠．中国本草彩色图鉴（第一卷）[M]．北京：人民卫生出版社，2003：283-284.

[2] 中国药材公司．中国中药资源志要 [M]．北京：科学出版社，1994：163.

[3] 江纪武．药用植物辞典 [M]．天津：天津科学技术出版社，2005：639.

▲小青杨雌葇荑花序

▲小青杨雄葇荑花序

▲小叶杨枝条

小叶杨树干▶

小叶杨 *Populus simonii* Carr.

别　　名　明杨

俗　　名　白杨

药用部位　杨柳科小叶杨的树皮。

原 植 物　落叶乔木，高达 20 m，胸径 50 cm 以上。树皮幼时灰绿色，老时暗灰色，沟裂。树冠近圆形。幼树小枝及萌枝有明显棱脊，常为红褐色，后变黄褐色，老树小枝圆形，细长而密，无毛。芽细长，先端长渐尖，褐色，黏质。叶菱状卵形、菱状椭圆形或菱状倒卵形，长 3 ~ 12 cm，宽 2 ~ 8 cm，中部以上较宽，先端突急尖或渐尖，基部楔形、宽楔形或窄圆形，边缘平整，细锯齿，无毛，上面淡绿色，下面灰绿或微白，无毛；叶柄圆筒形，长 0.5 ~ 4.0 cm，黄绿色或带红色。雄花序长 2 ~ 7 cm，花序轴无毛，苞片细条裂，雄蕊 8 ~ 25；雌花序长 2.5 ~

▲小叶杨果穗

6.0 cm；苞片淡绿色，裂片褐色，无毛，柱头 2 裂。果序长达 15 cm；蒴果小，2 ~ 3 瓣裂，无毛。花期 4—5 月，果期 5—6 月。

生　　境　生于河岸、山沟、山坡、林缘及路边等处。

分　　布　吉林通榆、长岭、洮南等地。辽宁凌源、彰武等地。内蒙古科尔沁左翼后旗、奈曼旗等地。河北。华中、西北、西南。朝鲜。

采　　制　四季剥取树皮，除去杂质，切片，洗净，鲜用或晒干。四季采摘芽，除去杂质，鲜用或晒干。

性味功效　树皮：有清热解毒、祛湿凉血、止咳、驱虫的功效。芽：有止痛、消炎、活血化瘀的功效。

主治用法　树皮：用于肺病、痘疹、天花等。芽：用于疮痈、跌打损伤等。

用　　量　树皮：内服：10 ~ 30 g。外用适量。芽：适量。

◎参考文献◎

[1] 江纪武. 药用植物辞典 [M]. 天津：天津科学技术出版社，2005: 639.

▼小叶杨雄葇荑花序

▲小叶杨植株

▲五蕊柳雄葇荑花序

▼五蕊柳枝条

柳属 *Salix* L.

五蕊柳　*Salix pentandra* L.

俗　　名　柳树
药用部位　杨柳科五蕊柳的根、枝、叶及花序。
原 植 物　落叶灌木或小乔木，高 1 ~ 5 m。树皮灰色或灰褐色。小枝褐绿色，有光泽。芽卵形或披针状长圆形，黏，有光泽。叶革质，长 3 ~ 13 cm，宽 2 ~ 4 cm，先端渐尖，基部钝或楔形；叶柄长 0.2 ~ 1.4 cm，上端边缘具腺点；托叶长圆形或宽卵形。雄花序长 2 ~ 7 cm，花密，雄蕊 5 ~ 12；花丝不等长；苞片绿色，具 2 ~ 3 脉，雄花有背腺和腹腺，离生，背腺棒形，腹腺略短小；雌花序长 2 ~ 6 cm，子房卵状圆锥形，柱头 2 裂，苞片常于花后渐落。蒴果卵状圆锥形，有短柄。花期 6 月，果期 8—9 月。
生　　境　生于山坡、路旁、山谷、林缘、河边或山地林间的水甸子及草甸子中。
分　　布　黑龙江呼玛、黑河、嫩江、伊春市区、铁力、尚志、海林、五常、东宁、宁安等地。吉林长

▲五蕊柳植株（花期）

▲五蕊柳果实

▼五蕊柳果实（裂开）

白山各地。辽宁东部林区各地。内蒙古额尔古纳、根河、牙克石、鄂伦春旗、阿尔山、宁城等地。河北、山西、陕西、新疆。朝鲜、俄罗斯、蒙古。欧洲。

采　　制　春、秋季采挖根，除去泥土，洗净，晒干。四季采收枝条，切段，洗净，晒干。夏、秋季采摘叶，除去杂质，洗净，晒干或鲜用。春季采摘花序，除去杂质，洗净，晒干或鲜用。

性味功效　根：有祛风祛湿的功效。枝、叶：有清热解毒、散瘀消肿的功效。花序：有止泻的功效。

用　　量　适量。

◎参考文献◎

[1] 中国药材公司．中国中药资源志要 [M]．北京：科学出版社，1994：165.

[2] 江纪武．药用植物辞典 [M]．天津：天津科学技术出版社，2005：710.

▼五蕊柳植株（果期）

（8）治外科手术后尿潴留：垂柳叶 30 g（鲜者 60 ~ 90 g）。水煎浓汁，1 次服下。

（9）治急、慢性肝炎：长度 3 cm 以内的嫩柳枝 100 g。加水 1 000 ml，煎至 200 ml。每日 1 服，分 2 次服。又方：鲜垂柳枝、枫杨枝各 150 g，垂柳叶、枫杨叶各 75 g。每日制成煎剂，分 2 次服用。

（10）治疖肿、乳腺炎：垂柳叶适量。切碎煮烂，过滤去残渣，再浓缩成糖浆状，涂敷患处。

▲垂柳枝条（果期）

◎参考文献◎

[1] 江苏新医学院．中药大辞典（下册）[M]．上海：上海科学技术出版社，1977:1522-1526.

[2] 朱有昌．东北药用植物 [M]．哈尔滨：黑龙江科学技术出版社，1989:203-204.

[3] 中国药材公司．中国中药资源志要 [M]．北京：科学出版社，1994:164.

▲垂柳枝条（花期）

▼垂柳雄葇荑花序

▲大黄柳枝条（果期）

▼大黄柳雌葇荑花序

▼大黄柳雄葇荑花序

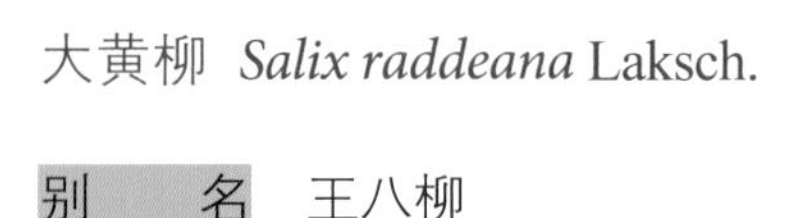

大黄柳 *Salix raddeana* Laksch.

别　　名　王八柳

俗　　名　柳毛子

药用部位　杨柳科大黄柳的树皮。

原 植 物　落叶灌木或乔木。枝暗红色或红褐色。芽大，暗褐色。叶革质，倒卵状圆形、近圆形或椭圆形，长 3.5 ~ 10.0 cm，宽 3 ~ 6 cm，先端短渐尖或急尖，上面暗绿色，有明显的皱纹，下面具灰色绒毛，全缘或有不整齐的齿牙；生在萌枝的叶，边缘都有不整齐的齿牙；叶柄长 1.0 ~ 1.5 cm。花先叶开放；雄花序长约 2.5 cm，无梗，雄蕊 2，花丝纤细，花药黄色，苞片近黑色，腺体 1 个，腹生；雌花序长 2.0 ~ 2.5 cm；子房长圆锥形，有长柄，柱头 2 ~ 4 裂。果序长达 7 ~ 8 cm，有短梗，基部有 1 ~ 3 枚鳞片；蒴果长达 1 cm。花期 4—5 月，果期 5—6 月。

生　　境　生于林缘、灌丛或疏林中。

分　　布　黑龙江呼玛、嘉荫、萝北、鹤岗市区、伊春市区、铁力、尚志、海林、五常、穆棱、方正、东宁、宁安等地。吉林长白山各地。辽宁凤城、本溪、抚顺、沈阳、北镇、北票、鞍山市区、海城、盖州等地。内蒙古额尔古纳、根河、牙克石、阿尔山等地。朝鲜、俄罗斯（西伯利亚中东部）。

采　　制　四季剥取树皮，除去杂质，切片，洗净，鲜用或

▲大黄柳枝条（花期）

晒干。

性味功效　有解热、镇痛的功效。

用　　量　适量。

参考文献

[1] 江纪武. 药用植物辞典 [M]. 天津：天津科学技术出版社，2005: 710.

▼大黄柳植株

▼大黄柳树干

▼粉枝柳雌柔荑花序

▲粉枝柳枝条（花期）

粉枝柳 *Salix rorida* Laksch.

俗　　名　柳毛子

药用部位　杨柳科粉枝柳的根、枝、叶及花序。

原 植 物　落叶乔木，高达 15 m。树冠塔形或圆形。树皮灰褐色，初生时为灰绿色。小枝红褐色，二年生小枝常具白粉。叶披针形或倒披针形，长 8 ~ 12 cm，宽 1 ~ 2 cm，嫩叶或有短柔毛，先端渐尖，上面暗绿色，有光泽，下面有白粉，边缘有腺锯齿；叶柄长 0.8 cm；托叶边缘有腺齿。花序先叶开放；雄花序圆柱形，长 1.5 ~ 3.5 cm，粗 1.8 ~ 2.0 cm，无梗；雄蕊 2，苞片倒卵形，全缘，基部两侧各有 3 ~ 4 个明显的腺点；雌花序圆柱形，长 3 ~ 4 cm，粗 1.0 ~ 1.5 cm；子房卵状圆锥形，有长柄，柱头 2 裂；苞片全缘先端黑色；腺体 1 个。果序长达 5 cm。花期 5 月，果期 6 月。

生　　境　生于林内湿地、溪边及河岸等处。

分　　布　黑龙江呼玛、嫩江、嘉荫、萝北、鹤岗市区、伊春市区、铁力、尚志、海林、五常、穆棱、方正、东宁、宁安等地。吉林长白山各地。辽宁西丰、凤城、本溪、沈阳、盖州、大连等地。内蒙古额尔古纳、根河、牙克石、鄂伦春旗、扎兰屯、阿尔山等地。河北。

▲粉枝柳雄葇荑花序

朝鲜、俄罗斯（西伯利亚中东部）、日本。

采　　制　春、秋季采挖根，除去泥土，洗净，晒干。四季采收枝条，切段，洗净，晒干。夏、秋季采摘叶，除去杂质，洗净，晒干或鲜用。春季采摘花序，除去杂质，洗净，晒干或鲜用。

性味功效　根：有祛风祛湿的功效。枝、叶：有清热解毒、散瘀消肿的功效。花序：有止泻的功效。

用　　量　适量。

◎参考文献◎

[1] 江纪武. 药用植物辞典[M]. 天津：天津科学技术出版社，2005: 710.

▲粉枝柳枝条（果期）

▲蒿柳雌葇荑花序（后期）

▼蒿柳雌葇荑花序（前期）

▲蒿柳枝条

▼细叶蒿柳枝条

蒿柳 *Salix viminalis* L.

别　　名　青钢柳 绢柳

俗　　名　柳树

药用部位　杨柳科蒿柳的根、嫩枝、叶及芽。

原 植 物　落叶灌木或小乔木，高可达 10 m。树皮灰绿色。芽卵状长圆形，紧贴枝上。叶线状披针形，长 15 ~ 20 cm，宽 0.5 ~ 2.0 cm，最宽处在中部以下，先端渐尖或急尖，基部狭楔形，全缘微波状，内卷；叶柄长 0.5 ~ 1.2 cm，有丝状毛；托叶狭披针形，长渐尖，具有腺的齿缘，脱落性，较叶柄短。雄花序无梗，长圆状卵形，长 2 ~ 3 cm，宽 1.5 cm，雄蕊 2，花药金黄色，后为暗色；苞片长圆状卵形，钝头或急尖，腺体 1 个，腹生；雌花序圆柱形，长 3 ~ 4 cm；子房卵形或卵状圆锥形，近无柄，有密丝状毛；花柱长约为子房的一半，柱头 2 裂，苞片同雄花。果序长达 6 cm。花期 4—5 月，果期 5—6 月。

▲蒿柳植株

▼蒿柳雄葇荑花序

生　　境　多生于河边、溪边及排水不畅的低洼地等处。

分　　布　黑龙江塔河、呼玛、黑河市区、嫩江、嘉荫、萝北、鹤岗市区、伊春市区、铁力、尚志、海林、五常、穆棱、方正、东宁、宁安、虎林、饶河、泰来、肇源、肇州、林甸等地。吉林长白山各地。辽宁桓仁、本溪、沈阳市区、新民、凤城、东港、海城、台安、盖州、庄河、大连市区等地。内蒙古额尔古纳、根河、牙克石、鄂伦春旗、阿尔山、科尔沁右翼前旗等地。山东、河北。朝鲜、日本、俄罗斯（西伯利亚）。欧洲。

采　　制　春、秋季采挖根，除去泥土，洗净，晒干。春季采收嫩枝，切段，洗净，晒干。夏、秋季采摘叶，除去杂质，洗净，晒干或鲜用。春季采摘嫩芽，除去杂质，洗净，晒干或鲜用。

性味功效　有清热解毒、祛湿的功效。

用　　量　适量。

附　　注　在东北尚有 1 变种：

细叶蒿柳 var. *angustifolia* Turcz.，叶较狭长，宽仅 2 ~ 4 mm。其他与原种同。

◎参考文献◎

[1] 江纪武. 药用植物辞典 [M]. 天津：天津科学技术出版社，2005: 711.

◀ 细柱柳雌葇荑花序

细柱柳 *Salix gracilistyla* Miq.

别　　名　红毛柳

俗　　名　柳毛子

药用部位　杨柳科细柱柳的根、叶、枝、花序、果实及茎皮。

原 植 物　落叶灌木。小枝黄褐色或红褐色。芽长圆状卵形，先端尖，黄褐色，有柔毛。叶椭圆状长圆形、倒卵状长圆形或长圆形，长 5 ~ 12 cm，宽 1.5 ~ 3.5 cm，先端急尖，基部楔形，上面深绿色，无毛，下面灰色，有绢质柔毛，叶脉明显凸起，边缘有锯齿；托叶大，半心形。花序先叶开花，无花序梗，长 2.5 ~ 3.5 cm，粗 1.0 ~ 1.5 cm；雄蕊 2，花药红色或红黄色，花丝合生；苞片椭圆状披针形；子房椭圆形，被绒毛，无柄；花柱细长，柱头 2 裂；苞片和腺体的特征同雄花，但较短小。蒴果被密毛。花期 4 月，果期 5 月。

生　　境　生于山区溪流旁。

▼细柱柳植株

▲细柱柳雄柔荑花序

▲细柱柳树干

分　　布　黑龙江黑河市区、孙吴、嘉荫、萝北、鹤岗市区、伊春市区、铁力、尚志、海林、五常、穆棱、方正、东宁、宁安、虎林、饶河等地。吉林长白、抚松、安图、临江、和龙、敦化等地。辽宁宽甸、桓仁、新宾、丹东市区、凤城、本溪、东港、沈阳市区、新民、鞍山、盖州、庄河、大连市区等地。内蒙古额尔古纳、根河、科尔沁右翼中旗、扎赉特旗、科尔沁左翼中旗、扎鲁特旗、阿鲁科尔沁旗等地。朝鲜、俄罗斯（西伯利亚中东部）、日本。

采　　制　春、秋季采挖根，洗净，晒干。夏、秋季采摘叶和枝条，除去杂质，洗净，晒干或鲜用。春季采摘花序，除去杂质，晒干。晚春采摘果实，除去杂质，晒干。四季割取枝条，剥取茎皮，除去杂质，切片，洗净，鲜用或晒干。

性味功效　根：有利水通淋、泻火祛湿的功效。叶、枝：有消肿散结、利水、解毒、透疹的功效。花序：有散瘀止血的功效。果实：有止血、祛湿、溃痈的功效。茎皮：有祛风利湿、消肿止痛的功效。

主治用法　根：用于风湿拘挛、筋骨疼痛、带下、牙龈肿痛等。叶、枝：用于小便淋痛、黄疸、风湿痹痛、恶疮等。花序：用于吐血。果实：用于风湿痛。茎皮：用于黄水疮。

用　　量　适量。

▼细柱柳枝条

◎参考文献◎

[1] 中国药材公司．中国中药资源志要 [M]．北京：科学出版社，1994:164.

[2] 江纪武．药用植物辞典 [M]．天津：天津科学技术出版社，2005:709.

▲筐柳植株

▼筐柳雌葇荑花序

筐柳 *Salix linearistipularis*（Franch.）Hao

别　　名　蒙古柳

俗　　名　柳毛子

药用部位　杨柳科筐柳的树皮及枝条。

原 植 物　落叶灌木或小乔木，高可达 8 m。树皮黄灰色至暗灰色。小枝细长。芽卵圆形，无毛；叶披针形或线状披针形，长 8 ~ 15 cm，宽 5 ~ 10 mm，两端渐狭或上部较宽，无毛，幼叶有茸毛，上面绿色，下面苍白色，边缘有腺锯齿，外卷；叶柄长 8 ~ 12 mm；托叶边缘有腺齿。花序无梗，基部具 2 枚长圆形的全缘鳞片；雄花序长圆柱形，长 3.0 ~ 3.5 cm，雄蕊 2，花药黄色；苞片倒卵形，先端黑色，有长毛；腺体 1 个，腹生；雌花序长圆柱形，长 3.5 ~ 4.0 cm，子房卵状圆锥形，柱头 2 裂；苞片卵圆形，先端黑色，有长毛。花期 5 月，果期 6 月。

生　　境　生于山区溪流旁。

分　　布　黑龙江黑河市区、孙吴、嘉荫、萝北、鹤岗市区、伊春市区、铁力、尚志、海林、五常、穆棱、方正、东宁、宁安、虎林、饶河等地。吉林长白、抚松、安图、临江、和龙、敦化等地。辽宁宽甸、桓仁、新宾、丹东市区、凤城、本溪、东港、沈阳市区、新民、鞍山、盖州、庄河、大连市区等地。内蒙古额尔古纳、根河、科尔沁右翼中旗、扎赉特旗、科尔沁左翼中旗、扎赉特旗、阿鲁科尔沁旗等地。朝鲜、俄罗斯（西伯利亚中东部）、日本。

采　　制　四季剥取树皮，除去杂质，切片，洗净，鲜用或晒干。四季采收枝条，切段，洗净，晒干。

性味功效　有消肿、收敛的功效。

用　　量　适量。

◎参考文献◎

[1] 江纪武. 药用植物辞典 [M]. 天津: 天津科学技术出版社, 2005: 709.

▼筐柳枝条

▲日本桤木植株

桦木科 Batulaceae

本科共收录 5 属、13 种、1 变型。

桤木属 *Alnus* Mill.

日本桤木 *Alnus japonica*（Thunb.）Steud.

别　　名　赤杨 日本赤杨

俗　　名　水冬瓜 冬瓜树 冬果 水冬果

药用部位　桦木科日本桤木的干燥或新鲜的叶、嫩枝及树皮（入药称“桤木”）。

原 植 物　落叶乔木，一般高 6 ~ 15 m。树皮灰褐色，平滑。枝条具棱；小枝褐色，有时密生腺点。芽具柄，芽鳞 2，光滑。短枝上的叶倒卵形或长倒卵形，长 4 ~ 6 cm，宽 2.5 ~ 3.0 cm，顶端骤尖、锐尖或渐尖，基部楔形，边缘具疏细齿；长枝上的叶披针形，较大，长可达 15 cm；叶柄长 1 ~ 3 cm，疏生腺点。雄花序 2 ~ 5 枚排成总状，下垂，春季先叶开放。果序矩圆形，长约 2 cm，直径 1.0 ~ 1.5 cm，2 ~ 9 枚呈总

▼日本桤木树干

▲日本桤木枝条

状或圆锥状排列；序梗粗壮，长约 10 mm；果苞木质，长 3 ~ 5 mm，基部楔形，顶端圆，具 5 枚小裂片；小坚果卵形或倒卵形，果翅厚纸质，极狭。花期 5—6 月，果期 9 月。

生　　境　生于山坡林中、河边、路旁等处。

分　　布　吉林珲春。辽宁营口市区、岫岩、丹东、本溪、庄河、盖州、瓦房店、大连市区等地。河北、山东、江西、湖北、湖南。朝鲜、俄罗斯（西伯利亚中东部）、日本。

采　　制　夏季采摘叶。春、秋季采摘嫩枝。四季剥取树皮，洗净，晒干。

性味功效　味苦、涩，性凉。有清热降火、止血的功效。

主治用法　用于鼻血不止、外伤出血。水煎服或泡水当茶饮。外用干品研末或鲜品捣烂敷患处。

用　　量　30 g。外用适量。

附　　方

（1）治鼻血不止：日本桤木树皮 50 g。浓煎，加白糖服。

（2）预防水泻：日本桤木嫩枝泡开水当茶饮。

▼日本桤木果实

◎参考文献◎

[1] 钱信忠．中国本草彩色图鉴（第三卷）[M]．北京：人民卫生出版社，2003: 3-4.

[2] 朱有昌．东北药用植物 [M]．哈尔滨：黑龙江科学技术出版社，1989: 211-212.

[3] 中国药材公司．中国中药资源志要 [M]．北京：科学出版社，1994: 166-167.

▲辽东桤木雌花序

辽东桤木 *Alnus hirsuta* Turcz.

别　　名　水冬瓜赤杨　毛赤杨　西伯利亚赤杨　辽东赤杨　色赤杨

俗　　名　水冬瓜

药用部位　桦木科辽东桤木的树皮。

原 植 物　落叶乔木，高 6 ~ 20 m。树皮灰褐色，光滑。枝条暗灰色，具棱；小枝褐色，密被灰色短柔毛。芽具柄，具 2 枚疏被长柔毛的鳞。叶近圆形，长 4 ~ 9 cm，宽 2.5 ~ 9.0 cm，顶端圆，基部圆形或宽楔形，边缘具波状缺刻，缺刻间具不规则的粗锯齿，上面暗褐色，疏被长柔毛，下面淡绿色或粉绿色，有时脉腋间具簇生的髯毛；叶柄长 1.5 ~ 5.5 cm，密被短柔毛。果序 2 ~ 8，呈总状或圆锥状排列，近球形或矩圆形，长 1 ~ 2 cm；序梗极短，几无梗；果苞木质，顶端微圆，具 5 枚浅裂片；小坚果宽卵形，果翅厚纸质，极狭，宽及果的 1/4。花期 5—6 月，果期 9 月。

生　　境　生于山坡林中或河岸边湿地等处，有时会形成小面积纯林。

▼辽东桤木枝条（花期）

▲辽东桤木群落

▼辽东桤木雄葇荑花序

▲辽东桤木果实

分　　布　黑龙江呼玛、黑河市区、嫩江、嘉荫、萝北、鹤岗市区、伊春市区、铁力、尚志、海林、五常、穆棱、方正、东宁、宁安、虎林、饶河等地。吉林长白山各地。辽宁营口、岫岩、丹东、瓦房店、大连市区等地。内蒙古额尔古纳、根河、牙克石、鄂伦春旗、鄂温克旗等地。河北、山东、江西、湖北、湖南。朝鲜、俄罗斯（西伯利亚中东部）、日本。

采　　制　四季剥取树皮，除去杂质，切片，洗净，鲜用或晒干。

▲辽东桤木枝条（果期）

▼辽东桤木树干（幼树）

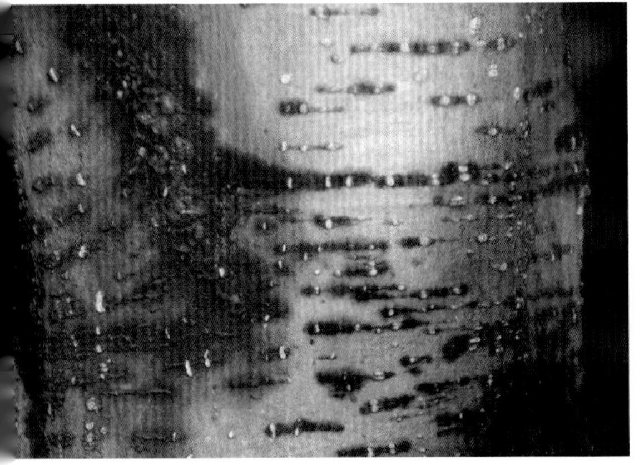

▼辽东桤木树干（老树）

◀ 辽东桤木雄花

主治用法 用于老年咳嗽痰喘、慢性气管炎等。

用　　量 适量。

附　　方

（1）治鼻血不止：辽东桤木皮 50 g。浓煎，加白糖服用。

（2）预防水泻：辽东桤木嫩枝适量。泡开水当茶喝。

（3）治外伤出血：辽东桤木树皮适量。研末外敷，或鲜品捣烂外敷。

◎参考文献◎

［1］中国药材公司．中国中药资源志要 [M]．北京：科学出版社，1994: 167.

［2］江纪武．药用植物辞典 [M]．天津：天津科学技术出版社，2005: 36.

▲辽东桤木植株

▲东北桤木植株

▼东北桤木幼株

东北桤木 *Alnus mandshurica*（Callier）Hand. - Mazz.

别　　名　东北赤杨　矮赤杨　矮桤木

药用部位　桦木科东北桤木的果实及树皮。

原 植 物　落叶灌木或小乔木，高 3 ~ 10 m。树皮暗灰色，平滑。枝条灰褐色，无毛。芽无柄，具鳞 3 ~ 6。叶宽卵形、卵形、椭圆形或宽椭圆形，长 4 ~ 10 cm，宽 2.5 ~ 8.0 cm，顶端锐尖，基部圆形或微心形，边缘具细而密的重锯齿或单锯齿，侧脉 7 ~ 13 对；叶柄粗壮，长 5 ~ 20 mm，无毛或被短柔毛，有时具腺点。果序 3 ~ 5，呈总状排列，矩圆形或近球形，长 1 ~ 2 cm；序梗纤细，下垂，长 5 ~ 30 mm，无毛或被短柔毛；果苞木质，长 3 ~ 4 mm，顶端具 5 枚浅裂片；小坚果卵形，长约 2 mm，膜质翅与果近等宽。花期 6—7 月，果期 8—9 月。

生　　境　生于较高海拔的林缘、河岸、山坡、溪边等处。在长白山生于亚高山岳桦林带及高山苔原带上，常聚集成片生长。

分　　布　黑龙江塔河、呼玛等地。吉林长白、抚松、安图、临江等地。内蒙古额尔古纳、根河、牙克石等地。朝鲜、俄罗斯（西伯利亚中东部）。

采　　制　秋季采收成熟果实，除去杂质，洗净，晒干。四季剥取树皮，除去杂质，切片，洗净，鲜用或晒干。

性味功效　味苦、涩，性凉。有清热解毒、收敛的功效。

主治用法　用于腹泻、外伤出血等。水煎服。

▲东北桤木果序

▼东北桤木枝条（果期）

▲东北桤木雌花序

▼东北桤木枝条（花期）

▲东北桤木雄葇荑花序

用　　量　25 ~ 50 g。

◎参考文献◎

[1] 严仲铠,李万林. 中国长白山药用植物彩色图志[M]. 北京: 人民卫生出版社，1997: 115-116.

[2] 中国药材公司 . 中国中药资源志要 [M]. 北京：科学出版社，1994: 167.

[3] 江纪武 . 药用植物辞典 [M]. 天津：天津科学技术出版社，2005: 36.

桦属 *Betula* L.

▲红桦植株

红桦 *Betula albosinensis* Burk.

别　　名　纸皮桦

俗　　名　红皮桦　风桦

药用部位　桦木科红桦的树皮及芽。

原 植 物　落叶大乔木，高可达 30 m。树皮淡红褐色或紫红色，有光泽和白粉，呈薄层状剥落，纸质。枝条红褐色；小枝紫红色，有时疏生树脂腺体。叶卵形或卵状矩圆形，长 3 ~ 8 cm，宽 2 ~ 5 cm，顶端渐尖，基部圆形或微心形，较少宽楔形，边缘具不规则的重锯齿，齿尖常角质化，上面深绿色，无毛或幼时疏被长柔毛，下面淡绿色，密生腺点，沿脉疏被白色长柔毛，侧脉 10 ~ 14 对，脉腋间通常无髯毛，有时具稀疏的髯毛；叶柄长 5 ~ 15 cm，疏被长柔毛或无毛。雄花序圆柱形，长 3 ~ 8 cm，直径 3 ~ 7 mm，无梗；苞

▲红桦枝条

▼红桦群落

鳞紫红色，仅边缘具纤毛。果序圆柱形，单生或同时具有 2 ~ 4 枚排成总状，长 3 ~ 4 cm，直径约 1 cm；序梗纤细，长约 1 cm，疏被短柔毛；果苞长 4 ~ 7 cm，中裂片矩圆形或披针形，顶端圆，侧裂片近圆形，长及中裂片的 1/3；小坚果卵形，长 2 ~ 3 mm，膜质翅宽及果的 1/2。花期 4—5 月，果期 8—9 月。

生　　境　生于山坡杂木林中。

分　　布　内蒙古克什克腾旗。河北、河南、山西、陕西、湖北、四川、甘肃、青海、云南等。

采　　制　四季剥取树皮，春季采集芽，晒干，生用或炒炭用。

性味功效　有清热利湿、解毒的功效。

主治用法　用于胃病。

用　　量　适量。

◎参考文献◎

[1] 中国药材公司．中国中药资源志要 [M]．北京：科学出版社，1994：167.

[2] 江纪武．药用植物辞典 [M]．天津：天津科学技术出版社，2005：106.

◀ 红桦雄葇荑花序

▼红桦树干（老树）

▼红桦树干（幼树）

▲白桦群落（湿地型）

白桦 *Betula platyphylla* Suk.

俗　　名　粉桦　桦树　桦皮树　桦木

药用部位　桦木科白桦的干燥树皮。

原 植 物　落叶乔木，高可达 27 m。树皮灰白色，成层剥裂。小枝暗灰色或褐色。叶厚纸质，三角状卵形、三角状菱形至三角形，长 3 ~ 9 cm，宽 2.0 ~ 7.5 cm，顶端锐尖、渐尖至尾状渐尖，基部截形，边缘具重锯齿，有时具缺刻状重锯齿或单齿，侧脉 5 ~ 8 对；叶柄细瘦，长 1.0 ~ 2.5 cm，无毛。果序单生，圆柱形或矩圆状圆柱形，通常下垂，长 2 ~ 5 cm，直径 6 ~ 14 mm；序梗细瘦；果苞长 5 ~ 7 mm，小坚果狭矩圆形、矩圆形或卵形，长 1.5 ~ 3.0 mm，宽 1.0 ~ 1.5 mm，膜质翅较果长 1/3，较少与之等长，与果等宽或较果稍宽。花期 5—6 月，果期 8—9 月。

生　　境　生于向阳或半阴的山坡、湿地、阔叶及针阔混交林中，常成小片纯林，为次生林的先锋树种。

分　　布　黑龙江漠河、塔河、呼玛、嫩江、黑河市区、孙吴、逊克、五大连池、宾县、五常、尚志、宁安、海林、东宁、穆棱、密山、虎林、饶河、桦川、林口、勃利、依兰、通河、方正、巴彦、木兰、延寿、宝清、富锦、汤原、伊春市区、铁力、庆安、绥棱等地。吉林长白山各地。辽宁丹东市区、宽甸、凤城、本溪、桓仁、抚顺、清原、新宾、铁岭、西丰等地。内蒙古额尔古纳、根河、牙克石、鄂伦春旗、鄂温克旗、扎兰屯、科尔沁右翼前旗、克什克腾旗、巴

▼白桦雌花序

▼白桦幼株

▲白桦群落（山坡型）

▲白桦枝条（果期，夏季）

▼白桦果实

▼白桦树干

林左旗、巴林右旗、阿鲁科尔沁旗、扎鲁特旗、东乌珠穆沁旗、西乌珠穆沁旗等地。河北、山西、河南、陕西、宁夏、甘肃、青海、四川、云南、西藏。朝鲜、俄罗斯（西伯利亚）、蒙古、日本。

采　　制　四季剥取树皮，晒干，生用或炒炭用。

性味功效　味苦，性寒。有清热利湿、祛痰止咳、解毒消肿的功效。

主治用法　用于急性扁桃体炎、支气管炎、牙周炎、风热咳喘、痢疾、肠炎、泄泻、黄疸、水肿、咳嗽、急性乳腺炎、疖肿、痒疹、烧烫伤等。水煎服。外用鲜品捣烂敷患处。白桦的液汁（在春季返浆期，用刀砍破白桦的

白桦植株

▲白桦雄葇荑花序

树皮，用容器接里面流出来的树液）和叶也可入药，可治疗咳嗽、哮喘、小便不利等。

用　　量　15 ~ 25 g。焙焦研末 2.5 ~ 5.0 g。外用适量。

附　　方

（1）治急性肠炎：白桦树皮 15 ~ 20 g。水煎服。也可将白桦树皮烧炭，研粉，每服 1.0 ~ 1.5 g，每日 2 ~ 3 次。

（2）治急性乳腺炎、急性扁桃体炎、肺炎、痈肿：白桦树皮（内皮为好）500 g。加水 1 000 ml，用铝锅煎至 500 ml，加糖适量，每服 25 ml，每日 2 次。

（3）治慢性气管炎：白桦树皮 50 g。水煎，分两次服，每日 1 剂，10 d 为一个疗程，连服 2 个疗程。个别患者有口干、恶心等副作用。

（4）治烫火伤：桦树皮煅炭研末外敷。

（5）治咳嗽气喘：5 月将白桦树皮划开，取出树液内服，每次 2 酒杯，日服 1 次。

◎参考文献◎

[1] 江苏新医学院．中药大辞典（下册）[M]．上海：上海科学技术出版社，1977: 1784-1786.

[2] 朱有昌．东北药用植物 [M]．哈尔滨：黑龙江科学技术出版社，1989: 212-214.

[3] 《全国中草药汇编》编写组．全国中草药汇编（上册）[M]．北京：人民卫生出版社，1975: 661.

▼白桦与兴安杜鹃群落

▲岳桦雌花序

▼岳桦植株

1/3。花期6—7月，果期8—9月。

生　　境　生于亚高山林带、高山草地及苔原带的下缘等处，常形成纯林。

分　　布　黑龙江大兴安岭、小兴安岭及张广才岭等地。吉林长白、抚松、安图、和龙、临江、敦化、江源、通化、集安等地。辽宁新宾、本溪、桓仁、宽甸等地。内蒙古额尔古纳、牙克石、阿尔山、敖汉旗、喀喇沁旗、宁城等地。河北、山西。朝鲜、俄罗斯（西伯利亚中东部）、日本。

采　　制　四季剥取树皮，晒干，生用或炒炭用。春季采摘嫩芽，除去杂质，洗净，晒干。

性味功效　有清热解毒、化痰利湿的功效。树皮煎剂可用作伤口抗菌药。

主治用法　用于疮疡。

用　　量　适量。

◀岳桦雄葇荑花序

▼岳桦枝条（花期）

▲岳桦枝条（果期）

▲岳桦树干

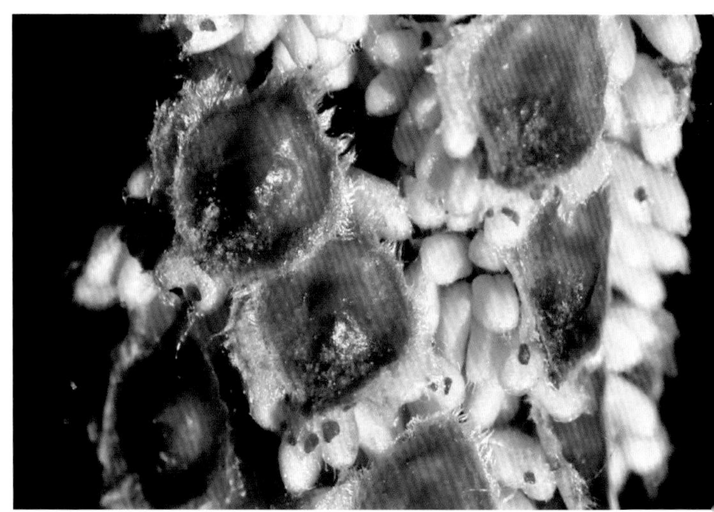

▲岳桦雄花

◎参考文献◎

[1] 中国药材公司．中国中药资源志要 [M]．北京：科学出版社，1994: 168.
[2] 江纪武．药用植物辞典 [M]．天津：天津科学技术出版社，2005: 106.
[3] 严仲铠，李万林．中国长白山药用植物彩色图志 [M]．北京：人民卫生出版社，1997: 116.

▲坚桦群落

坚桦 *Betula chinensis* Maxim.

别　　名　杵榆桦　辽东桦　杵桦

俗　　名　杵榆

药用部位　桦木科坚桦的树皮及芽。

原 植 物　落叶灌木或小乔木，高 2 ~ 5 m。树皮黑灰色。叶厚纸质，卵形或宽卵形，长 1.5 ~ 6.0 cm，宽 1 ~ 5 cm，顶端锐尖或钝圆，基部圆形，有时为宽楔形，边缘具不规则的齿牙状锯齿，上面深绿色，下面绿白色；侧脉 8 ~ 10 对；叶柄长 2 ~ 10 mm，密被长柔毛，有时具树脂腺体。果序单生，直立或下垂，长 1 ~ 2 cm，直径 6 ~ 15 mm；序梗几不明显；果苞长 5 ~ 9 mm，背面疏被短柔毛，基部楔形，上部具 3 裂片，裂片通常反折，顶端尖，侧裂片斜展；小坚果宽倒卵形，长 2 ~ 3 mm，宽 1.5 ~ 2.5 mm，疏被短柔毛，具极狭的翅。花期 4—5 月，果期 8—9 月。

生　　境　生于山脊、干旱山坡或石砬子等处。

分　　布　吉林长白山各地。辽宁清原、新宾、抚顺、本溪、桓仁、宽甸、凤城、岫岩、庄河、北镇、朝阳、建平、凌源、喀左、建昌等地。河北、山西、山东、河南、陕西、甘肃。朝鲜。

采　　制　四季剥取树皮，晒干。春季采摘嫩芽，除去杂质，

▼坚桦雄柔荑花序（前期）

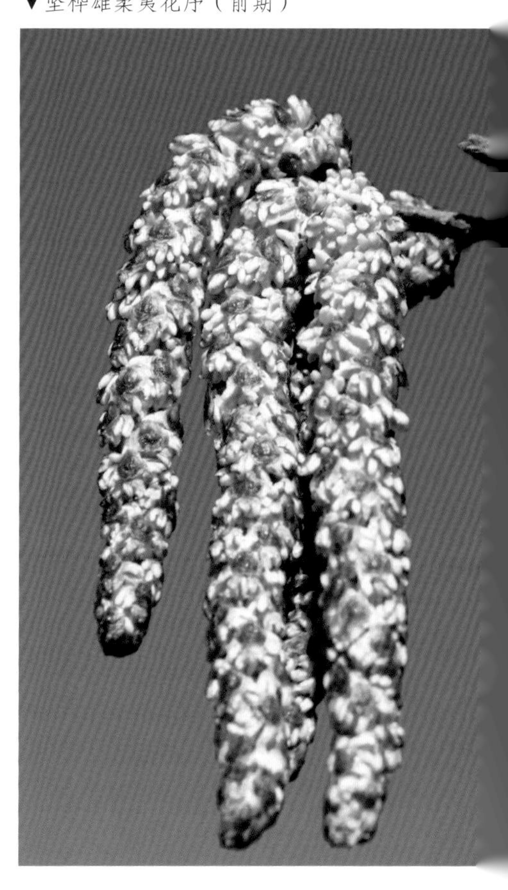

▲坚桦雄花

▲坚桦雄葇荑花序（后期）

▼坚桦果穗

▼坚桦雌花序

▲坚桦植株

▼坚桦枝条（花期）

▼坚桦树干

洗净，晒干。

附　　注　本种是日本药用植物，收载于日本赤松金芳著《和汉药》。

◎参考文献◎

[1] 江纪武. 用植物辞典 [M]. 天津：天津科学技术出版社，2005: 106.

▲坚桦枝条（果期）

▲鹅耳枥植株

鹅耳枥属 *Carpinus* L.

鹅耳枥 *Carpinus turczaninowii* Hance

俗　　名　见风干

药用部位　桦木科鹅耳枥的皮和叶。

原 植 物　落叶乔木，高 5 ~ 10 m。树皮暗灰褐色，粗糙，浅纵裂。枝细瘦，灰棕色，小枝被短柔毛。叶卵形、宽卵形、卵状椭圆形或卵菱形，长 2.5 ~ 5.0 cm，宽 1.5 ~ 3.5 cm，顶端锐尖或渐尖，基部近圆形或宽楔形，边缘具重锯齿，叶脉腋间具髯毛，侧脉 8 ~ 12 对；叶柄长 4 ~ 10 mm，疏被短柔毛。果序长 3 ~ 5 cm，序梗、序轴均被短柔毛；果苞变异较大，半宽卵形、半卵形、半矩圆形至卵形，长 6 ~ 20 mm，宽 4 ~ 10 mm，疏被短柔毛，中裂片内侧边缘全缘或疏生不明显的小齿，外侧边缘具不规则的缺刻状粗锯齿或具 2 ~ 3 个齿裂；小坚果宽卵形，长约 3 mm。花期 4—5 月，果期 9—10 月。

▲鹅耳枥雌花序

▲鹅耳枥果穗

▲鹅耳枥坚果

▲鹅耳枥枝条（果期）

▲鹅耳枥枝条（花期）

生　　境　生于山坡或山谷林中，山顶及贫瘠山坡亦能生长。

分　　布　辽宁丹东市区、东港、长海、大连市区、朝阳、建昌、喀左、凌源、建平等地。山西、河北、河南、山东、陕西、甘肃；朝鲜、日本。

采　　制　四季剥皮，洗净，晒干。夏、秋季采摘叶，除去杂质，洗净，晒干或鲜用。

主治用法　用于治疗跌打损伤。

用　　量　适量。

◎参考文献◎

[1] 中国药材公司．中国中药资源志要 [M]．北京：科学出版社，1994: 170.

[2] 江纪武主编．药用植物辞典 [M]．天津：天津科学技术出版社，2005: 149.

◀鹅耳枥雄葇荑花序

千金榆 *Carpinus cordata* Bl.

别　　名　千金鹅耳枥

俗　　名　半拉子　见风干　麻榆　苗榆子

药用部位　桦木科千金榆的果穗及根皮。

原 植 物　落叶乔木，高约 15 m。树皮灰色。小枝棕色或橘黄色，具沟槽。叶厚纸质，卵形或矩圆状卵形，较少倒卵形，长 8 ~ 15 cm，宽 4 ~ 5 cm，顶端渐尖，具刺尖，基部斜心形，边缘具不规则的刺毛状重锯齿，侧脉 15 ~ 20 对；叶柄长 1.5 ~ 2.0 cm，无毛或疏被长柔毛。果序长 5 ~ 12 cm，直径约 4 cm；序梗长约 3 cm，无毛或疏被短柔毛；序轴密被短柔毛及稀疏的长柔毛；果苞宽卵状矩圆形，长 15 ~ 25 mm，宽 10 ~ 13 mm，无毛，全部遮盖着小坚果，中裂片外侧内折，其边缘的上部具疏齿，内侧的边缘具明显的锯齿，顶端锐尖；小坚果矩圆形，无毛，具不明显的细肋。花期 5 月，果期 9—10 月。

生　　境　生于较湿润、肥沃的背阴山坡或山谷杂木林中。

分　　布　黑龙江宁安、东宁、海林、尚志、五常、方正、林口、穆棱等地。吉林长白山各地、九台。辽宁抚顺、清原、新宾、本溪、桓仁、凤城、宽甸、鞍山市区、海城、盖州、岫岩、庄河、营口市区等地。河南、陕西、甘肃。华北。朝鲜、俄罗斯（西伯利亚中东部）、日本。

采　　制　夏、秋季采摘果穗，除去杂质，洗净，晒干。春、秋季采挖根，

▲千金榆雄柔荑花序

▼千金榆植株

▲千金榆果穗

▼千金榆雌花序

除去泥土，剥取根皮，洗净，晒干。

性味功效 果穗：味淡、甘，性平。有健胃消食的功效。根皮：味淡，性平。有补虚活血的功效。

主治用法 果穗：用于消化不良、食欲不振、胸腹胀满等。水煎服。根皮：用于胸腹胀满、食欲不振、劳倦疲乏、跌打损伤、痈肿、淋病等。水煎服。外用捣烂敷患处。

用　　量 果穗：15 ~ 25 g。根皮：5 ~ 10 g。外用适量。

附　　方

（1）治跌打损伤：千金榆根皮适量。加酒糟捣敷。

（2）治痈肿：千金榆根白皮适量。加酒糟捣烂敷。

（3）治赤白淋病：鲜千金榆根白皮 50 ~ 100 g。米酒煎服。

▲千金榆枝条

▼千金榆树干

▲千金榆坚果

▼千金榆雄花

◎参考文献◎

[1] 朱有昌.东北药用植物 [M].哈尔滨：黑龙江科学技术出版社，1989: 214-215.
[2] 中国药材公司.中国中药资源志要 [M].北京：科学出版社，1994: 169.
[3] 江纪武.药用植物辞典 [M].天津：天津科学技术出版社，2005: 149.

▲榛群落

榛属 *Corylus* L.

▲榛坚果

榛 *Corylus heterophylla* Fisch. ex Trautv.

别　　名　平榛

俗　　名　榛子　榛柴棵子

药用部位　桦木科榛的干燥种仁（入药称“榛子”）。

原 植 物　落叶灌木或小乔木，高1～3 m。树皮灰色。枝条暗灰色，无毛；小枝黄褐色，密被短柔毛兼被疏生的长柔毛。叶宽倒卵形，长4～13 cm，宽2.5～10.0 cm，顶端凹缺或截形，中央具三角状突尖，基部心形，有时两侧不相等，边缘具不规则的重锯齿，侧脉3～5对；叶柄纤细，长1～2 cm，疏被短毛或近无毛。雄花序单生，长约4 cm。果单生或2～6枚簇生成头状；果苞钟状，外面具细条棱，密被短柔毛兼有疏生的长柔毛，密生刺状腺体，较果长但不超过1倍，上部浅裂，裂片三角形，边缘全缘；坚果近球形，长7～15 mm。花期4—5月，果期8—9月。

榛种仁 ▶

木兰、延寿、宝清、富锦、汤原、伊春市区、铁力、庆安、绥棱等地。吉林长白山各地。辽宁抚顺、新宾、本溪、桓仁、凤城、宽甸、北镇、朝阳、建平、凌源、建昌等地。内蒙古赤峰。河北、山西、山东、陕西、甘肃、四川。朝鲜、俄罗斯（西伯利亚中东部）、日本。

采　　制　秋季采摘成熟果实，除去果苞及果壳，获取种仁，晒干。

性味功效　有益气、开胃、明目的功效。雄花穗：入药，有收敛、消肿的功效。

主治用法　用于病后体虚、食少疲乏、食少、视物不清。水煎服。

用　　量　9 ~ 15 g。

附　　注

（1）毛榛果实总苞外面密生黄色刚毛，野外采集时要戴厚厚的皮质或革质手套，否则手容易被扎破。

（2）在东北尚有 1 变型：

短苞毛榛 f. *brevituba*（Kom.）Kitag.，果苞短，长 2 ~ 4 cm，长度约为原种的 1/2，叶先端浅裂状。其他与原种同。

▲毛榛雄葇荑花序

▼毛榛枝条

▲毛榛雌花序

▲毛榛坚果

▲毛榛幼株

▲市场上的毛榛果实

◎参考文献◎

[1] 朱有昌. 东北药用植物 [M]. 哈尔滨：黑龙江科学技术出版社，1989: 215-216.

[2] 中国药材公司. 中国中药资源志要 [M]. 北京：科学出版社，1994: 170.

[3] 江纪武. 药用植物辞典 [M]. 天津：天津科学技术出版社，2005: 216.

▲市场上的毛榛坚果

虎榛子属 *Ostryopsis* Decne.

虎榛子 *Ostryopsis davidiana* Decne.

别　　名　胡荆子　棱榆

药用部位　桦木科虎榛子的果实。

原 植 物　灌木，高 1 ~ 3 m。树皮浅灰色。枝条灰褐色，密生皮孔；小枝褐色，具条棱。芽卵状，细小，长约 2 mm。叶卵形或椭圆状卵形，长 2.0 ~ 6.5 cm，宽 1.5 ~ 5.0 cm，顶端渐尖或锐尖，基部心形、斜心形或圆形，边缘具重锯齿，中部以上具浅裂；叶柄长 3 ~ 12 mm，密被短柔毛。雄花序单生于小枝的叶腋，倾斜至下垂，短圆柱形，长 1 ~ 2 cm；花序梗不明显，苞鳞宽卵形，外面疏被短柔毛。果 4 枚着生于当年生小枝顶端；果梗短；果苞厚纸质，下半部紧包果实，上半部延伸成管状，外面密被短柔毛，成熟后一侧开裂；小坚果宽卵圆形或近球形，褐色，有光泽。花期 4—5 月，果期 8—9 个月。

生　　境　生于向阳较干燥的山坡、岗地及灌丛中，常聚集成片生长。

▲虎榛子坚果

▲虎榛子枝条

▼虎榛子群落

▲虎榛子雌花序

▼虎榛子果实

▲虎榛子植株

▲虎榛子雄葇荑花序

分　　布　黑龙江杜尔伯特。内蒙古扎兰屯、扎赉特旗、巴林左旗、巴林右旗、敖汉旗、宁城、喀喇沁旗等地。辽宁建平、凌源、喀左、建昌、朝阳、北镇等地。河北、山西、陕西、甘肃、四川。

采　　制　秋季采摘成熟果实。

性味功效　有清热利湿的功效。

用　　量　适量。

◎参考文献◎

[1] 中国药材公司．中国中药资源志要 [M]．北京：科学出版社，1994: 171.

[2] 江纪武．药用植物辞典 [M]．天津：天津科学技术出版社，2005: 558.

▲吉林省集安市榆林镇地沟村太极湾湿地夏季景观

▲栗植株

▼栗树干

壳斗科 Fagaceae

本科共收录 2 属、8 种。

栗属 *Castanea* Mill.

栗 *Castanea mollissima* Bl.

别　　名　板栗　栗果

俗　　名　栗子

药用部位　壳斗科栗的种仁、果皮、总苞、花序、树皮、根皮及叶。

原 植 物　落叶乔木，高 10 ~ 20 m。小枝灰褐色。叶椭圆至长圆形，长 11 ~ 17 cm，少数叶宽可达 7 cm，顶部短至渐尖，基部近截平或圆，或两侧稍向内弯而呈耳垂状，常一侧偏斜而不对称，新生叶的基部常狭楔尖且两侧对称，叶背被星芒状伏贴绒毛或因毛脱落变为几无毛；叶柄长 1 ~ 2 cm。雄花序长 10 ~ 20 cm，花序轴被毛；花 3 ~ 5 朵聚生成簇，雌花 1 ~ 5 朵发育结实，花柱下部被毛。成熟壳斗的锐刺有长有短，有疏有密，密时全遮蔽壳斗外壁，疏时则外壁可见，壳斗连刺径 4.5 ~ 6.5 cm；坚果高 1.5 ~ 3.0 cm，宽 1.8 ~ 3.5 cm。花期 6 月，果期 9—10 月。

生　　境　生于杂木林下。

分　　布　本种原产于黄河流域中下游地区，为重要的干果树种，在吉林集安、临江等地，辽宁丹东、庄河、瓦房店、大连市区、盖州、海城等地被普遍栽培。在辽宁北镇医巫闾山逸为野生，成为本地归化植物。

采　　制　秋季采收成熟果实，获取种仁、果皮及总苞。夏季采摘花序，除去杂质，洗净，晒干。春、秋季剥取树皮，刮去外面粗皮，晒干生用或炒炭用。春、夏、秋三季采挖根，剥取根皮。夏、秋季采摘鲜叶，除去杂质，洗净，晒干。

性味功效　种仁：味甘，性温。有养胃健脾、补肾强筋、活血止血的功效。果皮：味甘、涩，性平。有止血的功效。花序：味苦、涩，性微温。有健脾止泻、收敛止血、涩肠固脱的功效。树皮：味微苦、涩，性平。有利湿、清热、解毒、收敛的功效。根皮：

▲栗果实

▲栗雌花序

▼栗枝条（花期）

市场上的栗坚果

▲栗枝条（果期）

▲栗坚果

▲栗雄葇荑花序

味甘、淡，性平。有活血的功效。叶：味苦，性凉。有止咳、解毒的功效。

主治用法 种仁：用于反胃、泄泻、腰腿软弱、吐血、衄血、便血、金疮、瘰疬、折伤疼痛等。生食、煮食或烧存性研末服。果皮：用于鼻出血、便血、淋巴结结核、骨鲠、反胃、皮肤干燥等。水煎服。总苞：用于丹毒、瘰疬、顿咳。水煎服。花序：用于赤白痢疾、久泻不止、淋巴结结核、消化不良、便血。水煎服。树皮：用于疔疮、漆疮、打伤。水煎服。外用捣烂敷患处。根皮：用于疝气。水煎服。叶：用于百日咳、喉疔火毒、漆疮。水煎服。

用　　量 种仁：20 ~ 50 g。外用适量。果皮：10 ~ 15 g。总苞：15 ~ 50 g。花序：5 ~ 10 g。树皮：10 ~ 15 g，外用适量。根皮：10 ~ 15 g。叶：10 ~ 25 g，外用适量。

附　　方

（1）治肾虚腰膝无力：栗楔风干，每日空腹服 7 枚。再食猪肾粥。

（2）治筋骨肿痛：栗果捣烂敷患处。

（3）治小儿脚弱无力，三四岁尚不能行步：日以生栗与食。

（4）治百日咳：栗叶 15 ~ 25 g。水煎冲糖服。

（5）治金刃斧伤：独壳大栗适量。研敷，急用时捣敷亦可。

（6）治鼻出血累医不止：栗壳 250 g。烧灰，研为末。每服 10 g，以粥饮调服。

（7）治痰火瘰疬：栗壳和猪精肉煎汤服。

（8）治瘰疬久不愈：采栗花同贝母为末。每日酒下 5 g。

◎参考文献◎

[1] 江苏新医学院．中药大辞典（下册）[M]．上海：上海科学技术出版社，1977：1819-1821.

[2] 朱有昌．东北药用植物 [M]．哈尔滨：黑龙江科学技术出版社，1989：217-218.

[3] 钱信忠．中国本草彩色图鉴（第四卷）[M]．北京：人民卫生出版社，2003：65-66.

栎属 *Quercus* L.

麻栎 *Quercus acutissima* Carruth.

别　　名　栎 橡栎 橡子树

俗　　名　尖柞 黑柞

药用部位　壳斗科麻栎的果实（入药称“橡实”）、根皮、树皮（入药称“橡木皮”）及壳斗（入药称“橡实壳”）。

原 植 物　落叶乔木，高达 30 m，胸径达 1 m。树皮深灰褐色，深纵裂。幼枝被灰黄色柔毛，后渐脱落，老时灰黄色，具淡黄色皮孔。冬芽圆锥形，被柔毛。叶通常为长椭圆状披针形，长 8 ~ 19 cm，宽 2 ~ 6 cm，顶端长渐尖，基部圆形或宽楔形，叶缘有刺芒状锯齿，叶片两面同色，侧脉每边 13 ~ 18 条；叶柄长 1 ~ 5 cm。雄花序常数个集生于当年生枝下部叶腋，有花 1 ~ 3，花柱 30，壳斗杯形，包着坚果约 1/2，连小苞片直径 2 ~ 4 cm，高约 1.5 cm；小苞片钻形或扁条形，向外反曲，被灰白色茸毛。坚果卵形或椭圆形，直径 1.5 ~ 2.0 cm，高 1.7 ~ 2.2 cm，顶端圆形，果脐突起。花期 4—5 月，果期翌年 9—10 月。

生　　境　生于低山缓坡及土层深厚肥沃处。

分　　布　辽宁海城、盖州、大连等地。河北、山西、山东、江苏、安徽、浙江、江西、福建、河南、湖北、湖南、广东、海南、广西、四川、贵州、云南等。朝鲜、日本、越南、印度。

▼麻栎植株

麻栎坚果

▲麻栗枝条（花期）

▼麻栎枝条（果期）

▼麻栎树干

采　　制　四季采挖根，剥取根皮。春、秋季剥取树皮，刮去外面粗皮，晒干生用或炒炭用。秋季采收成熟果实，获取总苞（壳斗），晒干。

性味功效　果实：味苦、涩，微温。有涩肠固脱的功效。根皮及树皮：味苦，性平。无毒。有涩肠止痢、消瘰疬、除恶疮的功效。壳斗：味涩，性温。无毒。有涩肠固脱、收敛、止血的功效。

主治用法　果实：用于泻痢脱肛、痔血。水煎服或入散剂。外用醋磨涂或烧存性研末调敷。根皮及树皮：用于泻痢、腹痛、瘰疬、恶疮等。水煎服或煎水洗。壳斗：用于泻痢脱肛、腹部隐痛、肢体怕冷、肠风下血、崩中带下等。水煎服或煎水洗。叶：用于泻痢。水煎服。外用煎水洗。

用　　量　5 ~ 15 g。外用适量。

◎参考文献◎

[1] 江苏新医学院．中药大辞典（下册）[M]．上海：上海科学技术出版社，1977: 2591-2593.

[2] 朱有昌．东北药用植物 [M]．哈尔滨：黑龙江科学技术出版社，1989: 223.

[3] 钱信忠．中国本草彩色图鉴（第四卷）[M]．北京：人民卫生出版社，2003: 510-511.

槲栎 *Quercus aliena* Bl.

别　　名　尖齿槲栎

俗　　名　青杠子　歪杠子　歪棒子　青岗柞

药用部位　壳斗科槲栎的根、树皮、壳斗、种仁及叶。

原 植 物　落叶乔木，高达 10 ~ 15 m。树皮暗灰色，深纵裂。小枝灰褐色，近无毛，具圆形淡褐色皮孔。芽卵形，芽鳞具缘毛。叶片长椭圆状倒卵形至倒卵形，长 10 ~ 30 cm，宽 5 ~ 16 cm，顶端微钝或短渐尖，基部楔形或圆形，叶缘具波状钝齿，叶背被灰棕色细茸毛，侧脉每边 10 ~ 15 条，叶面中脉侧脉不凹陷；叶柄无毛。雄花序长 4 ~ 8 cm，雄花单生或数朵簇生于花序轴，雄蕊 10；雌花序生于新枝叶腋，单生或 2 ~ 3 朵簇生。壳斗杯形，包着坚果约 1/2，小苞片卵状披针形，排列紧密，被灰白色短柔毛。坚果椭圆形至卵形，直径 1.3 ~ 1.8 cm，高 1.7 ~ 2.5 cm，果脐微突起。花期 4—5 月，果期 9—10 月。

生　　境　生于向阳坡地的杂木林中或林缘等处。

▲槲栎果实

槲栎坚果▶

▼槲栎植株

▲槲栎雄柔荑花序

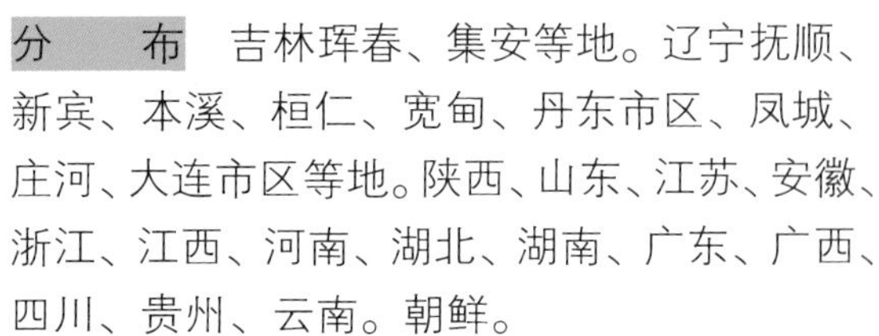

分　　布　吉林珲春、集安等地。辽宁抚顺、新宾、本溪、桓仁、宽甸、丹东市区、凤城、庄河、大连市区等地。陕西、山东、江苏、安徽、浙江、江西、河南、湖北、湖南、广东、广西、四川、贵州、云南。朝鲜。

采　　制　四季采挖根。春、秋季剥取树皮，刮去外面粗皮，晒干生用或炒炭用。秋季采收成熟果实，获取总苞（壳斗）及种仁，晒干。夏、秋季采摘鲜叶，除去杂质，洗净，晒干。

性味功效　根、树皮、壳斗及种仁：有清热利湿、收敛、止痢的功效。叶：有清热解毒的功效。

主治用法　根、树皮、壳斗及种仁：可用于治疗痢疾、腹泻。水煎服。叶：用于治疗恶疮。水煎服。

用　　量　适量。

◎参考文献◎

[1] 朱有昌. 东北药用植物 [M]. 哈尔滨：黑龙江科学技术出版社，1989: 222-223.

[2] 中国药材公司. 中国中药资源志要 [M]. 北京：科学出版社，1994: 175-176.

[3] 江纪武. 药用植物辞典 [M]. 天津：天津科学技术出版社，2005: 666.

▲槲栎枝条（果期）

▲槲栎树干

▲槲栎枝条（花期）

▲蒙古栎植株

蒙古栎 *Quercus mongolica* Fisch. ex Ledeb.

别　　名　柞栎　蒙栎　蒙古柞

俗　　名　柞树　波罗棵子　不落叶　橡子树　小叶槲树　青岗柞　青岗树　橡子　火菠萝芽　小叶柞　小叶红柞

药用部位　壳斗科蒙古栎的树皮、根皮、叶、果实及壳斗。

原 植 物　落叶乔木，高达 30 m。树皮灰褐色，纵裂。顶芽长卵形，芽鳞紫褐色，有缘毛。叶片倒卵形至长倒卵形，长 7 ~ 19 cm；宽 3 ~ 11 cm，顶端短钝尖或短突尖，基部窄圆形或耳形，叶缘 7 ~ 10 对钝齿或粗齿，侧脉每边 7 ~ 11；叶柄长 2 ~ 8 mm，无毛。雄花序生于新枝下部，长 5 ~ 7 cm，花被 6 ~ 8 裂，雄蕊通常 8 ~ 10；雌花序生于新枝上端叶腋，长约 1 cm，有花 4 ~ 5，通常只 1 ~ 2 朵发育，花柱短，柱头 3 裂。壳斗杯形，包着坚果 1/3 ~ 1/2，坚果卵形至长卵形，直径 1.3 ~ 1.8 cm，高 2.0 ~ 2.3 cm，无毛，果脐微突起。花期 4—5 月，果期 9 月。

生　　境　生于向阳干燥山坡及杂木林中，常在阳坡、半阳坡形成小片纯林（俗称“柞树岗”）或与桦树等组成混交林。

分　　布　黑龙江塔河、呼玛、嫩江、黑河市区、孙吴、逊克、五大连池、哈尔滨市区、宾县、五常、尚志、宁安、海林、东宁、穆棱、密山、虎林、饶河、桦川、林口、勃利、依兰、通河、方正、巴彦、木兰、延寿、宝清、富锦、汤原、伊春、铁力、庆安、

▼蒙古栎幼株

▼蒙古栎果实

▲蒙古栎群落

▲蒙古栎枝条（果期）

绥棱等地。吉林长白山各地。辽宁铁岭、清原、沈阳、抚顺、新宾、本溪、桓仁、宽甸、凤城、岫岩、丹东市区、庄河、大连市区、北镇、北票、朝阳、建昌、建平等地。内蒙古额尔古纳、鄂伦春旗、阿荣旗、扎兰屯、科尔沁右翼前旗、扎鲁特旗、克什克腾旗、巴林左旗、巴林右旗、阿鲁科尔沁旗、敖汉旗、宁城、喀喇沁旗等地。华北。蒙古、朝鲜、日本、俄罗斯（西伯利亚中东部）。

采　　制　春、秋季剥取树皮和根皮，刮去外面粗皮，晒干生用或炒炭用。夏、秋季采摘鲜叶，除去杂质，洗净，晒干。秋季采收成熟果实，获取种子和壳斗，晒干。

性味功效　树皮、根皮及叶：味微苦、涩，

▲蒙古栎枝条（花期）

▼蒙古栎雌花序

性平。有利湿、清热、解毒、收敛的功效。果实：味微苦、涩，性平。有健脾止泻、收敛止血、涩肠固脱、解毒消肿的功效。用于脾虚泄泻、痔疮出血、脱肛、乳痈等。壳斗：味涩，性温。有止血、止泻的功效。

主治用法 树皮、根皮及叶：用于咳嗽、泄泻、痢疾、黄疸、痔疮、疔疮、小儿消化不良、急性胃肠炎、淋巴结结核等。水煎服或研末。外用捣烂敷患处或煎水洗足。果实：用于脾虚泄泻、痔疮出血、脱肛、乳痈等。水煎服。外用研末，用醋调敷患处。壳斗：用于便血、子宫出血、白带、泻痢脱肛等。水煎服。

用　　量 树皮、根皮及叶：5 ~ 15 g。外用适量。果实：10 ~ 15 g。外用适量。壳斗：10 ~ 15 g。外用适量。叶：适量。

附　　方

（1）治肠炎、小儿消化不良：柞树皮适量。水煎后温泡脚 0.5 h（病重者可口服 2 ~ 3 匙），每日 1 ~ 2 次。

（2）治小儿消化不良：嫩柞树叶适量。阴干碾成极细粉，用文火炒焦。1 周岁以内每服 0.5 g，1 周岁以上增至 0.75 ~ 1.00 g，每日 3 ~ 4 次。并配合输液纠正脱水、酸中毒。

▲蒙古栎坚果

▲蒙古栎种子

▲蒙古栎树干

（3）治急、慢性气管炎：柞树叶 25 kg，水 100 L。将柞树叶粉碎，置锅（不用铁锅）内，100℃煎煮 4 h，煎液呈咖啡色，过滤，浓缩至 10 L，使成稠膏状，于 60 ~ 70 ℃下干燥成固体状，粉碎备用。每次 1.0 ~ 1.5 g，每 6 h 服 1 次。

（4）治细菌性痢疾、急性胃肠炎：柞树内层嫩皮 15 ~ 25 g（或柞树叶 25 ~ 50 g）。水煎服。亦可用柞树叶制成质量分数为50%的煎液，每次100 ml，日服3次。7 ~ 10 d为一个疗程，可连服两个疗程。

（5）治小儿腹泻：柞树皮150 g。洗净切碎，加水4 000 ml，煎成1 000 ml，以此煎液候温泡脚，每次半小时。病重者可口服煎液20 ml，每日2 ~ 3次。

（6）治阿米巴痢疾：鲜柞树皮200 g。加水煮沸15 ~ 20 min，制成1 000 ml煎液。每次5 ~ 10 ml。饭前服，每日3次。亦可用煎液灌肠。

（7）治黄疸：柞树皮适量。煅炭研末。每次10 g，日服3次。

（8）治痔疮：鲜柞树皮适量。捣烂敷患处。或柞树叶50 g。捣烂敷患处。亦可用柞树果实炒熟研末，每服20 g，每日3次。

（9）治乳头裂口成疮：柞树壳斗1个。装满白矾，用火烧枯，共研细末，芝麻油调涂。

（10）治便血、子宫出血、白带异常：柞树壳斗15 g。水煎服。

（11）治下痢脱肛：柞树壳斗适量。烧存性研末，猪脂和敷，并煎汁洗之。

▲蒙古栎雄葇荑花序

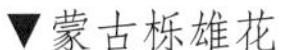

▼蒙古栎雄花

◎参考文献◎

[1] 江苏新医学院. 中药大辞典（下册）[M]. 上海：上海科学技术出版社，1977: 1513-1514.

[2] 朱有昌. 东北药用植物 [M]. 哈尔滨：黑龙江科学技术出版社，1989: 220-221.

[3] 《全国中草药汇编》编写组. 全国中草药汇编（上册）[M]. 北京：人民卫生出版社，1975: 587.

▼蒙古栎幼苗

▲枹栎枝条

枹栎 *Quercus serrata* Thunb.

别　　名　枹树

俗　　名　不落叶 波罗叶

药用部位　壳斗科枹栎的果实。

原 植 物　落叶乔木，高达 25 m。树皮灰褐色，深纵裂。冬芽长卵形，长 5 ~ 7 mm，芽鳞多数，棕色，无毛或有极少毛。叶片薄革质，倒卵形或倒卵状椭圆形，长 7 ~ 17 cm，宽 3 ~ 9 cm，顶端渐尖或急尖，基部楔形或近圆形，叶缘有腺状锯齿，幼时被伏贴单毛，老时及叶背被平伏单毛或无毛，侧脉每边 7 ~ 12；叶柄长 1 ~ 3 cm，无毛。雄花序长 8 ~ 12 cm，花序轴密被白毛，雄蕊 8；雌花序长 1.5 ~ 3.0 cm。壳斗杯状，包着坚果 1/4 ~ 1/3，直径 1.0 ~ 1.2 cm，高 5 ~ 8 mm；小苞片长三角形，贴生，边缘具柔毛。坚果卵形至卵圆形，直径 0.8 ~ 1.2 cm，高 1.7 ~ 2.0 cm，果脐平坦。花期 4—5 月，果期 9—10 月。

生　　境　生于山地、沟谷、林缘及路边等处。

辽东栎 *Quercus wutaishanica* Mayr

别　　名　辽东柞

俗　　名　柴树 橡树 杠木 青杠柳 青杠子 青杠

药用部位　壳斗科辽东栎的果实、树皮、根皮及壳斗。

原 植 物　落叶乔木，高达 15 m。树皮灰褐色，纵裂。幼枝绿色，无毛，老时灰绿色，具淡褐色圆形皮孔。叶片倒卵形至长倒卵形，长 5 ~ 17 cm，宽 2 ~ 10 cm，顶端圆钝或短渐尖，基部窄圆形或耳形，叶缘有 5 ~ 7 对圆齿，叶面绿色，背面淡绿色，侧脉每边 5 ~ 10 条；叶柄长 2 ~ 5 mm，无毛。雄花序生于新枝基部，长 5 ~ 7 cm，花被片 6 ~ 7 裂，雄蕊通常 8；雌花序生于新枝上端叶腋，长 0.5 ~ 2.0 cm。壳斗浅杯形，包着坚果约 1/3，直径 1.2 ~ 1.5 cm，高约 8 mm；小苞片长三角形，长 1.5 mm，坚果卵形至卵状椭圆形，直径 1.0 ~ 1.3 cm，高 1.5 ~ 1.8 cm，顶端有短茸毛，果脐微突起。花期 4—5 月，果期 9 月。

生　　境　生于低山向阳坡地杂木林中，较耐干旱，常与蒙古栎混生。

分　　布　黑龙江宁安、东宁、穆棱等地。吉林安图、抚松、长白、临江、集安、通化、柳河、辉南等地。辽宁铁岭、清原、抚顺、新宾、本溪、桓仁、宽甸、凤城、岫岩、丹东、大连、沈阳等地。河北、山西、陕西、宁夏、甘肃、青海、山东、河南、四川等。朝鲜。

采　　制　秋季采收成熟果实，获得果实和壳斗，晒干。春、秋季剥取根皮和树皮，刮去外面粗皮，晒干生用或炒炭用。

性味功效　果实：味苦、涩，性微温。有健脾止泻、收敛止血的功效。树皮及根皮：味苦，性平。有收敛、止泻的功效。壳斗：味涩，性温。有收敛、止血、止泻的功效。

主治用法　果实：用于脾虚腹泻、痔疮出血、脱肛、恶疮、痈肿等。研末为散，内服。树皮及根皮：用于久痢、水泻、恶疮、痈肿等。水煎服或煎水洗患处。壳斗：用于便血、子宫出血、白带异常、泻痢、疮肿。水煎服或煎水洗患处。

用　　量　果实：10 ~ 15 g。树皮及根皮：15 g；外用 25 g。壳斗：15 g。外用 25 g。

▲辽东栎植株

▲辽东栎雌花

▲辽东栎雄葇荑花序

附　方

（1）治便血、子宫出血、白带异常：辽东栎壳斗 15 g。水煎服。

（2）治久痢、水泻：辽东栎壳斗及树皮或根皮各 15 g。水煎服。

（3）治恶疮、痈肿：辽东栎壳斗及树皮或根皮各 25 g。煎水洗患处。

◎参考文献◎

[1] 江苏新医学院．中药大辞典（上册）[M]．上海：上海科学技术出版社，1977：791，1031.

[2] 朱有昌．东北药用植物 [M]．哈尔滨：黑龙江科学技术出版社，1989：221-222.

[3] 中国药材公司．中国中药资源志要 [M]．北京：科学出版社，1994：177.

▼辽东栎枝条

▲辽东栎果实

▲栓皮栎枝条（前期）

▼栓皮栎枝条（后期）

栓皮栎 *Quercus variabilis* Bl.

俗　　名　青冈柳　柞树　白枣树　歪柞子　歪柞　尖柞

药用部位　壳斗科栓皮栎的果实及壳斗（入药称“青杠碗”）。

原 植 物　落叶乔木，高达 30 m。树皮黑褐色，深纵裂，木栓层发达。小枝灰棕色，无毛。芽圆锥形，芽鳞褐色，具缘毛。叶片卵状披针形或长椭圆形，长 8 ~ 20 cm，宽 2 ~ 8 cm，顶端渐尖，基部圆形或宽楔形，叶缘具刺芒状锯齿，叶背密被灰白色星状茸毛，侧脉每边 13 ~ 18 条，直达齿端；叶柄长 1 ~ 5 cm。雄花序长达 14 cm，花序轴密被褐色绒毛，花被 4 ~ 6 裂，雄蕊 10 或较多；雌花序生于新枝上端叶腋，花柱 3。壳斗杯形，包着坚果 2/3，连小苞片直径 2.5 ~ 4.0 cm，高约 1.5 cm；小苞片钻形，反曲，被短毛。坚果近球形或宽卵形，直径约 1.5 cm，果脐突起。花期 4—5 月，果期翌年 9—10 月。

生　　境　生于土层深厚、土质肥沃的向阳坡地或杂木林内。

分　　布　吉林集安。辽宁丹东市区、东港、庄河、大连市区、兴城、绥中等地。河北、山西、陕西、甘肃、山东、江苏、安徽、浙江、江西、福建、台湾、河南、湖北、湖南、广东、广西、四川、贵州、云南。朝鲜。

▼栓皮栎树干

▲栓皮栎雄柔荑花序

▲栓皮栎雌花序

采　　制　秋季采收成熟果实，获得果实和壳斗，晒干。

性味功效　味苦、涩，性平。有健胃、收敛、止血痢、止咳、涩肠的功效。

主治用法　用于痔疮、恶疮、痈肿、咳嗽、水泻、头癣。水煎服或煎水洗患处。

用　　量　25 ~ 50 g。

附　　方

（1）治咳嗽：青杠碗 25 g。煨水服。

（2）治水泻：青杠碗 50 g。煨水服。

（3）治头癣：青杠碗适量。研末，菜油调搽患处。

◎参考文献◎

[1] 江苏新医学院．中药大辞典（上册）[M]．上海：上海科学技术出版社，1977:1238.

[2] 朱有昌．东北药用植物 [M]．哈尔滨：黑龙江科学技术出版社，1989:224.

[3] 中国药材公司．中国中药资源志要 [M]．北京：科学出版社，1994:178.

▲吉林省通化县升平林场岗山森林秋季景观

▲大叶朴植株

▼大叶朴雄花

▼大叶朴果实

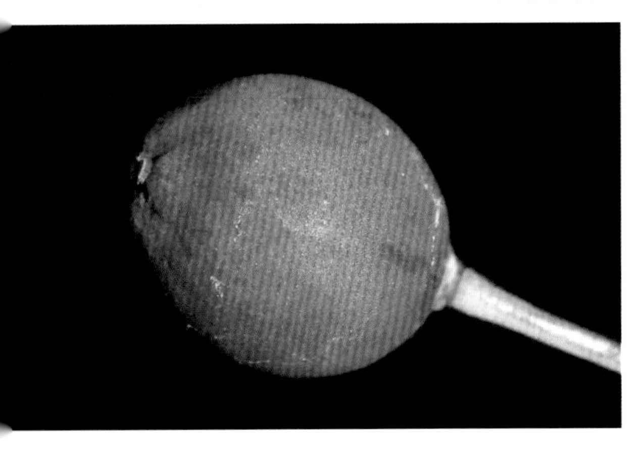

榆科 Ulmaceae

本科共收录 4 属、9 种、2 变种。

朴属 *Celtis* L.

大叶朴 *Celtis koraiersis* Nakai

俗　　名　大叶白麻子　白麻子　山灰枣　石榆子

药用部位　榆科大叶朴的根、茎及叶。

原 植 物　落叶乔木，高达 15 m。树皮灰色或暗灰色，浅微裂。冬芽深褐色，内部鳞片具棕色柔毛。叶椭圆形至倒卵状椭圆形，长 7 ~ 12 cm（连尾尖），宽 3.5 ~ 10.0 cm，基部稍不对称，宽楔形至近圆形或微心形，先端具尾状长尖，长尖常由平截状先端伸出，边缘具粗锯齿，叶柄长 5 ~ 15 mm，无毛或生短毛；在萌发枝上的叶较大，且具较多和较硬的毛。果单生叶腋，果梗长 1.5 ~ 2.5 cm，果近球形至球状椭圆形，直径约 12 mm，成熟时橙黄色至深褐色；核球状椭圆形，直径约 8 mm，有 4 条纵肋，表面具明显网孔状凹陷，灰褐色。花期 4—5 月，果期 9—10 月。

生　　境　生于向阳山坡及沟谷林中。

分　　布　吉林集安、白山等地。辽宁丹东市区、东港、大连市区、庄河、凤城、海城、鞍山市区、盖州、瓦房店、北镇等地。河北、山东、安徽、山西、河南、陕西、甘肃。朝鲜。

采　　制　春、秋季采挖根，剥取根皮。四季砍割茎，切段或刨片。春季采摘嫩叶，晒干。

性味功效　有止咳、平喘的功效。

主治用法　用于咳嗽、疮痈肿毒、咳喘、荨麻疹等。水煎服。

用　　量　外用适量。

▲大叶朴树干

◎参考文献◎

[1] 中国药材公司 . 中国中药资源志要 [M]. 北京：科学出版社，1994: 179.

[2] 江纪武 . 药用植物辞典 [M]. 天津：天津科学技术出版社，2005: 159.

▼大叶朴枝条

大叶朴雌花

黑弹树 *Celtis bungeana* Bl.

别　　名　小叶朴　棒棒木　朴树

俗　　名　棒子木　水中管　暴马籽

药用部位　榆科黑弹树的树干（入药称“棒棒木”）。

原 植 物　落叶乔木，高达 10 m。树皮灰色或暗灰色。冬芽棕色或暗棕色，鳞片无毛。叶厚纸质，狭卵形、长圆形、卵状椭圆形至卵形，长 3 ~ 15 cm，宽 2 ~ 5 cm，基部宽楔形至近圆形，稍偏斜至几乎不偏斜，先端尖至渐尖，中部以上疏具不规则浅齿，有时一侧近全缘，无毛；叶柄淡黄色，长 5 ~ 15 mm，上面有沟槽，萌发枝上的叶形变异较大，先端可具尾尖且有糙毛。果单生叶腋，果柄较细软，无毛，长 10 ~ 25 mm，果成熟时蓝黑色，近球形，直径 6 ~ 8 mm；核近球形，肋不明显，表面极大部分近平滑或略具网孔状凹陷，直径 4 ~ 5 mm。花期 4—5 月，果期 9—10 月。

▼黑弹树树干

▲黑弹树果实

生　　境　生于路旁、山坡、灌丛及林边等处。

分　　布　吉林前郭。辽宁抚顺、本溪、凤城、沈阳、鞍山、盖州、瓦房店、大连市区、北镇、凌源、彰武、建昌、建平、义县、喀左等地。内蒙古科尔沁左翼后旗。河北、山东、山西、甘肃、宁夏、青海、陕西、河南、安徽、江苏、浙江、湖南、江西、湖北、四川、云南、西藏。朝鲜。

▼黑弹树植株

采　　制　夏季砍割枝条，趁鲜剥皮，晒干；或取树干刨片。

性味功效　味辛、微苦，性凉。有祛痰、止咳、平喘的功效。

主治用法　用于支气管哮喘、慢性气管炎等。水煎服。叶：外擦可治麻醉。根皮：可用于治漆疮。

用　　量　50 ~ 100 g。

附　　方

（1）治支气管哮喘、慢性支气管炎：黑弹树 100 g。水煎约 40 min 成浓茶色，放入白糖 25 g，连煎 3 次，每晚服 1 次。又方：黑弹树 1.5 kg，甘草 150 g。切碎，加水 8 000 ml，煎至 3 000 ml。每服 10 ml，每日 3 次。

（2）治慢性支气管炎：黑弹树 100 g（劈成薄片或刨花），地龙、百部、黄芩各 15 g。急火先煎小叶朴 1 ~ 2 g 成浓茶色，再加余药，煎 2 次，混合后，分 2 次早晚服用。每日 1 剂，10 d 为一个疗程。又方：用黑弹树粗粉浸泡煎煮、浓缩，以酒精提取制成针剂，每毫升含生药 1 g。每日 2 次肌肉注射，每次 2 ml，10 d 为一个疗程。或将黑弹树制成浸膏糖衣片，每片含生药 4.6 g。口服，每日 2 次，每次 5 片，10 d 为一个疗程。据报道，本品对咳嗽、咳痰、喘息及炎症均有一定的效果，以止咳平喘效果最好；对单纯型的有效率比喘息型略高。服药过程中，个别病人有头昏、心慌、气短及恶心反应。

◎参考文献◎

[1] 江苏新医学院．中药大辞典（下册）[M]．上海：上海科学技术出版社，1977：2287.

[2] 朱有昌．东北药用植物 [M]．哈尔滨：黑龙江科学技术出版社，1989：224-226

[3] 《全国中草药汇编》编写组．全国中草药汇编（上册）[M]．北京：人民卫生出版社，1975：814-815.

▲黑弹树枝条

▲黑弹树雄花

▲黑弹树雌花

刺榆属 *Hemiptelea* Planch.

刺榆 *Hemiptelea davidii*（Hance）Planch.

别　　名　刺榔　钉板榆　刺叶子

俗　　名　枢　山刀棵子

药用部位　榆科刺榆的根皮、树皮及嫩叶。

原 植 物　落叶小乔木，高可达 10 m，或呈灌木状。小枝灰褐色或紫褐色，被灰白色短柔毛，具粗而硬的棘刺；刺长 2 ~ 10 cm。冬芽常 3 个聚生于叶腋，卵圆形。叶椭圆形或椭圆状矩圆形，长 4 ~ 7 cm，宽 1.5 ~ 3.0 cm，先端急尖或钝圆，基部浅心形或圆形，边缘有整齐的粗锯齿，叶面绿色，叶背淡绿，侧脉 8 ~ 12 对，排列整齐，斜直出至齿尖；叶柄短，长 3 ~ 5 mm，被短柔毛；托叶矩圆形、长矩圆形或披针形，长 3 ~ 4 mm，淡绿色，边缘具睫毛。小坚果黄绿色，斜卵圆形，两侧扁，长 5 ~ 7 mm，在背侧具窄翅，形似鸡头，翅端渐狭呈缘状，果梗纤细，长 2 ~ 4 mm。花期 4—5 月，果期 9—10 月。

▲刺榆果实

▲刺榆花

▼刺榆枝刺

▼刺榆枝条

生　　境　生于向阳山坡、路旁及村落附近。

分　　布　吉林长白山各地。辽宁彰武、葫芦岛、沈阳、鞍山、大连市区、凤城、庄河、丹东市区等地。内蒙古科尔沁左翼后旗。华北、华东、华中、西北。朝鲜、俄罗斯（西伯利亚中东部）。

采　　制　春、秋季采挖根，剥取根皮。四季剥取树皮。春季采摘嫩叶，晒干。

▲刺榆花（侧）

性味功效 味淡、涩，性平。有解毒消肿的功效。

主治用法 鲜树皮或根皮：用于疮痈肿毒。捣烂外敷。嫩叶：用于水肿。水煎服。鲜叶：用于毒蛇咬伤。捣烂敷伤口周围。

用　　量 6～9g。外用适量。

◎参考文献◎

[1] 江苏新医学院．中药大辞典（上册）[M]．上海：上海科学技术出版社，1977：1264-1265.

[2] 朱有昌．东北药用植物[M]．哈尔滨：黑龙江科学技术出版社，1989：226-227.

[3] 中国药材公司．中国中药资源志要[M]．北京：科学出版社，1994：179.

▼刺榆树干

▲刺榆植株

▼刺榆坚果

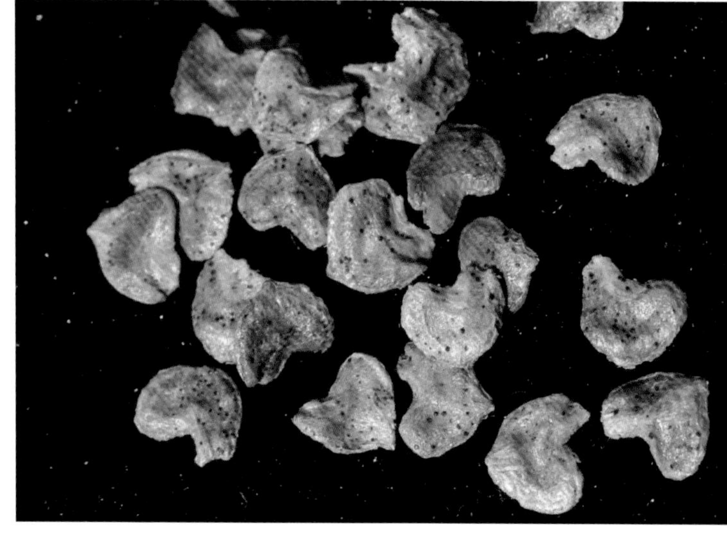

▲青檀枝条

▲青檀树干

青檀属 *Pteroceltis* Maxim.

青檀 *Pteroceltis tatarinowii* Maxim.

别　　名　檀 翼朴

药用部位　榆科青檀的茎及叶。

原 植 物　落叶乔木。树皮灰色或深灰色，不规则、长片状剥落。小枝黄绿色，皮孔明显。冬芽卵形。叶纸质，宽卵形至长卵形，长 3 ~ 10 cm，宽 2 ~ 5 cm，先端渐尖至尾状渐尖，基部不对称，楔形、圆形或截形，边缘有不整齐的锯齿，基部三出脉，侧出的一对直伸达叶的上部，侧脉 4 ~ 6 对，叶面绿，幼时被短硬毛，后脱落，常残留圆点，叶背淡绿，叶柄长 5 ~ 15 mm，被短柔毛。翅果状坚果近圆形，直径 10 ~ 17 mm，翅宽，稍带木质，有放射线条纹，果实外面常有不规则的皱纹，有时具耳状附属物，具宿存的花柱和花被，果梗纤细，长 1 ~ 2 cm，被短柔毛。花期 4—5 月，果期 9—10 月。

生　　境　生于山谷溪边、石灰岩山地的疏林中。

分　　布　辽宁大连。河北、山西、陕西、甘肃、青海、山东、江苏、安徽、浙江、江西、福建、河南、湖北、湖南、广东、广西、四川和贵州等。

采　　制　四季采集茎，洗净，晒干。夏、秋季采集叶，洗净，晒干。

▼青檀果实

性味功效　有祛风、止血、止痛的功效。

主治用法　用于诸风麻痹、脚膝瘙痒、胃痛、发痧气痛等症。水煎服或外敷。

用　　量　适量。

◎参考文献◎

[1] 中国药材公司. 中国中药资源志要 [M]. 北京：科学出版社，1994: 179.

[2] 江纪武. 药用植物辞典 [M]. 天津：天津科学技术出版社，2005: 658.

榆属 *Ulmus* L.

▲裂叶榆果实

裂叶榆 *Ulmus laciniata*（Trautv.）Mayr.

别　　名　大叶榆

俗　　名　瓜子榆

药用部位　榆科裂叶榆的果实。

原 植 物　落叶乔木，高达 27 m，胸径 50 cm。树皮淡灰褐色或灰色，浅纵裂，裂片较短，常

▼裂叶榆植株

▲裂叶榆花序

▲裂叶榆树干

翘起，表面常呈薄片状剥落。冬芽卵圆形或椭圆形。叶倒卵形或倒卵状长圆形，长7 ~ 18 cm，宽4 ~ 14 cm，先端通常3 ~ 7裂，裂片三角形，渐尖或尾状，基部明显偏斜，较长的一边常覆盖叶柄，其下端常接触枝条，边缘具较深的重锯齿。花在上年生枝上排成簇状聚伞花序。翅果椭圆形或长圆状椭圆形，长1.5 ~ 2.0 cm，宽1.0 ~ 1.4 cm，除顶端凹缺柱头面被毛外，余处无毛，果核部分位于翅果的中部或稍向下。花期4—5月，果期5—6月。

生　　境　生于杂木林或混交林中。

分　　布　黑龙江东部山地。吉林长白山各地。辽宁沈阳、鞍山、本溪、桓仁、宽甸、凤城等地。内蒙古科尔沁右翼前旗、扎鲁特旗、克什克腾旗、巴林左旗、巴林右旗、阿鲁科尔沁旗、敖汉旗、宁城、喀喇沁旗、东乌珠穆沁旗、西乌珠穆沁旗等地。河北、陕西、山西、河南。朝鲜、俄罗斯（西伯利亚中东部）、日本。

采　　制　春末夏初采摘果实，除去杂质，洗净，鲜用或晒干。

性味功效　有消积杀虫的功效。

用　　量　适量。

◎参考文献◎

[1] 中国药材公司．中国中药资源志要[M]．北京：科学出版社，1994: 181.

[2] 江纪武．药用植物辞典[M]．天津：天津科学技术出版社，2005: 830.

[3] 严仲铠，李万林．中国长白山药用植物彩色图志[M]．北京：人民卫生出版社，1997: 120.

▼裂叶榆枝条

▲榆树植株

▼榆树果实

榆树 *Ulmus pumila* L.

别　　名　榆　白榆　榆钱树

俗　　名　家榆　榆钱儿

药用部位　榆科榆树的果实（入药称"榆荚仁"）、树皮的韧皮部（入药称"榆白皮"）及叶。

原 植 物　落叶乔木，高达 25 m。树皮暗灰色，不规则深纵裂，粗糙。冬芽近球形或卵圆形。叶椭圆状卵形或长卵形，长 2 ~ 8 cm，宽 1.2 ~ 3.5 cm，先端渐尖或长渐尖，基部偏斜或近对称，一侧楔形至圆形，另一侧圆形至半心脏形，叶面平滑无毛，叶背幼时有短柔毛，边缘具重锯齿或单锯齿，侧脉每边 9 ~ 16，叶柄长 4 ~ 10 mm。花先叶开放，在上年生枝的叶腋呈簇生状。翅果近圆形，长 1.2 ~ 2.0 cm，果核部分位于翅果的中部，初淡绿色，后白黄色，宿存花被无毛，4 浅裂，裂片边缘有毛，果梗较花被为短，长 1 ~ 2 mm。花期 4 月，果期 5 月。

生　　境　生于路边、宅旁、灌丛向阳湿润肥沃土壤上。

分　　布　黑龙江平原地区。吉林省各地。辽宁各地。内蒙古平原地区。华北、西北、西南。朝鲜、俄罗斯、蒙古。

采　　制　春、秋季剥取树皮，除去外面老皮，保留韧皮部，除去杂质，切段，洗净，晒干。夏、秋季采

▲市场上的榆树果实

▲榆树枝条

▲榆树花序

摘鲜叶，除去杂质，洗净，鲜用或晒干。春末夏初采摘成熟果实，除去杂质，洗净，鲜用或晒干。

性味功效 榆白皮：味甘，性平。有利水、通淋、消肿的功效。叶：味甘，性寒。有安神、健脾、利小便的功效。果实：味甘、酸，性寒。有清湿热、杀虫、安神、止咳的功效。

主治用法 榆白皮：用于小便不通、淋浊、水肿、痈疽发背、丹毒、疥癣。水煎服或研末。外用捣烂敷患处或煎水洗或研末调敷。叶：用于石淋。水煎服或入丸、散。外用适量煎水洗。果实：用于妇女白带、小儿疳热羸瘦。水煎服或入丸。花（入药称“榆花”）：用于小便不利、小儿癫痫等。榆树果实与面粉制成的酱（入药称“榆仁酱”）入药，可用于小便不利。

用　　量 榆白皮：7.5 ~ 15.0 g。外用适量。叶：15 ~ 25 g。果实：7.5 ~ 15.0 g。外用适量。

附　　方

（1）治皮肤感染，褥疮：榆树皮 100 g，小蓟、地丁、蒲公英、马齿苋各 25 g。共研细末，敷患处。

（2）治小儿秃疮：榆白皮适量。捣末。调醋外涂。

（3）治外伤性出血：榆白皮适量。放在体积分数为 75% 的酒精中浸泡 7 d，取出阴干，研末外用。

（4）治烧、烫伤：榆白皮、大黄、酸枣树皮各 15 g。用体积分数为 75% 的酒精浸泡 48 h 过滤，取滤液。用时清洁创面，用喷雾法喷患处。

◎参考文献◎

[1] 朱有昌．东北药用植物 [M]．哈尔滨：黑龙江科学技术出版社，1989: 229-230.

[2] 中国药材公司．中国中药资源志要 [M]．北京：科学出版社，1994: 182.

[3] 江纪武．药用植物辞典 [M]．天津：天津科学技术出版社，2005: 831.

▼榆树幼株

▼榆树树干

▲旱榆植株

旱榆 *Ulmus glaucescens* Franch.

别　　名　灰榆　山榆

药用部位　榆科旱榆的根及树皮。

原 植 物　落叶乔木或灌木。树皮浅纵裂。冬芽卵圆形或近球形。叶卵形、菱状卵形、椭圆形、长卵形或椭圆状披针形，长 2.5 ~ 5.0 cm，宽 1.0 ~ 2.5 cm，先端渐尖至尾状渐尖，基部偏斜，楔形或圆形，边缘具钝而整齐的单锯齿或近单锯齿，侧脉每边 6 ~ 14；叶柄长 5 ~ 8 mm，上面被短柔毛。花 3 ~ 5 在上年生枝上呈簇生状。翅果椭圆形或宽椭圆形，长 2.0 ~ 2.5 cm，宽 1.5 ~ 2.0 cm，除顶端缺口柱头面有毛外，余处无毛，果翅较厚，果核部分较两侧之翅内宽，位于翅果中上部，上端接近或微接近缺口，果梗长 2 ~ 4 mm，密被短毛。花期 4 月，果期 5 月。

生　　境　生于干旱向阳山坡上。

分　　布　辽宁朝阳。内蒙古赤峰。河北、山东、河南、山西、陕西、甘肃、宁夏。

采　　制　春、秋季采挖根，除去泥土，洗净，晒干。夏、秋季剥取树皮，切段，洗净，晒干。

▼旱榆枝条

▼旱榆花序

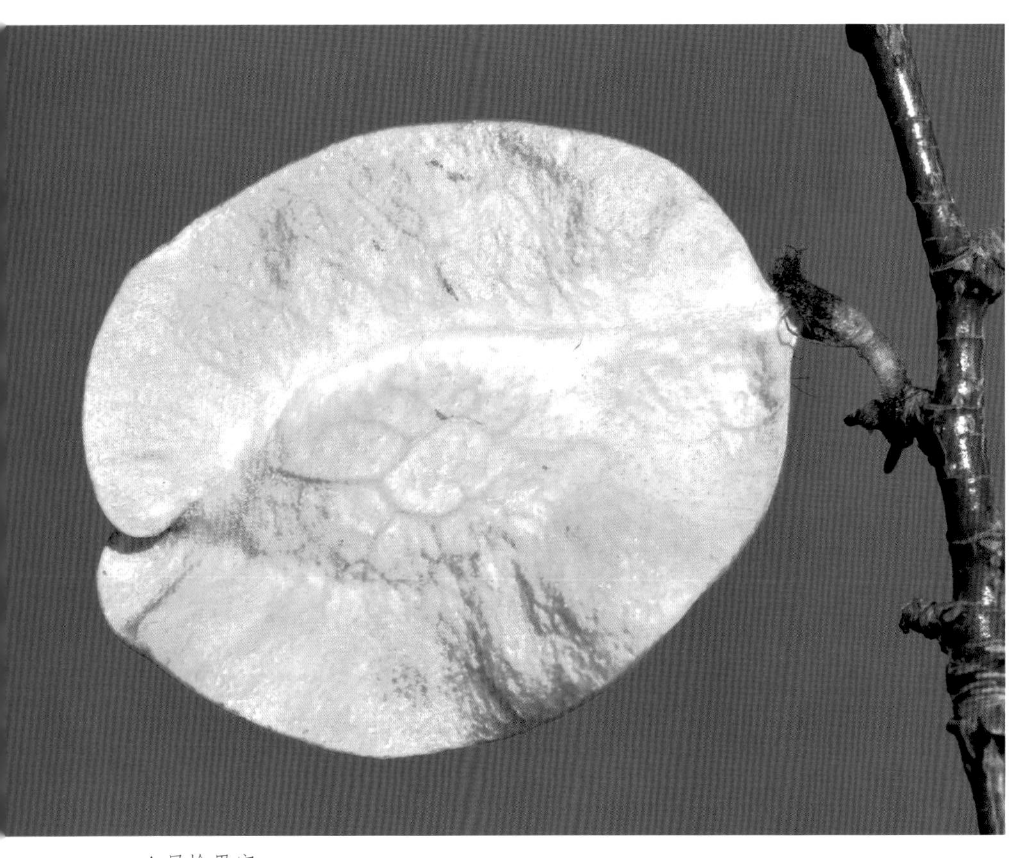

▲旱榆果实

性味功效 味甘，性寒。有清热解毒、散瘀的功效。

主治用法 用于骨瘤。

用　　量 适量。

◎参考文献◎

[1] 中国药材公司．中国中药资源志要 [M]．北京：科学出版社，1994：181.

[2] 江纪武．药用植物辞典 [M]．天津：天津科学技术出版社，2005：830.

▼旱榆群落

▲大果榆植株

▼蒙古黄榆枝条

大果榆 *Ulmus macrocarpa* Hance

别　　名　黄榆　翅枝黄榆

俗　　名　黄黏榆　瓜子榆　白皮榆　棉榆　钱榆

药用部位　榆科大果榆的果实及果实的加工品（入药称“芜荑”）。

原 植 物　落叶乔木或灌木，高达 20 m。树皮暗灰色或灰黑色，纵裂，粗糙。小枝两侧有时具对生而扁平的木栓翅。冬芽卵圆形或近球形。叶宽倒卵形或倒卵形，厚革质，大小变异很大，最小之叶长 1 ~ 3 cm，宽 1.0 ~ 2.5 cm，最大之叶长达 14 cm，宽至 9 cm，先端短尾状，基部渐窄至圆，偏斜或近对称，心脏形或一边楔形，两面粗糙。花自花芽或混合芽抽出，在上年生枝上排成簇状聚伞花序或散生于新枝的基部。翅果宽倒卵状圆形，长 1.5 ~ 4.7 cm，宽 1.0 ~ 3.9 cm，基部偏斜或近对称，顶端凹或圆，果核部分位于翅果中部，果梗长 2 ~ 4 mm，被短毛。花期 4 月，果期 5 月。

生　　境　生于山坡、谷地、台地、黄土丘陵、固定沙丘及岩缝中。

分　　布　黑龙江张广才岭、完达山。吉林梅河口、通化、辉南、蛟河、珲春等地。辽宁各地。内蒙古额尔古纳、牙克石、科尔沁右翼前旗、扎鲁特旗、科尔沁右翼中旗、科尔沁左翼中旗、科尔沁左翼后旗、克什克腾旗、翁牛特旗、巴林左旗、巴林右旗、阿鲁科尔沁旗、敖汉旗、宁城、喀喇沁旗、东乌珠穆沁旗、西乌珠穆沁旗、阿巴嘎旗、苏

▲蒙古黄榆群落

▲大果榆果实

▲大果榆枝条

尼特左旗、苏尼特右旗、正蓝旗、镶黄旗、正镶白旗、太仆寺旗等地。河北、山东、江苏、安徽、河南、山西、陕西、甘肃、青海。朝鲜、俄罗斯。

采　制　春末夏初采摘成熟果实，晒干，搓取膜翅取出种子。取种子 27.5 kg 浸入温水中，待发酵后，加入榆树皮面 5 kg、红土 15 kg、菊花末 2.5 kg，加适量温开水混合均匀，如糊状，放席上摊平 1.2 cm 厚，切 6 ~ 7 cm 方块，晒干，即成成品。

性味功效　芜荑：味苦、辛，性温。有消积杀虫的功效。果实：味苦、辛，性温。有祛痰、利尿、杀虫的功效。

主治用法　芜荑：用于小儿疳积、蛔虫病、蛲虫病、虫积腹痛、冷痢、疥癣、恶疮等。水煎服。外用捣烂敷患处。果实：用于痰多咳嗽、水肿、小便不利、蛔虫病。水煎服。

用　量　芜荑：7.5 ~ 15.0 g。果实：15 g。外用 15 g。

附　方

（1）治痰多咳嗽：大果榆果 25 g，橘红 15 g，甘草 5 g。水煎服，每日 2 次。

（2）治蛔虫病：大果榆果 15 g。研末，空腹用小米汤送服。

每日 1 次，连服 2 ~ 3 d，儿童用量酌减。又方：大果榆果 25 g，槟榔片 15 g，使君子仁 25 g。水煎，日服 2 次。

（3）治大人、小儿蛔痛，大痛不可忍，或吐胃液或吐虫出，或时好时犯：芜荑、雷丸各 25 g，干漆（捶碎，炒至烟尽）50 g。共研细末，每服 15 g，温平调服，不拘时间，甚者不过 3 服。小儿每服 2.5 g。

（4）治久患脾胃气泻不止：大果榆果实 250 g，捣末，制成丸。每日午饭前，空腹用陈米饮下 30 丸，增至 40 丸。

附　注　在东北尚有 1 变种：

蒙古黄榆 var. *mongolica* Lion et Li，翅果较小，有毛，椭圆形，边缘有粗锯齿。主要集中分布在科尔沁草原，其他与原种同。

▲大果榆花序

▲蒙古黄榆果实

◎参考文献◎

[1] 朱有昌．东北药用植物 [M]．哈尔滨：黑龙江科学技术出版社，1989: 227-229.

[2] 中国药材公司．中国中药资源志要 [M]．北京：科学出版社，1994: 182.

[3] 江纪武．药用植物辞典 [M]．天津：天津科学技术出版社，2005: 830.

▲黑榆植株

▲黑榆果

黑榆 *Ulmus davidiana* Planch.

别　　名　东北黑榆　栓皮黑榆

药用部位　榆科黑榆的嫩枝。

原 植 物　落叶乔木或灌木状，高达 15 m。树皮浅灰色或灰色，纵裂成不规则条状。小枝有时具向四周膨大而不规则纵裂的木栓层。冬芽卵圆形。叶倒卵形或倒卵状椭圆形，长 4 ~ 12 cm，宽 1.5 ~ 5.5 cm，先端尾状渐尖或渐尖，基部歪斜，叶面常留有圆形毛迹，叶背幼时有密毛，边缘具重锯齿，侧脉每边 12 ~ 22 条，叶柄长 5 ~ 17 mm。花在上年生枝上排成簇状聚伞花序。翅果倒卵形或近倒卵形，长 10 ~ 19 mm，宽 7 ~ 14 mm，果翅通常无毛，稀具疏毛，果核部分常被密毛，或被疏毛，位于翅果中上部或上部，上端接近缺口，宿存花被无毛，裂片 4，果梗被毛，长约 2 mm。花期 4—5 月，果期 5—6 月。

生　　境　生于山坡杂木林内或林缘。

分　　布　吉林集安、通化等地。辽宁鞍山、盖州、凤城等地。河北、山西、河南、陕西。朝鲜。

采　　制　春季采割嫩枝，切段，洗净，晒干。

性味功效　有利水消肿、清热、驱虫的功效。

用　　量　适量。

附　　注　在东北尚有 1 变种：详见下页春榆。

◎参考文献◎

[1] 江纪武 . 药用植物辞典 [M]. 天津：天津科学技术出版社，2005: 830.

▲春榆枝条

▼春榆花序

春榆 *Ulmus davidiana* Planch. var. *japonica*（Rehd.）Nakai

别　　名　日本榆　白皮榆　光叶春榆　栓皮春榆

俗　　名　拉拖榆　蜡条榆　红榆　山榆

药用部位　榆科春榆的根皮及树皮。

原 植 物　落叶乔木，高约 30 m，树冠广卵圆形。树皮暗灰褐色，不规则浅纵裂，表皮剥落。小枝褐色，有白色短柔毛。芽小卵形，赤褐色，被短柔毛。叶片互生，倒卵状椭圆形或广倒卵形，长 4 ~ 12 cm，宽 3.0 ~ 7.5 cm，先端骤尖，基部歪斜，边缘有重锯齿，表面绿色，光滑，背面色淡，脉腋有簇毛；叶柄长 6 ~ 8 mm。花簇生，淡红色；萼钟形，4 浅裂，裂片半圆形，淡绿色，先端带褐色，边缘有褐色毛；雄蕊 4，花丝比萼长，淡红色，花药近球形，紫红色；雌蕊 1，花柱 2。翅果扁平，椭圆状倒卵形，长 1.5 cm，宽 1.0 cm，基部楔形。种子位于中上部接近缺口。花期 4—5 月，果期 5—6 月。

生　　境　生于杂木林或混交林中及山麓、河谷等处。

分　　布　黑龙江大兴安岭、小兴安岭、张广才岭、完达山、老爷岭等地。吉林长白山各地。辽宁丹东市区、宽甸、凤城、本溪、桓仁、新宾、清原等地。内蒙古根河、牙克石、扎兰屯、科尔沁左翼中旗、翁牛特旗、喀喇沁旗等地。河北、山东、浙江、山西、安徽、河南、湖北、陕西、甘肃、青海等。朝鲜、俄罗斯、蒙古、日本。

▲春榆木栓质翅

采　　制　春、秋季采挖根，除去泥土，剥取根皮，洗净，晒干。夏、秋季剥取树皮，切段，洗净，晒干。

性味功效　味甘，性寒。有清热解毒、散瘀的功效。

主治用法　用于骨结核、骨瘤等。水煎服。

用　　量　20 ~ 50 g。

◎参考文献◎

[1] 钱信忠. 中国本草彩色图鉴（第五卷）[M]. 北京：人民卫生出版社，2003: 511-512.

[2] 中国药材公司. 中国中药资源志要 [M]. 北京：科学出版社，1994: 181.

[3] 江纪武. 药用植物辞典 [M]. 天津：天津科学技术出版社，2005: 830.

▲春榆果实

▼春榆树干

▼市场上的春榆枝条

▲大麻植株

大麻属 *Cannabis* L.

大麻 *Cannabis sativa* L.

俗　　名　线麻　火麻　花麻（指雄株）　籽麻（指雌株）

药用部位　桑科大麻的种仁（称“火麻仁”）、花及幼嫩果穗。

原 植 物　一年生直立草本，高 1 ~ 3 m。叶掌状全裂，裂片披针形或线状披针形，长 7 ~ 15 cm，中裂片最长，宽 0.5 ~ 2.0 cm，先端渐尖，基部狭楔形，表面深绿，微被糙毛，背面幼时密被灰白色贴伏毛后变无毛，边缘具向内弯的粗锯齿，中脉及侧脉在表面微下陷，背面隆起；叶柄长 3 ~ 15 cm，

▲大麻幼株群落

▼大麻瘦果

密被灰白色贴伏毛；托叶线形。雄花序长达25 cm；花黄绿色，花被片5，膜质，外面被细贴伏毛，雄蕊5，花丝极短，花药长圆形；小花柄长2～4 mm；雌花绿色；花被片1，紧包子房，略被小毛；子房近球形，外面包于苞片。瘦果，果皮坚脆，表面具细网纹。花期5—6月，果期为7月。

生　境　生于农田、路旁、荒野及村屯附近。

分　布　原产于不丹、印度和中亚细亚，现各国均有野生或栽培。在东北各地逸为野生。

采　制　秋季采摘成熟果实，除去杂质，晒干。生用打碎或炒用。获取种仁。花期采摘花，除去杂质，将其晒干。初果期采摘幼嫩果穗，除去杂质，将其晒干。

性味功效　种仁：味甘，性平。有润燥滑肠、通便活血的功效。花（雄株花枝）：味苦、辛，性温。有毒。有润肠通便、解毒、生肌的功效。幼嫩果穗：味辛，性平。有毒。有祛风、止痛、镇痉的功效。根：有祛瘀、止血的功效。茎皮：有祛瘀、利水的功效。

叶：有解痛、麻醉、利尿的功效。

主治用法 种仁：用于肠燥便秘、消渴、热淋、风痹、痢疾、月经不调、疥疮、癣癞。水煎服或入丸、散。外用适量捣敷或榨油涂。花：用于疯病肢体麻木、遍身苦痒、经闭。外用适量研末敷患处。幼嫩果穗：用于痛风、痹证、癫狂、失眠、咳喘。水煎服。外用捣烂敷患处。根：用于淋病、血崩、带下、难产、胞衣不下、跌打损伤、热淋胀痛。叶：用于疟疾、气喘、蛔虫病。

用　　量 种仁：15 ~ 25 g。花：适量。幼嫩果穗：0.5 ~ 1.0 g。

附　　方

（1）治大便秘结：火麻仁、白芍、枳实、大黄各 50 g，厚朴、杏仁各 25 g。共研细粉，炼蜜为丸，每服 15 g，每日 1 ~ 2 次。

（2）治汤火伤：火麻仁、黄檗、黄栀子各适量。共研末，调猪脂涂。

（3）治白痢：麻子汁煮取绿豆。空腹服。

（4）治小儿头面疮疥：麻子适量。研末，以水和绞取汁，与蜜和敷之。

附　　注 本品为《中华人民共和国药典》（2020 年版）收录的药材。

◎参考文献◎

[1] 江苏新医学院．中药大辞典（上册）[M]．上海：上海科学技术出版社，1977: 498-500.

[2] 江苏新医学院．中药大辞典（下册）[M]．上海：上海科学技术出版社，1977: 2219-2221，2225.

[3]《全国中草药汇编》编写组．全国中草药汇编（上册）[M]．北京：人民卫生出版社，1975: 143-144.

[4] 朱有昌．东北药用植物 [M]．哈尔滨：黑龙江科学技术出版社，1989: 232-233.

▲大麻幼苗

▲大麻幼株

▲大麻花

▼大麻果实

▲葎草幼株

▲葎草幼苗

葎草属 *Humulus* L.

葎草 *Humulus scandens*（Lour.）Merr.

别　　名　勒草

俗　　名　拉拉秧　拉拉藤　拉拉蔓　锯锯藤　拉狗蛋　拉狗蛋子　拉马藤子　割人藤

药用部位　桑科葎草的全草。

原 植 物　一年生或多年生蔓生草本。茎长数米，有纵条棱，棱上有短倒向钩刺。单叶，对生；叶柄长 1 ~ 2 cm；叶片长卵形，长 5 ~ 20 cm；叶片掌状 5 ~ 7 深裂，直径 5 ~ 15 cm，裂片卵形或卵状披针形，边缘有锯齿，叶上有粗刚毛。雌雄异株，花序腋生，长 30 cm，雄花呈圆锥花序，有多数黄绿色小花；萼片 5，披针形；雄蕊 5，花丝丝状，花药大，长约 2 mm；雌花数朵集成短穗，腋生，每 2 雌花有一卵状披针形，有白毛刺和黄色腺点的苞片，无花被片，子房单一，花柱 2，上部突起，疏生细

▼葎草群落

葎草瘦果

▲蒙桑雌花序

▲蒙桑雄葇荑花序

◎参考文献◎

[1] 朱有昌. 东北药用植物 [M]. 哈尔滨: 黑龙江科学技术出版社, 1989: 239-240.
[2] 中国药材公司. 中国中药资源志要 [M]. 北京: 科学出版社, 1994: 191.
[3] 江纪武. 药用植物辞典 [M]. 天津: 天津科学技术出版社, 2005: 528.

▼蒙桑植株(秋叶金黄)

▲桑植株

▼桑果实

桑 *Morus alba* L.

别　　名　野桑

俗　　名　桑树

药用部位　桑科桑的果实（称“桑葚”）、叶（称“桑叶”）、嫩枝（称“桑枝”）、根皮（称“桑白皮”）。

原 植 物　落叶乔木或灌木，高 3 ~ 10 m 或更高。树皮厚，灰色，具不规则浅纵裂。冬芽红褐色，卵形，小枝有细毛。叶卵形或广卵形，长 5 ~ 15 cm，宽 5 ~ 12 cm，先端急尖、渐尖或圆钝，基部圆形至浅心形，边缘锯齿粗钝，有时叶为各种分裂，叶柄长 1.5 ~ 5.5 cm，具柔毛；托叶披针形，早落，外面密被细硬毛。花单性，雄花序下垂，长 2.0 ~ 3.5 cm，密被白色柔毛，花药 2 室；雌花序长 1 ~ 2 cm，花被片倒卵形，顶端圆钝，外面和边缘被毛，两侧紧抱子房，无花柱，柱头 2 裂。聚花果卵状椭圆形，长 1.0 ~ 2.5 cm，成熟时红色或暗紫色。花期 4—5 月，果期 6—7 月。

生　　境　生于山坡疏林中。

分　　布　黑龙江西部草原及东部山区各地。吉林省各地。辽宁凌源、黑山、义县、彰武、法库、沈阳市区、辽阳、鞍山、凤城、宽甸、庄河、大连市区等地。内蒙古科尔沁右翼中旗、科尔沁左翼后旗、科尔沁左翼中旗、克什克腾旗、巴林左旗、巴林右旗、阿鲁科尔沁旗、翁牛特旗等地。全国绝大部分地区。朝鲜、俄罗斯、日本、蒙古。欧洲。

采　制　6—7月采摘成熟果实，除去杂质，洗净，晒干，生用或加蜜熬膏用。5—8月挖取桑根，先刮去外皮，再剥取皮部，晒干。6—7月割取枝条，除去细枝及叶，晒干。9—10月下霜后，采摘叶子，晒干。秋、冬季采伐树干，剥取树皮药用。春、夏、秋三季采挖根，除去泥土，洗净，晒干。

性味功效　果实：味甘、酸，性寒。有补肝、益肾、熄风、滋液的功效。叶：味苦、甘，性寒。有祛风、清热、凉血、明目的功效。嫩枝：味苦，性平。有祛风湿、利关节、行气水的功效。根皮：味甘，性寒。有泄肺、平喘、行水、消肿的功效。根：味甘，性寒。有清热解毒、定惊舒筋的功效。长在桑树的木耳（入药称“桑耳”）：用于肠风、痔血、衄血、崩漏、带下、妇人心腹痛。枝条经灼烧后沥出的汁液（入药称“桑沥”）：用于大风疮疖，促进眉发生长。老桑树上的结节（入药称“桑瘿”）：用于老年鹤膝风。桑柴灰汁经过滤、蒸发后得到的结晶状物（入药称“桑霜”）：用于痈疽。叶的蒸馏物（入药称“桑叶露”）：用于目疾红肿。树皮中的白色汁液（入药称“桑皮汁”）：用于小儿口疮、外伤出血等。木材所烧成的灰（入药称“桑柴灰”）：用于水肿、金疮出血、目赤肿痛等。

主治用法　果实：用于肝肾阴亏、须发早白、神经衰弱、消渴、便秘、目暗、耳鸣、瘰疬、关节不利等。水煎服，熬膏、生食或浸酒。外用煎水洗。脾胃虚寒、泄泻者忌服。叶：用于风温发热、头痛、目赤、口渴、肺热咳嗽、风痹、瘾疹、下肢象皮肿等。水煎服或入丸、散。风寒在表、火衰气弱者忌用。嫩枝：用于风寒湿痹、四肢拘挛、脚气水肿、肌体风痒等。水煎服或熬膏。外用煎水熏洗。气虚者慎用。根皮：用于肺热咳嗽、小便不利、高血压、糖尿病、鹅口疮、跌打损伤、面目水肿、脚气等。水煎服或入丸、散。外用捣汁涂或煎水洗。

▲桑雄柔荑花序

▲桑雌花序

▲桑枝条（花期）

▲桑树干

▲桑枝条（剪断）

根：用于筋骨痛、高血压、目赤、鹅口疮等。水煎服。外用煎水洗。

用　　量　果实：15 ~ 55 g。外用适量。叶：7.5 ~ 15.0 g。嫩枝：50 ~ 100 g。根皮：10 ~ 25 g。根：25 ~ 50 g。外用适量。

附　　方

（1）治急性支气管炎：桑白皮、杏仁、黄芩、贝母、枇杷叶、桔梗、地骨皮各 15 g。水煎服。

（2）治水肿胀满：桑白皮、地骨皮、大腹皮各 15 g，茯苓皮 20 g，冬瓜皮 50 g。水煎服。

（3）治骨折：桑白皮、柘桑内皮（树皮）、姜皮、芝麻油各 20 g。前三味捣碎至不见姜皮，加入芝麻油，捣如泥状，将药摊于布上。骨折复位后，用药包扎 24 h，去药后用小夹板固定 14 ~ 30 d。

（4）治身体虚弱、失眠、健忘：桑葚 50 g，何首乌 20 g，枸杞子 15 g，黄精、酸枣仁各 25 g。水煎服。或单用本品熬成膏状，每次服 1 匙，每日 3 次。

（5）治风热感冒：桑叶、菊花、连翘、杏仁各 15 g，桔梗、甘草各 10 g，薄荷 7.5 g。水煎服。

（6）治头目眩晕：桑叶、菊花、枸杞子各 15 g，决明子 10 g。水煎代茶饮。或用桑叶 1 250 g（研末），芝麻 500 g。先将芝麻蒸熟捣烂，加桑叶末拌匀，每次 10 g，日服 3 次。

▲市场上的桑树皮

（7）治鹅口疮：将桑树新鲜粗枝每隔一段挖一槽，放入明矾，在火上煅成枯矾，研成细末，撒敷患处。

（8）治小便不利、面目水肿：桑白皮 20 g，冬瓜仁 25 g，葶苈子 15 g。煎汤服。

（9）治急性结膜炎：桑叶、菊花各 15 g，决明子 10 g。水煎服。

（10）治咳嗽、气喘：桑白皮 25 g，胡颓子叶 20 g，桑叶、枇杷叶各 15 g。水煎，每日 1 剂，分 2 次服。或用桑叶 25 g，杏仁 15 g。水煎，日服 3 次。

（11）治高血压：桑枝、桑叶、茺蔚子各 25 g。加水 1 000 ml，煎成 600 ml。睡前洗脚 30 ~ 40 min，洗后就寝。

（12）治赤秃：用桑灰汁洗头，捣桑葚敷封头上，日中暴头睡。

（13）治风湿痛、跌打损伤、高血压：桑树根 25 ~ 50 g，大剂量可用至 100 g。洗净，加水适量煎服。

附　　注　本品为《中华人民共和国药典》（2020 年版）收录的药材。

▲桑枝条（果期）

◎参考文献◎

[1] 江苏新医学院．中药大辞典（下册）[M]．上海：上海科学技术出版社，1977：1963-1970.
[2] 朱有昌．东北药用植物 [M]．哈尔滨：黑龙江科学技术出版社，1989：237-239.
[3] 《全国中草药汇编》编写组．全国中草药汇编（上册）[M]．北京：人民卫生出版社，1975：677-679.

▲桑种子

▲市场上的桑果实

▲鸡桑植株

鸡桑 *Morus australis* Poir.

别　　名　小叶桑

俗　　名　野桑　山桑

药用部位　桑科鸡桑的根、根皮、叶。

原 植 物　落叶灌木或小乔木。树皮灰褐色。冬芽大，圆锥状卵圆形。叶卵形，长 5 ~ 14 cm，宽 3.5 ~ 12.0 cm，先端急尖或尾状，基部楔形或心形，边缘具粗锯齿，不分裂或 3 ~ 5 裂，表面粗糙，密生短刺毛，背面疏被粗毛；叶柄长 1.0 ~ 1.5 cm，被毛；托叶线状披针形，早落。雄花序长 1.0 ~ 1.5 cm，被柔毛，雄花绿色，具短梗，花被片卵形，花药黄色；雌花序球形，长约 1 cm，密被白色柔毛，雌花花被片长圆形，暗绿色，花柱很长，柱头 2 裂，内面被柔毛。聚花果短椭圆形，直径约 1 cm，成熟时红色或暗紫色。花期 4—5 月，果期 6—7 月。

生　　境　生于山地、林缘及荒地等处。

分　　布　吉林省吉林市。辽宁凤城、宽甸、本溪等地。河北、陕西、甘肃、山东、安徽、浙江、江西、福建、台湾、河南、湖北、湖南、广东、广西、四川、贵州、云南、西藏。朝鲜、日本、斯里兰卡、不丹、尼泊尔、印度。

采　　制　5—8 月挖取桑根，先刮去外皮，再剥取皮部，晒干。9—10 月下霜后，采摘叶子，晒干。

性味功效　根及根皮：味辛、甘，性寒。有泄肺火、利小便的功效。叶：味辛、甘，性寒。有清热解表的功效。

主治用法 根及根皮：用于肺热咳嗽、衄血、水肿、腹泻、黄疸。水煎服。叶：用于感冒咳嗽。水煎服。

用　　量 根及根皮：15 ~ 25 g。叶：15 ~ 25 g。

附　　方

（1）治黄疸：鸡桑根 25 g，茅草根 50 g。煨水服。

（2）治鼻衄：鸡桑根 15 g，榕树须根 25 g。煨水服。

◎参考文献◎

[1] 江苏新医学院. 中药大辞典（上册）[M]. 上海：上海科学技术出版社，1977: 248，265-266.

[2] 朱有昌. 东北药用植物 [M]. 哈尔滨: 黑龙江科学技术出版社，1989: 239-240.

[3] 中国药材公司. 中国中药资源志要 [M]. 北京：科学出版社，1994: 191.

▲鸡桑果实

▼鸡桑枝条

▲细野麻植株

▲细野麻幼株

荨麻科 Urticaceae

本科共收录 6 属、10 种、1 变种。

苎麻属 *Boehmeria* Jacq.

细野麻 *Boehmeria spicata*（Thunb.）Thunb.

别　　名　细穗苎麻　东北苎麻

俗　　名　猫尾巴蒿

药用部位　荨麻科细野麻的全草（入药称“麦麸草”）。

原 植 物　亚灌木或多年生草本，高 40 ~ 120 cm。茎和分枝疏被短伏毛。叶对生，叶片草质，圆卵形、菱状宽卵形或菱状卵形，长 3 ~ 10 cm，宽 2.0 ~ 7.5 cm，顶端骤尖，基部圆形、圆截形或宽楔形，边缘在基部之上有牙齿，侧脉 1 ~ 2 对；叶柄长 1 ~ 7 cm。穗状花序单生叶腋，通常雌雄异株，有时雌雄同株；团伞花序直径 1.0 ~ 2.5 mm；苞片狭三角形至钻形，长 1.0 ~ 1.5 mm。雄花无梗，花被片 4，雄蕊 4，长约 1.6 mm，花药长约 0.6 mm。雌花：花被纺锤形，长 0.7 ~ 1.0 mm，顶端有 2 小齿，柱头长 1 ~ 2 mm。瘦果卵球形，长约 1.2 mm，基部有短柄。花期 6—7 月，果期 7—8 月。

生　　境　生于林缘、路旁、山坡等处，常聚集成片生长。

分　　布　吉林长白、安图、集安、临江等地。辽宁本溪、桓仁、凤城、鞍山、丹东市区、庄河、宽甸、清原、新宾、海城等地。山东、江苏、安徽、福建、浙江、湖北、江西、陕西、四川、贵州、甘肃、山西。朝鲜、日本、俄罗斯（西伯利亚中东部）。

采　　制　夏、秋季采收全草，除去杂质，切段，洗净，鲜用或晒干。

性味功效　味微苦、涩，性平。有清热解毒、除风止痒、利湿的功效。

主治用法　用于皮肤发痒、湿毒等。水煎服。外用煎水洗。

用　　量　10 ~ 15 g。外用适量。

◎参考文献◎

[1] 江苏新医学院．中药大辞典（上册）[M]．上海：上海科学技术出版社，1977: 1027.

[2] 朱有昌．东北药用植物 [M]．哈尔滨 黑龙江科学技术出版社，1989: 241-242.

[3] 中国药材公司．中国中药资源志要 [M]．北京：科学出版社，1994: 192-193.

▲细野麻花序

▼细野麻雄花

▼细野麻雌花序

蝎子草属 *Girardinia* Gaud.

蝎子草 *Girardinia diversifolia* subsp. *suborbiculata*（C. J. Chen）C. J. Chen et Friis

俗　　名　螫麻子

药用部位　荨麻科蝎子草的全草。

原 植 物　一年生草本。茎高 30 ~ 100 cm，麦秆色或紫红色，疏生刺毛和细糙伏毛，几不分枝。叶膜质，宽卵形或近圆形，长 5 ~ 19 cm，宽 4 ~ 18 cm，先端短尾状或短渐尖，基部近圆形、截形或浅心形，边缘有 8 ~ 13 枚缺刻状的粗牙齿或重牙齿，稀在中部，3 浅裂，基出脉 3，侧脉 3 ~ 5 对，稍弧曲；叶柄长 2 ~ 11 cm。雌雄同株，花序成对生于叶腋；雄花序穗状，长 1 ~ 2 cm；雌花序短穗状，常在下部有一短分枝，长 1 ~ 6 cm；团伞花序枝密生刺毛。雄花直径约 1 mm，花被片 4 深裂，卵形，外面疏生短硬毛。雌花近无梗，花被片大的一枚近盔状，顶端 3 齿。瘦果宽卵形，双凸透镜状。花期 7—8 月，果期 9—10 月。

生　　境　生于林内石间、石砬子或林缘等处，常聚集成片生长。

分　　布　黑龙江五常、尚志、海林、宁安、东宁等地。吉林长白、

▲蝎子草果实

▲蝎子草花序与螫毛

▼蝎子草群落（夏季）

▲蝎子草群落（秋季）

临江、辉南、安图、集安、通化等地。辽宁宽甸、凤城、鞍山市区、岫岩、朝阳等地。内蒙古扎兰屯、科尔沁右翼前旗、扎鲁特旗、科尔沁右翼中旗等地。河北、河南、陕西。朝鲜。

采　　制　夏、秋季采收全草，洗净，晒干。

性味功效　有祛风除湿的功效。

主治用法　用于风湿关节痛、四肢麻木等。水煎服。

用　　量　适量。

附　　注　本种植株上有螫毛，螫毛的有毒成分是高浓度的酸类，能刺激皮肤引起红肿、瘙痒和疼痛，有如荨麻疹症状，可用肥皂水或苏打水洗涤，内服苯海拉明 25 mg，日服 3 次。

▼蝎子草植株

▲蝎子草瘦果

▲蝎子草幼株

▲珠芽艾麻幼株（前期）

▼珠芽艾麻瘦果

▲珠芽艾麻珠芽

艾麻属 *Laportea* Gaudich.

珠芽艾麻 *Laportea bulbifera*（Sieb. et Zucc.）Wedd.

别　　名　零余子荨麻　珠芽螫麻　顶花螫麻

俗　　名　螫麻子

药用部位　荨麻科珠芽艾麻的全草及根（入药称“野绿麻”）。

原 植 物　多年生草本。茎高 50 ~ 150 cm，具 5 条纵棱，有短柔毛和稀疏的刺毛，以后渐脱落。根数条，纺锤状，红褐色。珠芽 1 ~ 3，常生于不生长花序的叶腋上。叶卵形至披针形，有时宽卵形，长 6 ~ 16 cm，宽 2 ~ 8 cm，先端渐尖，基部宽楔形或圆形；托叶长圆状披针形，长 5 ~ 10 mm，先端 2 浅裂。雌雄同株，圆锥花序，雄花序具短梗，长 3 ~ 10 cm，分枝多，开展；雌花序长 10 ~ 25 cm，花序梗长 5 ~ 12 cm；雄花被片 5，长圆状卵形，小苞片三角状卵形，长约 0.7 mm；雌花具梗；花被片 4，分生，侧生的 2 枚较大，紧包被着子房。瘦果扁平，偏斜，长 2 ~ 3 mm。花期 6—8 月，果期 8—10 月。

生　　境　生于山坡草地、阴坡阔叶林内、针阔混交林下等处，常聚集成片生长。

分　　布　黑龙江五常、尚志、宾县、海林、宁安、东宁、牡丹江市区、穆棱、密山、虎林、饶河、桦川、方正、木兰、延寿、依兰、通河、汤原、伊春市区、铁力、庆安、绥棱等地。吉林长白山各地。辽宁丹东市区、宽甸、凤城、本溪、桓仁、新宾、清原、西丰、大连、岫岩、海城、盖州、营口市区等地。河北、山东、山西、河南、安徽、陕西、甘肃、四川、西藏、云南、贵州、广西、广东、湖南、湖北、江西、浙江、福建。朝鲜、俄罗斯、日本、印度、斯里兰卡、印度尼西亚。

采　　制　夏、秋季采收全草，洗净，切段，晒干。春、秋季采挖根，除去泥土，洗净，晒干。

性味功效　味辛，性温。有祛风除湿、活血调经、利水化石、消肿的功效。

主治用法　用于风湿关节痛、四肢麻木、跌打损伤、无名肿毒、皮肤瘙痒、月经不调、尿路结石、水肿、小儿肺热咳喘。

▲珠芽艾麻幼株（后期）

▼珠芽艾麻花序

分　　布　黑龙江塔河、五常、尚志、宁安、东宁、海林、方正、林口等地。吉林长白山各地。辽宁桓仁、建昌、本溪、岫岩、凤城、庄河、宽甸、清原、新宾、抚顺、鞍山市区、珲春、盖州、营口市区、义县、北镇、凌源、绥中、喀左等地。内蒙古牙克石、扎兰屯、阿尔山、科尔沁右翼前旗、扎鲁特旗、科尔沁右翼中旗等地。河北、安徽、陕西、山西、四川、湖南、湖北、贵州、云南、甘肃、青海、新疆、西藏。朝鲜、俄罗斯（西伯利亚）、蒙古、日本、印度、不丹、尼泊尔。亚洲（中部和西部）、非洲、大洋洲、南美洲。

采　　制　夏、秋季采挖根，除去泥土，洗净，晒干。夏、秋季采摘叶，洗净，晒干。

性味功效　味苦、酸，性平。有消肿去毒的功效。

主治用法　用于脚底深部脓肿、痈疽、疔疖、背痈、秃疮、睾丸炎。水煎服。外用鲜品捣烂敷患处。

用　　量　25 ~ 50 g。

附　　方

（1）治痈疽、疔疖：墙草鲜根捣烂调蜜摊在消毒纱布上，敷患处。

（2）治足底挫伤瘀血或脓肿：墙草根、葱头、石灰同捣烂，敷患处。

（3）治背痈、秃疮、睾丸炎、脓肿：墙草根 50 g。水煎服。

◎参考文献◎

[1] 江苏新医学院．中药大辞典（下册）[M]．上海：上海科学技术出版社，1977：2521-2522.

[2] 朱有昌．东北药用植物 [M]．哈尔滨：黑龙江科学技术出版社，1989：244-245.

[3] 钱信忠．中国本草彩色图鉴（第五卷）[M]．北京：人民卫生出版社，2003：347-348.

▼墙草居群

冷水花属 *Pilea* Lindl.

矮冷水花 *Pilea peploides*（Gaudich.）Hook. et Arn.

别　　名　苔水花

俗　　名　圆叶豆瓣草

药用部位　荨麻科矮冷水花的全草。

原 植 物　一年生小草本，常丛生。茎肉质，带红色，纤细，高 3 ~ 20 cm，不分枝或有少数分枝。叶膜质，常集生于茎和枝的顶部，同对的近等大，菱状圆形，稀扁圆状菱形或三角状卵形，长 3.5 ~ 18.0 mm，宽 3 ~ 16 mm，先端钝，基部常楔形或宽楔形；叶柄纤细，长 3 ~ 20 mm；托叶很小，三角形。雌雄同株，花序生于叶腋，聚伞花序密集成头状，雄花序长 3 ~ 10 mm，其中花序梗长 1.5 ~ 7.0 mm；雌花序长 2 ~ 6 mm，花序梗长 1 ~ 4 mm；雄花淡黄色，花被片 4，卵形，雄蕊 4；雌花具短梗，淡绿色；花被片 2，不等大。瘦果卵形，长约 0.5 mm，熟时黄褐色。花期 6—7 月，果期 7—8 月。

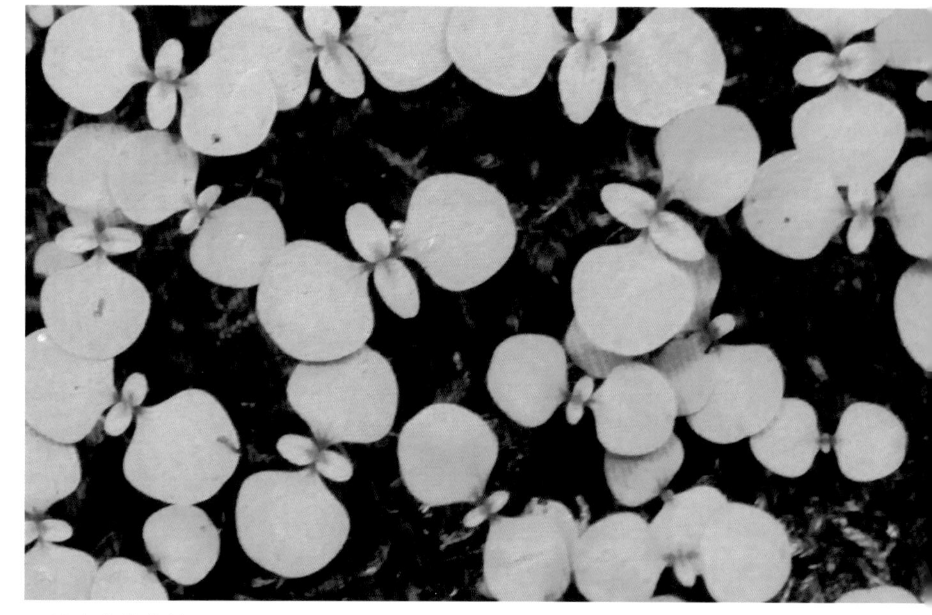

▲矮冷水花幼株

生　　境　生于山坡石缝阴湿处、长苔藓的石上及河谷湿草甸子的踏头上。

分　　布　黑龙江伊春。吉林集安、临江等地。辽宁宽甸、凤城、新民等地。河北、河南、安徽、江西、湖南。朝鲜、俄罗斯（西伯利亚）。

采　　制　夏、秋季采收全草，除去杂质，洗净，鲜用或晒干。

性味功效　味淡，性凉。有清热解毒、祛痰止痛的功效。

主治用法　用于跌打损伤、无名肿痛、毒蛇咬伤、疥疮、骨折、外伤感染等。水煎服或外用捣烂敷患处。

用　　量　6 ~ 9 g。外用适量。

▲矮冷水花植株

◎参考文献◎

[1] 钱信忠. 中国本草彩色图鉴（第五卷）[M]. 北京：人民卫生出版社，2003: 293-294.

[2] 中国药材公司. 中国中药资源志要 [M]. 北京：科学出版社，1994: 203.

[3] 江纪武. 药用植物辞典 [M]. 天津：天津科学技术出版社，2005: 605.

▲山冷水花幼株

山冷水花 *Pilea japonica*（Maxim.）Hand. -Mazz.

别　名　山美豆　苔水花

药用部位　荨麻科山冷水花的全草。

原 植 物　一年生草本。茎肉质，高 5 ~ 60 cm。叶对生，在茎顶部的叶密集成近轮生，同对的叶不等大，菱状卵形或卵形，长 1 ~ 10 cm，宽 0.8 ~ 5.0 cm，先端常锐尖；叶柄纤细；托叶膜质。花单性，雌雄同株，常混生，或异株，雄聚伞花序具细梗，常紧缩成头状或近头状；雌聚伞花序具纤细的长梗，团伞花簇常紧缩成头状或近头状；苞片卵形。雄花具梗，芽时倒卵形或倒圆锥形，长约 1 mm；花被片 5，覆瓦状排列，合生至中部，倒卵形；雄蕊 5；退化雌蕊明显，长圆锥状；雌花具梗；花被片 5，长圆状披针形；子房卵形。瘦果卵形，稍扁，长 1.0 ~ 1.4 mm，熟时灰褐色。花期 7—9 月，果期 8—10 月。

生　境　生于山坡林下、山谷溪旁草丛中或石缝、树干长苔藓的阴湿处，常聚集成片生长。

分　　布　黑龙江五常、尚志、宁安、东宁、海林、方正、林口等地。吉林长白、抚松、安图等地。辽宁本溪、桓仁、凤城、宽甸等地。河北、河南、安徽、浙江、福建、台湾、江西、陕西、湖南、湖北、甘肃、四川、贵州、云南、广西、广东。朝鲜、日本、俄罗斯（西伯利亚中东部）。

采　　制　夏、秋季采收全草，除去杂质，洗净，鲜用或晒干。

性味功效　味甘，性凉。有清热解毒、渗湿利尿的功效。

主治用法　用于扁桃体炎、尿路感染、子宫颈炎、赤白带下等。水煎服。

用　　量　10 ~ 15 g。

◎参考文献◎

[1] 朱有昌．东北药用植物 [M]．哈尔滨：黑龙江科学技术出版社，1989: 245-246.
[2] 中国药材公司．中国中药资源志要 [M]．北京：科学出版社，1994: 202.
[3] 江纪武．药用植物辞典 [M]．天津：天津科学技术出版社，2005: 605.

▼山冷水花植株

▲麻叶荨麻群落

荨麻属 *Urtica* L.

麻叶荨麻 *Urtica cannabina* L.

别　　名　焮麻

俗　　名　哈拉海　螫麻子

药用部位　荨麻科麻叶荨麻的全草及根。

原 植 物　多年生草本。横走的根状茎木质化。茎高 50 ~ 150 cm，下部粗达 1 cm，四棱形，常近于无刺毛。叶片五角形，掌状 3 全裂，一回裂片再羽状深裂，二回裂片常有数目不等的裂齿或浅锯齿，下面密布钟乳体细点状，叶柄长 2 ~ 8 cm，生刺毛或微柔毛；托叶每节 4。花雌雄同株，雄花序生下部叶腋，长 5 ~ 8 cm，斜展；雌花序生于上部叶腋，穗状，少数分枝，长 2 ~ 7 cm；雄花具短梗；花被片 4；退化雌蕊近碗状，淡黄色或白色，透明；雌花序有极短的梗。瘦果狭卵形，顶端锐尖，稍扁，长 2 ~ 3 mm，熟时变灰褐色。花期 7—8 月，果期 8—10 月。

生　　境　生于丘陵性草原或坡地、沙丘坡、河漫滩、河谷及溪旁等处。

分　　布　黑龙江肇东。吉林镇赉、通榆等地。辽宁北镇、沈阳等地。内蒙古额尔古纳、鄂温克旗、阿尔山、克什克腾旗、巴林左旗、巴林右旗、翁牛特旗、阿鲁科尔沁旗、科尔沁右翼中旗、科尔沁右翼前旗、科尔沁左翼后旗、扎赉特旗、扎鲁特旗、东乌珠穆沁旗、西乌珠穆沁旗等地。河北、山西、陕西、四川、甘肃、新疆。俄罗斯（西伯利亚）、蒙古。亚洲（中部）、欧洲。

采　　制　夏、秋季采收全草，除去杂质，切段，洗净，鲜用或晒干。春、秋季采挖根，除去泥土，洗净，晒干。

性味功效　全草：味苦、辛，性温。有大毒。有祛风湿、凉血、定惊的功效。根：味苦、辛，性温。有毒。有祛风、活血、止痛的功效。

主治用法　全草：用于风湿痹痛、产后抽风、小儿惊风、荨麻疹、疝痛等。水煎服或炖肉。外用煎水洗或捣烂敷患处。根：用于风湿疼痛、湿疹、麻风、高血压、手足发麻等。水煎服或浸酒。外用煎水洗或捣烂敷患处。

用　　量　全草：5 ~ 15 g。根：25 ~ 50 g。

附　　注　本种为中国植物图谱数据库收录的有毒植物，根、叶有毒，服用过量可致剧烈呕吐、腹痛、头晕、心悸以至虚脱。刺毛也有毒，其能刺激皮肤引起红肿、瘙痒和疼痛，有如荨麻疹症状，可用肥皂水或苏打水洗涤，内服苯海拉明 25 mg，日服 3 次。

▲市场上的麻叶荨麻幼株

▲麻叶荨麻幼株

▼麻叶荨麻幼株群落

▲麻叶荨麻果序

▲麻叶荨麻花序

▼麻叶荨麻螫毛

◎参考文献◎

[1] 江苏新医学院. 中药大辞典(下册)[M]. 上海: 上海科学技术出版社, 1977: 1611-1612.
[2] 中国药材公司. 中国中药资源志要[M]. 北京: 科学出版社, 1994: 206.
[3] 江纪武. 药用植物辞典[M]. 天津: 天津科学技术出版社, 2005: 834.

▼麻叶荨麻植株

宽叶荨麻 *Urtica laetevirens* Maxim.

俗　　名　哈拉海　螯麻子

药用部位　荨麻科宽叶荨麻的全草及根。

原 植 物　多年生草本。茎纤细，高 30 ~ 100 cm，节间较长。根状茎匍匐。叶近膜质，卵形或披针形，长 4 ~ 10 cm，宽 2 ~ 6 cm，先端短渐尖至尾状渐尖，基部圆形或宽楔形，边缘有牙齿状锯齿，侧脉 2 ~ 3 对；叶柄纤细，长 1.5 ~ 7.0 cm，疏生刺毛和细糙毛；托叶每节 4。雌雄同株，雄花序近穗状，纤细，生于上部叶腋，长达 8 cm；雌花序近穗状，生于下部叶腋，较短，纤细，小团伞花簇生，雄花被片 4，在近中部合生，裂片卵形，内凹。瘦果卵形，双凸透镜状；宿存花被片 4，在基部合生，内面 2 枚椭圆状卵形，与果近等大，外面 2 枚狭卵形或倒卵形。花期 6—8 月，果期 8—9 月。

▲宽叶荨麻花

▼宽叶荨麻幼株

生　　境　生于沟边、河岸、路旁及林下稍湿地，常聚集成片生长。

分　　布　黑龙江呼玛、五常、尚志、宁安、东宁、海林、方正、林口等地。吉林长白山各地。辽宁宽甸、凤城、桓仁、清原、西丰、鞍山、庄河等地。内蒙古科尔沁右翼前旗。河北、山东、河南、山西、陕西、安徽、湖北、湖南、四川、甘肃、青海、云南、西藏。朝鲜、俄罗斯（东西伯利亚）、日本。

▲宽叶荨麻幼苗

▼宽叶荨麻植株

采　　制　夏、秋季采收全草，除去杂质，切段，洗净，鲜用或晒干。春、秋季采挖根，除去泥土，洗净，晒干。

性味功效　全草：味苦、辛，性温。有小毒。有祛风定惊、消积通便的功效。根：有祛风、活血、止痛的功效。

主治用法　全草：用于风湿痹痛、产后抽风、小儿惊风、荨麻疹、疝痛、大便不通、高血压、消化不良等。根：用于风湿疼痛、湿疹、麻风、高血压、手足发麻等。

用　　量　全草：5 ~ 10 g。根：5 ~ 10 g。

附　　注　本种植株上有螯毛，螯毛的有毒成分是高浓度的酸类，能刺激皮肤引起红肿、瘙痒和疼痛，有如荨麻疹症状，可用肥皂水或苏打水洗涤，内服本海拉明 25 mg，日服 3 次。

◎参考文献◎

[1] 中国药材公司．中国中药资源志要 [M]．北京：科学出版社，1994: 206.

[2] 江纪武．药用植物辞典 [M]．天津：天津科学技术出版社，2005: 834.

▲狭叶荨麻果实

狭叶荨麻 *Urtica angustifolia* Fisch. ex Hornem.

俗　　名　哈拉海　螫麻子　蝎子草

药用部位　荨麻科狭叶荨麻的全草及根（入药称“荨麻”）。

原 植 物　多年生草本。茎高 40 ~ 150 cm，四棱形，疏生刺毛和稀疏的细糙毛，分枝或不分枝。叶披针形至披针状条形，长 4 ~ 15 cm，宽 1.0 ~ 5.5 cm，先端长渐尖或锐尖，基部圆形，边缘有粗牙齿或锯齿，9 ~ 19 枚，侧脉 2 ~ 3 对；叶柄短，长 0.5 ~ 2.0 cm，疏生刺毛和糙毛；托叶每节 4。雌雄异株，花序圆锥状，有时分枝短而少，近穗状，长 2 ~ 8 cm；雄花近无梗；花被片 4，在近中部合生，裂片卵形，外面上部疏生小刺毛和细糙毛；退化雌蕊碗状，长约 0.2 mm；雌花小，近无梗。瘦果卵形或宽卵形，双凸透镜状，长 0.8 ~ 1.0 mm，近光滑或有不明显的细疣点。花期 6—8 月，果期 8—9 月。

生　　境　生于沟边、河岸、路旁、阴坡阔叶林内、针阔混交林下或林下稍湿地，常聚集成片生长。

分　　布　黑龙江呼玛、黑河市区、孙吴、逊克、嘉荫、五大连池、五常、尚志、宾县、海林、宁安、东宁、牡丹江市区、穆棱、密山、虎林、饶河、桦川、方正、木兰、延寿、依兰、通河、汤原、伊春市区、铁力、庆安、绥棱

▼狭叶荨麻居群

▲狭叶荨麻幼株

▼狭叶荨麻植株

等地。吉林长白山各地及九台。辽宁桓仁、宽甸、大连、鞍山、沈阳、凤城、新宾、清原、抚顺、铁岭、西丰、辽阳、盖州、营口市区等地。内蒙古额尔古纳、根河、牙克石、鄂伦春旗、鄂温克旗、扎兰屯、科尔沁右翼前旗、科尔沁右翼中旗、科尔沁左翼后旗、科尔沁左翼中旗、扎鲁特旗、阿鲁科尔沁旗、巴林左旗、巴林右旗、克什克腾旗、翁牛特旗等地。河北、山西。朝鲜、日本、俄罗斯（西伯利亚中东部）。

采　　制　夏、秋季采收全草，除去杂质，切段，洗净，鲜用或晒干。春、秋季采挖根，除去泥土，洗净，晒干。

性味功效　全草：味辛、苦，性寒。有祛风定惊、消积、通便、解毒的功效。根：味辛、苦，性温。有毒。有祛风、活血、止痛的功效。

主治用法　全草：用于风湿疼痛、产后抽风、小儿惊风、手足发麻、湿疹、便秘、荨麻疹、高血压、消化不良、毒蛇咬伤。水煎服或炖肉。外用适量捣汁涂或煎水洗。根：用于风湿疼痛、湿疹、麻风。水煎服或浸酒。外用适量煎水洗。

用　　量　全草：5 ~ 15 g。根：25 ~ 50 g。

附　　方

（1）治风湿性关节炎、风湿疼痛：荨麻根适量。浸酒 7 d 后，每服 5 ~ 10 ml，日服 2 次。或用荨麻全草适量。煎汤擦洗。

（2）治湿疹：荨麻根、麻黄根各 100 g。煎水洗患处。洗 1 ~ 3 次

▲狭叶荨麻雌花序

▼狭叶荨麻瘦果

▲市场上的狭叶荨麻幼株

后可见流黄水，继续再洗。本方对头部湿疹疗效较好。

（3）治荨麻疹：荨麻鲜草适量。捣汁涂擦。

（4）治胃痛、腹痛：荨麻全草 10 g。水煎服（凌源民间方）。

（5）治产后抽风、小儿惊风：荨麻全草 5 ~ 15 g。水煎服。

（6）治毒蛇咬伤：荨麻鲜草适量。捣烂外敷伤口。

▲狭叶荨麻雄花序

▲狭叶荨麻雄花

附　　注　本种植株上有螫毛，螫毛的有毒成分是高浓度的酸类，能刺激皮肤引起红肿、瘙痒和疼痛，有如荨麻疹症状，可用肥皂水或苏打水洗涤，内服苯海拉明 25 mg，日服 3 次。

◎参考文献◎

[1] 江苏新医学院．中药大辞典（下册）[M]．上海：上海科学技术出版社，1977: 1611-1612.
[2] 朱有昌．东北药用植物 [M]．哈尔滨：黑龙江科学技术出版社，1989: 246-247.
[3] 中国药材公司．中国中药资源志要 [M]．北京：科学出版社，1994: 206.

▼狭叶荨麻幼苗

▲辽宁省鞍山市千山风景管理区森林秋季景观

檀香科 Santalaceae

本科共收录 1 属、1 种、1 变种。

百蕊草属 *Thesium* L.

百蕊草 *Thesium chinense* Turcz.

别　　名　珍珠草　白乳草

药用部位　檀香科百蕊草的干燥全草。

原 植 物　多年生柔弱草本，高 15 ~ 40 cm。全株被白粉，无毛；茎细长，簇生，基部以上疏分枝，斜升，有纵沟。叶线形，长 1.5 ~ 3.5 cm，宽 0.5 ~ 1.5 mm，顶端急尖或渐尖，具单脉。花单一，5 数，腋生；花梗短或很短，长 3.0 ~ 3.5 mm；苞片 1，线状披针形；小苞片 2，线形，长 2 ~ 6 mm，边缘粗糙；花被绿白色，长 2.5 ~ 3.0 mm，花被管呈管状，花被裂片顶端锐尖，内弯，内面的微毛不明显；雄蕊不外伸。坚果椭圆状或近球形，淡绿色，表面有明显隆起的网脉，顶端的宿存花被近球形，长约 2 mm；果柄长 3.5 mm。花期 4—5 月，果期 6—7 月。

生　　境　生于干燥石质山坡的林缘、灌丛、荒地、草地及沙地等处。

分　　布　黑龙江呼玛、黑河市区、五大连池、伊春、密山、东宁、宁安、尚志、肇东、泰来等地。吉林长白山各地及西部草原。辽宁丹东市区、宽甸、凤城、东港、抚顺、新宾、昌图、开原、沈阳、鞍山、长海、营口、锦州市区、北镇、建昌等地。内蒙古扎兰屯。全国绝大部分地区。朝鲜、俄罗斯（西伯利亚中东部）、日本。

▼百蕊草植株

采　　制　春、夏季采收全草，晒干药用。

主治用法　味辛、微苦、涩，性寒。有补肾涩精、清热解毒的功效。根：有下乳、调气的功效。

性味功效　用于中暑、遗精、滑精、头昏、肾虚腰痛、淋巴结结核、膀胱炎、乳腺炎、肺脓肿、肺炎、扁桃体炎、乳蛾、乳痈及上呼吸道感染等。水煎服。

用　　量　10 ~ 15 g。

附　　方

（1）治肺炎、肺脓肿、扁桃体炎、乳腺炎、上呼吸道感染：百蕊草，春、夏季采者每日 25 ~ 100 g，秋季采者每日 100 ~ 150 g，小儿酌减，水煎服（煎药时火不宜过大，时间不宜过长）。

（2）治急性乳腺炎：百蕊草全草 15 ~ 20 株。煎水 300 ml，以米酒一杯送服。

（3）治肾虚、腰痛、头晕：百蕊草 50 g。泡酒服。

（4）治各种急性炎症：百蕊草（干品）每日 25 ~ 100 g（春、夏采者）或 100 ~ 150 g（秋采者）。水煎服。小儿酌减。

附　　注　在东北尚有 1 变种：

长梗百蕊草 var. *longipidunculatum* Y. C. Chu，果梗长 4 ~ 8 mm。其他与原种同。

◎参考文献◎

[1] 江苏新医学院．中药大辞典（上册）[M]．上海：上海科学技术出版社，1977: 866-867.

[2] 朱有昌．东北药用植物 [M]．哈尔滨：黑龙江科学技术出版社，1989: 248-250.

[3]《全国中草药汇编》编写组．全国中草药汇编（上册）[M]．北京：人民卫生出版社，1975: 329.

▲百蕊草花蕾

▲长梗百蕊草花

▲百蕊草植株（侧）

▲百蕊草幼株

▲辽宁老秃顶子国家级自然保护区森林秋季景观

桑寄生科 Loranthaceae

本科共收录 2 属、2 种。

桑寄生属 *Loranthus* Jacq.

北桑寄生 *Loranthus tanakae* Franch. et Sav.

别　　名　欧洲桑寄生

俗　　名　冻青

药用部位　桑寄生科北桑寄生的干燥茎叶。

原 植 物　常绿半寄生灌木，高约 1 m，全株无毛。茎常呈二歧状分枝，一年生枝条暗紫色，二年生枝条黑色，被白色蜡被，具稀疏皮孔。叶对生，纸质，绿色，倒卵形或椭圆形，长 2.5 ~ 4.0 cm，宽 1 ~ 2 cm，顶端圆钝或微凹，基部楔形，稍下延；侧脉 3 ~ 4 对，稍明显；叶柄长 3 ~ 8 mm。穗状花序，顶生，长 2.5 ~ 4.0 cm，具花 10 ~ 20；花两性，近对生，淡青色；苞片长约 1 mm；花瓣 5 ~ 6，披针形，长 1.5 ~ 2.0 mm，开展；雄蕊着生于花瓣中部，花丝短，花药长约 0.5 mm，4 室；花盘环状；花柱通常 6 棱，

▼北桑寄生种子

▲北桑寄生果实

柱头稍增粗。果球形，长约 8 mm，橙黄色，果皮平滑。花期 5—6 月，果期 9—10 月。

生　　境　寄生于栎属、榆属、李属、桦属等植物上。

分　　布　辽宁凌源。河北、山东、陕西、山西、甘肃。朝鲜、日本。

采　　制　全年可采收茎叶，但以初冬和早春的为最佳，除去粗茎和杂质，切段，晒干，或蒸后晒干。切片生用。

性味功效　有祛风湿、补肝肾、强筋骨、安胎的功效。

主治用法　用于肝肾不足、风湿关节痛、胎动不安等。水煎服。外用治冻疮。

用　　量　适量。

▲北桑寄生植株

◎参考文献◎

[1] 中国药材公司 . 中国中药资源志要 [M]. 北京：科学出版社，1994: 212.

[2] 江纪武 . 药用植物辞典 [M]. 天津：天津科学技术出版社，2005: 478.

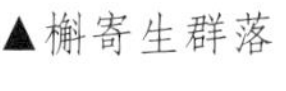
▲槲寄生群落

▼市场上的槲寄生枝叶（切段）

▼槲寄生枝条（果实黄色）

槲寄生属 *Viscum* L.

槲寄生 *Viscum coloratum*（Kom.）Nakai

别　　名　冬青　北寄生

俗　　名　冻青

药用部位　桑寄生科槲寄生的干燥茎叶（入药称“桑寄生”）。

原 植 物　常绿半寄生灌木，高 0.3 ~ 0.8 m。茎、枝均圆柱状，二歧或三歧分枝，节稍膨大，小枝的节间长 5 ~ 10 cm，粗 3 ~ 5 mm。叶对生，厚革质或革质，长椭圆形至椭圆状披针形，长 3 ~ 7 cm，宽 0.7 ~ 2.0 cm；叶柄短。雌雄异株；花序顶生或腋生，雄花序聚伞状，总苞舟形，通常具花 3；雄花：萼片 4，卵形，花药椭圆形；雌花序聚伞式穗状，具花 3 ~ 5，顶生的花具 2 枚苞片或无，苞片阔三角形，雌花：花蕾时长卵球形；花托卵球形，萼片 4，三角形；柱头乳头状。果球形，直径 6 ~ 8 mm，具宿存花柱，成熟时淡黄色或橙红色，果皮平滑。花期 4—5 月，果期 9—10 月。

生　　境　寄生于杨属、桦属、柳属、椴属、榆属、李属、梨属等阔叶树的树枝或树干上。

分　　布　黑龙江五常、尚志、宾县、海林、宁安、东宁、牡丹江市区、穆棱、密山、虎林、饶河、桦川、方正、木兰、延寿、依兰、通河、汤原、伊春市区、铁力、庆安、绥棱、五大连池等地。吉林长白山各地。辽宁丹东市区、宽甸、凤城、新宾、清原、沈阳、鞍山市区、本溪、桓仁、岫岩、开原、盖州等地。内蒙古根河、牙克石、扎兰屯、鄂伦春旗、阿荣旗、莫力达瓦旗、科尔沁右翼前旗、扎鲁特旗、科尔沁左翼中旗、阿鲁科尔沁旗、巴林左旗、巴林右旗、克什克腾旗、翁牛特旗等地。全国各地（除新疆、西藏、云南、广东外）。朝鲜、俄罗斯（西伯利亚中东部）、日本。

▲槲寄生果实（黄色）

采　　制　全年可采收茎、叶，但以初冬和早春为最佳，除去粗茎和杂质，切段，晒干，或蒸后晒干。切片生用。

性味功效　味甘、苦，性平。有补肝肾、祛风湿、强筋骨、通经络、益血、安胎的功效。

主治用法　用于肝肾不足、风湿关节痛、腰痛、筋骨痿软、麻木不仁、胎动不安、胎漏下血、原发性高血压、

▼槲寄生果实（红色）

▲内蒙古自治区阿尔山国家地质公园湿地秋季景观

▲东北木蓼枝条

蓼科 Polygonaceae

本科共收录 9 属、36 种。

木蓼属 *Atraphaxis* L.

东北木蓼 *Atraphaxis mandshurica* Kitag.

别　　名 东北针枝蓼 灌木蓼 枝木蓼

药用部位 蓼科东北木蓼的茎枝。

原 植 物 落叶灌木，高 50 ~ 100 cm，多分枝。树皮暗灰褐色，呈纤细状剥离。木质枝开展，当年生枝细长，顶端具叶或花。托叶鞘圆筒状，褐色，长 2 ~ 5 mm，上部斜，膜质，透明，2 裂，顶端具 2 个尖锐的牙齿；叶蓝绿色至灰绿色，狭披针形、披针形或长圆形，长 1.0 ~ 2.5 cm，宽 5 ~ 15 mm，顶端渐尖或钝，具短尖，基部渐狭成短柄，边缘通常下卷，具突起的中脉及不明显的羽状脉纹。总状花序顶生，长 4 ~ 6 cm，花被片 5，粉红色，具白色边缘。瘦果狭卵形，具 3 棱，顶端渐尖，黑褐色，光亮。花期 5—6 月，果期 7—8 月。

生　　境 生于砾石坡地、山谷灌丛、干涸河道、干旱草原、沙丘及田边等处。

分　　布 黑龙江齐齐哈尔市区、肇东、泰来、安达等地。吉林通榆、镇赉等地。辽宁彰武。内蒙古新巴尔虎右旗、科尔沁右翼中旗、科尔沁左翼后旗、克什克腾旗、翁牛特旗、巴林右旗、阿鲁科尔沁旗、西乌珠穆沁旗、正蓝旗等地。宁夏、甘肃、青海、新疆。俄罗斯、蒙古、哈萨克斯坦。

采　　制　四季剪去枝条，切段，洗净，晒干。

性味功效　有发汗、清热、祛风湿的功效。

主治用法　用于温病、感冒发热、游痛症、风疹、风湿性关节炎、疮疡等。水煎服。

用　　量　适量。

▲东北木蓼花（侧）

◎参考文献◎

[1] 中国药材公司．中国中药资源志要 [M]．北京：科学出版社，1994: 233.

▼东北木蓼花

沙拐枣属 *Calligonum* L.

沙拐枣 *Calligonum mongolicum* Turcz.

别　　名　甘肃沙拐枣　戈壁沙拐枣　蒙古沙拐枣

药用部位　蓼科沙拐枣根及带果全株。

原 植 物　灌木，高 25 ~ 150 cm。老枝灰白色或淡黄灰色，开展，拐曲；当年生幼枝草质，灰绿色，有关节，节间长 0.6 ~ 3.0 cm。叶线形，长 2 ~ 4 mm。花白色或淡红色，通常 2 ~ 3，簇生叶腋；花梗细弱，长 1 ~ 2 mm，下部有关节；花被片卵圆形，长约 2 mm，果时水平伸展。果实（包括刺）宽椭圆形，通常长 8 ~ 12 mm，宽 7 ~ 11 mm；瘦果不扭转、微扭转或极扭转，条形、窄椭圆形至宽椭圆形；果肋突起或突起不明显，沟槽稍宽成狭窄，每肋有刺 2 ~ 3 行；刺等长或长于瘦果之宽，细弱，毛发状，质脆，易折断，较密或较稀疏，基部不扩大或稍扩大，中部 2 ~ 3 次。花期 5—7 月，果期 6—8 月。

生　　境　生于典型荒漠区、荒漠草原区的流动沙地、半流动沙地、覆

▼沙拐枣花（侧）

▼沙拐枣植株（花期）

沙戈壁、沙质坡地、沙砾质坡地及干河床上等处。

分　　布　内蒙古苏尼特左旗、二连浩特等地。甘肃、青海、新疆。蒙古。

采　　制　春、秋季采挖根，洗净、切段、晒干。秋季采收带果全株，洗净、切段、晒干。

性味功效　味苦、涩，性微温。有清热解毒、利尿的功效。

主治用法　用于热淋、尿浊、疮疖疔毒、皮肤皲裂等。水煎服。也可外用。

用　　量　内服：15 ~ 30 g。外用适量，研末调敷或煎水洗。

▲沙拐枣植株（果期）

▲沙拐枣花（背）

附　　方

（1）治小便混浊：沙拐枣根 15 ~ 30 g。水煎服。

（2）治尿浊、热淋：沙拐枣根 30 ~ 60 g。水煎服。

（3）治皮肤皲裂：沙拐枣全草，研末，调油膏外涂或煎水外洗。

◎参考文献◎

[1] 赵一之，赵利清，曹瑞．内蒙古植物志 [M]. 3 版．呼和浩特：内蒙古人民出版社，2020: 443-444.

[2] 江纪武．药用植物辞典 [M]．天津：天津科学技术出版社，2005: 133.

▲沙拐枣花

▲沙拐枣果实

▲荞麦植株

荞麦属 *Fagopyrum* Gaertn.

荞麦 *Fagopyrum esculentum* Moench

别　　名　甜荞　花荞　肠净草

药用部位　蓼科荞麦的种子及茎叶。

原 植 物　一年生草本。茎直立，高 30 ~ 90 cm，上部分枝，绿色或红色，具纵棱。叶三角形或卵状三角形，长2.5 ~ 7.0 cm，宽 2 ~ 5 cm，顶端渐尖，基部心形，两面沿叶脉具乳头状突起；下部叶具长柄，上部较小，近无梗；托叶鞘膜质，短筒状。花序顶生或腋生，花序梗一侧具小突起；苞片卵形，长约 2.5 mm，绿色，边缘膜质，每苞内具花 3 ~ 5；花梗比苞片长，无关节，花被片 5 深裂，白色或淡红色，花被片椭圆形，长 3 ~ 4 mm；雄蕊 8，比花被片短，花药淡红色；花柱 3，柱头头状。瘦果卵形，具 3 锐棱，顶端渐尖，长 5 ~ 6 mm，暗褐色。花期 8—9 月，果期 9—10 月。

生　　境　生于田野、路旁及荒地等处。

分　　布　全国绝大部分地区。亚洲及欧洲。在中国东北绝大多数地区逸为野生。

▼荞麦花序

采　　制　秋季采收果实，脱皮，除去杂质，获取种子，晒干。夏、秋季采收茎叶，切段，洗净，晒干。

性味功效　种子：味甘，性凉。有健胃、下气消积、收敛的功效。茎叶：味酸，性寒。有降压、止血的功效。

主治用法　种子：用于肠胃积滞、慢性泄泻、痢疾、白带异常、淋巴结结核、烧烫伤等。水煎服。茎叶：用于高血压、毛细血管脆弱性出血、视网膜出血、肺出血、中风、痈肿等。水煎服。

用　　量　种子：6 ~ 15 g。外用适量。茎叶：6 ~ 15 g。

▲荞麦花序（紫色）

附　　方

（1）治慢性泻痢、妇女白带异常：荞麦适量。炒后研末，水泛为丸，每服 10 g，每日 2 次。

（2）治高血压、眼底出血、毛细血管脆性出血、紫癜：鲜荞麦叶 50 ~ 100 g，藕节 3 ~ 4 个。水煎服。

（3）治疮毒、疖毒、丹毒、无名肿毒：荞麦面炒黄，用米醋调如糊状，涂于患部，早晚更换，有消炎、消肿的功效。

（4）治出黄汗：荞麦子 500 g。磨粉后筛去壳，加红糖烙饼或煮食。

（5）治偏正头痛：荞麦子、蔓荆子各等量。研末，以烧酒调敷患部。

（6）治汤火伤：荞麦面炒黄色，以井华水调敷。

▲荞麦果实

（7）治深部痈肿：鲜荞麦全草 50 g。绞取汁液，用陈酒冲服，药渣外敷。

（8）治烂痈疽、面痣：荞麦秸烧灰淋汁，取碱熬干，同石灰各等量，蜜收（点患处）。

（9）治妇女赤白带下：荞面 100 g。与鸡蛋清和匀。每次 15 g，日服 2 次。

（10）治寒热石淋：荞麦秆一把。水煎，以红糖为引，日服 2 次。

▼荞麦花序（背）

◎参考文献◎

[1] 江苏新医学院．中药大辞典（下册）[M]．上海：上海科学技术出版社，1977: 1595-1596.

[2] 朱有昌．东北药用植物 [M]．哈尔滨：黑龙江科学技术出版社，1989: 266-268.

[3] 钱信忠．中国本草彩色图鉴（第三卷）[M]．北京：人民卫生出版社，2003: 457-458.

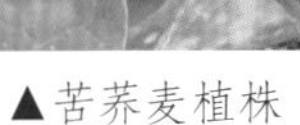

▲苦荞麦植株

▲苦荞麦幼株

苦荞麦 *Fagopyrum tataricum*（L.）Gaertn.

别　　名　苦荞

药用部位　蓼科苦荞麦的根及全草。

原 植 物　一年生草本。茎直立，高 30 ~ 70 cm，分枝，绿色或微紫色，有细纵棱，一侧具乳头状突起。叶宽三角形，长 2 ~ 7 cm，两面沿叶脉具乳头状突起，下部叶具长叶柄，上部叶较小，具短柄；托叶鞘偏斜，膜质，黄褐色，长约 5 mm。花序总状，顶生或腋生，花排列稀疏；苞片卵形，长 2 ~ 3 mm，每苞内具花 2 ~ 4，花梗中部具关节；花被片 5 深裂，白色或淡红色，花被片椭圆形，长约 2 mm；雄蕊 8，比花被片短；花柱 3，短。瘦果长卵形，长 5 ~ 6 mm，具 3 棱及 3 条纵沟，上部棱角锐利，下部圆钝，黑褐色，比宿存花被片长。花期 8—9 月，果期 9—10 月。

生　　境　生于路旁、荒地、田间、田边及住宅附近。

分　　布　全国绝大部分地区。亚洲、欧洲、美洲。在东北的绝大多数地区逸为野生，成为东北新的归化植物。

采　　制　秋季采挖根，除去泥土，洗净，晒干。春、夏、秋三季采收全草，除去杂质，洗净，晒干。

性味功效　味甘、苦，性平。有健胃顺气、除湿止痛的功效。果实壳：做枕有明目的功效。

主治用法 用于胃痛、消化不良、痢疾、劳伤、腰腿痛、疮痈肿毒、跌打损伤等。水煎服或浸酒、研末。外用捣烂敷患处。

用　量 根：15 ~ 25 g。全草：15 ~ 50 g。

附　方

（1）治胃痛：苦荞麦根 15 ~ 25 g。水煎服。

（2）治积滞、饱胀：苦荞麦根 10 ~ 15 g，胡桃仁适量。一同嚼服。

（3）治腰腿疼痛：苦荞麦根 25 g。水煎服，同时煎汤熏洗。

◎参考文献◎

[1] 江苏新医学院．中药大辞典（上册）[M]．上海：上海科学技术出版社，1977: 1295.

[2] 朱有昌．东北药用植物 [M]．哈尔滨：黑龙江科学技术出版社，1989: 268-269.

[3] 中国药材公司．中国中药资源志要 [M]．北京：科学出版社，1994: 219.

▲苦荞麦花

▼苦荞麦果实

▲齿翅蓼果实

▲齿翅蓼瘦果

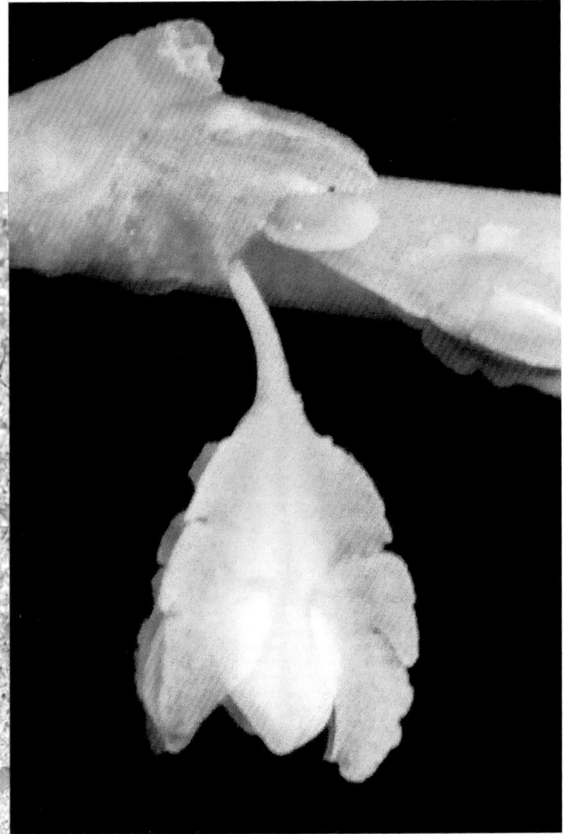

▲齿翅蓼花（侧）

齿翅蓼 *Fallopia dentato-alata*（F. Schm）Holub

别　　名　卷旋蓼　齿翅首乌

药用部位　蓼科齿翅蓼的全草。

原 植 物　一年生草本。茎缠绕，长 1 ~ 2 m，分枝，具纵棱，沿棱密生小突起。叶卵形或心形，长 3 ~ 6 cm，宽 2.5 ~ 4.0 cm，顶端渐尖，基部心形，两面无毛，沿叶脉具小突起，边缘全缘，具小突起；叶柄长 2 ~ 4 cm，具纵棱及小突起；托叶鞘短，偏斜，膜质，长 3 ~ 4 mm。总状花序腋生或顶生，长 4 ~ 12 cm，具小叶；苞片漏斗状，每苞内具花 4 ~ 5；花被片 5 深裂，红色；花被片外面 3 片背部具翅，果时增大，翅通常具齿，基部沿花梗明显下延；花被片果时外形呈倒卵形，长 8 ~ 9 mm，直径 5 ~ 6 mm；花梗细弱，雄蕊 8，比花被片短；花柱 3。瘦果椭圆形，具 3 棱，黑色。花期 7—8 月，果期 9—10 月。

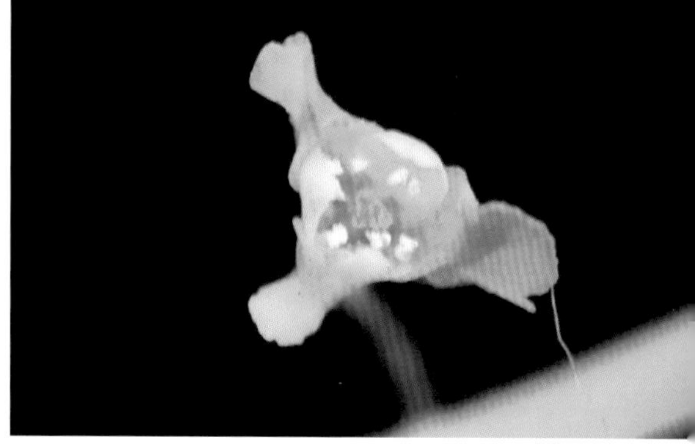

▲齿翅蓼花

生　　境　生于山坡草丛、山谷湿地、河岸及田野等处。

分　　布　黑龙江黑河、五常、尚志等地。吉林长白山各地。辽宁本溪、桓仁、凤城、抚顺、西丰、岫岩、鞍山市区、庄河、海城、大连市区、营口、凌源等地。内蒙古喀喇沁旗、宁城等地。河北、山西、陕西、江苏、安徽、河南、湖北、贵州、甘肃、青海、四川、云南。朝鲜、俄罗斯（西伯利亚中东部）、日本。

采　　制　夏、秋季采收全草，洗净，晒干。

性味功效　有清热解毒的功效。

主治用法　用于目赤。水煎服。

▲齿翅蓼幼株

◎参考文献◎

[1] 中国药材公司．中国中药资源志要 [M]．北京：科学出版社，1994: 233.

[2] 江纪武．药用植物辞典 [M]．天津：天津科学技术出版社，2005: 324.

▼齿翅蓼植株

山蓼属 *Oxyria* Hill.

山蓼 *Oxyria digyna*（L.）Hill.

别　　名　肾叶高山蓼　肾叶山蓼　鹿蹄叶

俗　　名　酸浆草

药用部位　蓼科山蓼的全草（入药称“酸浆菜”或“酸浆草”）。

原 植 物　多年生草本。茎直立，高 15 ~ 20 cm，单生或数条自根状茎发出，无毛，具细纵沟。根状茎粗壮，直径 5 ~ 10 mm。基生叶肾形或圆肾形，长 1.5 ~ 3.0 cm，宽 2 ~ 5 cm，纸质，顶端圆钝，基部宽心形，边缘近全缘，上面无毛，下面沿叶脉具极稀疏的短硬毛；叶柄无毛，长可达 12 cm；无茎生叶，托叶鞘膜质，顶端偏斜。花序圆锥状，苞片膜质，每苞内具花 2 ~ 5；花被片 4，呈 2 轮，果时内轮 2 片增大，雄蕊 6，子房扁平，花柱 2，柱头画笔状。瘦果卵形，双凸镜状，长 2.5 ~ 3.0 mm，两侧边缘具膜质翅，连翅外形近圆形，直径 4 ~ 6 mm；翅较宽，膜质，淡红色，边缘具小齿。花期 6—7 月，果期 8—9 月。

▼山蓼植株

▼山蓼幼株

▲山蓼花序

▲山蓼果实

生　　境　生于高山带石缝间隙或岳桦林下的山坡和山谷等处。
分　　布　吉林长白、抚松、安图。陕西、四川、云南、新疆、西藏。朝鲜、俄罗斯（西伯利亚）、蒙古、日本、哈萨克斯坦、巴基斯坦、印度、尼泊尔、不丹。欧洲、北美洲。
采　　制　夏、秋季采收地上部分，除去杂质，洗净，晒干。
性味功效　味酸，性凉。有清热利湿的功效。
主治用法　用于肝炎、肝气不舒、维生素 C 缺乏症等。水煎服。
用　　量　15 ~ 20 g。

◎参考文献◎

[1] 江苏新医学院．中药大辞典（下册）[M]．上海：上海科学技术出版社，1977: 2537.
[2] 钱信忠．中国本草彩色图鉴（第五卷）[M]．北京：人民卫生出版社，2003: 355-356.
[3] 中国药材公司．中国中药资源志要 [M]．北京：科学出版社，1994: 220.

▲萹蓄植株

▼萹蓄瘦果

蓼属 *Polygonum* L.

萹蓄 *Polygonum aviculare* L.

别　　名　萹蓄蓼　扁竹蓼　乌蓼　扁畜

俗　　名　猪牙草　扁猪牙　猪牙菜　扁竹竹节草　小猪叶

药用部位　蓼科萹蓄的全草。

原 植 物　一年生草本。茎平卧、上升或直立，高 10 ~ 40 cm，自基部多分枝，具纵棱。叶椭圆形、狭椭圆形或披针形，长 1 ~ 4 cm，宽 3 ~ 12 mm，顶端钝圆或急尖，基部楔形，全缘，两面无毛，叶柄短或近无柄，托叶鞘膜质。花单生或数朵簇生于叶腋，遍布于植株；苞片薄膜质；花梗细，顶部具关节；花被片 5 深裂，椭圆形，长 2.0 ~ 2.5 mm，绿色，边缘白色或淡红色；雄蕊 8，花丝基部扩展；花柱 3。柱头头状。瘦果卵形，具 3 棱，长 2.5 ~ 3.0 mm，黑褐色，密被由小点组成的细条纹，无光泽，与宿存花被近等长或稍超过。花期 6—9 月，果期 9—10 月。

生　　境　生于田野、荒地、路旁及乡镇住宅附近，常聚集成片生长。

分　　布　全国各地。北温带。

采　　制　夏季叶茂盛时采收地上部分，除去根和杂质，切段，鲜用或晒干。

性味功效　味苦，性平、微寒。有利尿通淋、清热、杀虫、止痒的功效。

主治用法　用于湿热淋病、尿路感染、尿路结石、小便涩痛、腮腺炎、肠炎、痢疾、白带异常、霍乱、腹泻、痔疮、湿热黄疸、蛔虫病、绦虫病、湿疹、阴道滴虫、局部瘙痒、阴道溃疡等。水煎服或捣汁。外用鲜品捣烂敷患处或煎水洗。

用　　量　10 ~ 25 g。外用适量。

附　　方

（1）治泌尿系统感染、尿频、尿急：萹蓄、瞿麦各 25 g，滑石 50 g，大黄 20 g，车前子、木通、山栀子、甘草梢各 15 g，灯芯草 5 g。

▲市场上的萹蓄植株

▲萹蓄幼苗

▼萹蓄幼株

▲萹蓄花

▲萹蓄果实

◀萹蓄花（白色）

水煎服。孕妇禁忌。又方：萹蓄、车前子各 30 g，木通 10 g。水煎服。

（2）治输卵管结石伴肾盂积水：萹蓄、生地、萆解各 25 g，川断、补骨脂、杜仲、丹参、泽泻、海金沙各 15 g，滑石 50 g。水煎服。有感染加虎杖、金银花各 25 g。

（3）治疥癣湿痒、妇女外阴部瘙痒：萹蓄适量。煎汤外洗患处。

（4）治胆管蛔虫病：萹蓄 100 g，陈醋 200 ml，加水 2 碗，煎至 1 碗，分 2 次服。

（5）治风湿性关节炎：萹蓄 30 g。煎汤，煮鸡蛋 7 个，喝汤吃蛋（吉林省民间方）。

（6）治细菌性痢疾：萹蓄糖浆（100%），每毫升含生药 1 g。每服 50 ml，每日 2 ~ 3 次。或鲜萹蓄全草 200 ~ 300 g（干品 100 ~ 200 g），水煎，一次顿服，早、晚饭后各服 1 次。

（7）治腮腺炎：萹蓄 30 g。洗净后切细捣烂，加入适量生石灰水，再调入蛋清，涂敷患处。一般敷药后 4 h 即可使体温下降，最长 12 h。多数患者 1 ~ 3 d 可获得痊愈。

附　注　本品为《中华人民共和国药典》（2020 年版）收录的药材。

◎参考文献◎

[1] 江苏新医学院．中药大辞典（下册）[M]．上海：上海科学技术出版社，1977: 2329-2331.

[2] 朱有昌．东北药用植物 [M]．哈尔滨：黑龙江科学技术出版社，1989: 289-291.

[3] 《全国中草药汇编》编写组．全国中草药汇编（上册）[M]．北京：人民卫生出版社，1975: 834.

红蓼 *Polygonum orientale* L.

▲红蓼植株

别　　名　东方蓼　天蓼　荭蓼　荭草

俗　　名　狗尾巴吊　水红子　水红花　狼尾子　狼尾巴吊　蓼吊子　大蓼吊子　水蓬棵　蓼吊棵　水大蓼

药用部位　蓼科红蓼的果实（称“水红花子”）、全草（称“荭草”）及花序（称“荭草花”）。

原 植 物　一年生草本。茎直立，粗壮，高 1 ~ 2 m，上部多分枝，密被开展的长柔毛。叶宽卵形或卵状披针形，长 10 ~ 20 cm，宽 5 ~ 12 cm，顶端渐尖，基部圆形或近心形，微下延，全缘，密生缘毛，叶柄长 2 ~ 10 cm，具开展的长柔毛；托叶鞘筒状，膜质，长 1 ~ 2 cm，被长柔毛，具长缘毛，通常沿顶端具草质、绿色的翅。总状花序呈穗状，顶生或腋生，长 3 ~ 7 cm，苞片宽漏斗状，长 3 ~ 5 mm，每苞内具花 3 ~ 5；花被片 5 深裂，椭圆形，淡红色或白色；长 3 ~ 4 mm；雄蕊 7，花盘明显；花柱 2，柱头头状。瘦果近圆形，双凹，直径 3.0 ~ 3.5 mm，黑褐色，有光泽，包于宿存花被片内。花期 8—9 月，果期 9—10 月。

生　　境　生于荒地、沟边、湖畔、路旁及住宅附近，常聚集成片生长。

▼红蓼居群

▲红蓼花序（粉白色）

▲红蓼花序（白色）

分　　布　黑龙江哈尔滨市区、齐齐哈尔市区、泰来、庆安、龙江、北安、嫩江、讷河、海伦、富裕、虎林、饶河、尚志、绥棱、富锦、桦川、汤原、佳木斯市区、勃利、依兰等地。吉林长白山各地和西部草原。辽宁丹东市区、宽甸、凤城、本溪、桓仁、抚顺、新宾、西丰、开原、清原、台安、盘山、铁岭、沈阳市区、新民、盖州、大连市区、营口市区、北镇等地。内蒙古科尔沁右翼中旗、科尔沁右翼前旗、科尔沁左翼中旗、突泉、开鲁、喀喇沁旗、敖汉旗等地。全国各地（除西藏外）。朝鲜、俄罗斯、日本、菲律宾、印度。欧洲、大洋洲。

采　　制　秋季果实成熟时剪下果穗，晒干，打下果实，搓去外皮，除去杂质，生用。夏、秋季采收全草，除去杂质，切段，洗净，晒干。夏末秋初采摘花序，除去杂质，洗净，晒干。

性味功效　果实：味咸，性寒。有散血消瘕、活血利尿、健脾利湿、消积止痛的功效。全草：味辛，性凉。有小毒。有祛风利湿、活血止痛、健胃止痢的功效。花序：味辛，性凉。有散血、消积、止痛的功效。

主治用法　果实：用于腹部肿块、脾肿大、瘿瘤肿痛、食积不消、脘腹胀痛、肝硬化腹腔积液、糖尿病、火眼、颈淋巴结结核等。水煎服。外用捣烂敷患处。全草：用于风湿关节痛、疟疾、疝气、脚气、疮肿等。水煎服。花序：用于心气痛、胃气痛、痢疾、痞块等。水煎服，研末、熬膏或浸酒。外用熬膏贴患处。

用　　量　果实：10 ~ 15 g，大剂量 50 g。外用适量。全草：25 ~ 50 g。外用适量。花序：5 ~ 10 g。外用适量。

附　　方

（1）治风湿性关节炎：鲜红蓼 100 g，鲜鹅不食草 25 g。水煎服。或单用茳草 50 g。水煎服。

（2）治胃脘血气作痛：红蓼花序一大串。水 2 碗，煎成 1 碗，炖服。

▼红蓼果序

▲红蓼幼株

（3）治颈淋巴结结核（未破或已破）：红蓼种子不拘多少。微炒一半，生用一半，同研成末，用好酒调服 10 g，日服 3 次，食后、夜卧各服 1 次。
（4）治腹中痞积：红蓼花或红蓼种子 1 碗。加水 3 碗，用文武火煎成膏，量痞大小摊贴，扔以酒调膏服。忌荤腥油腻。
（5）治慢性肝炎、肝硬化腹腔积液：红蓼种子 25 g，大腹皮 20 g，黑丑 15 g。水煎服。
（6）治脾肿大、腹胀：红蓼种子 500 g。水煎熬膏。每次一汤匙，每日 2 次，黄酒或白开水送服。并用红蓼种子膏摊布上，外贴患部，每天换药 1 次。

附　注　本品为《中华人民共和国药典》（2020 年版）收录的药材。

▼红蓼花

▼红蓼瘦果

◎参考文献◎

[1] 江苏新医学院．中药大辞典（上册）[M]．上海：上海科学技术出版社，1977: 545-546.
[2] 朱有昌．东北药用植物 [M]．哈尔滨：黑龙江科学技术出版社，1989: 276-279.
[3]《全国中草药汇编》编写组．全国中草药汇编（上册）[M]．北京：人民卫生出版社，1975: 185-186.

▲春蓼群落

▲春蓼瘦果

春蓼 *Polygonum persicaria* L.

别　　名　桃叶蓼

药用部位　蓼科春蓼的全草。

原 植 物　一年生草本。茎直立或上升，高40 ~ 80 cm。叶披针形或椭圆形，长4 ~ 15 cm，宽1.0 ~ 2.5 cm，顶端渐尖或急尖，基部狭楔形，上面近中部有时具黑褐色斑点，边缘具粗缘毛；叶柄长5 ~ 8 mm，被硬伏毛；托叶鞘筒状，膜质，长1 ~ 2 cm，疏生柔毛，顶端截形，缘毛长1 ~ 3 mm。总状花序呈穗状，长2 ~ 6 cm，苞片漏斗状，紫红色，具缘毛，每苞内含5 ~ 7花；花梗长2.5 ~ 3.0 mm，花被片通常5深裂，紫红色，花被片长圆形，长2.5 ~ 3.0 mm，脉明显；雄蕊6 ~ 7，花柱2。瘦果近圆形或卵形，双凸镜状，稀具3棱，长2.0 ~ 2.5 mm，黑褐色，平滑，有光泽，包于宿存花被片内。花期8—9月，果期9—10月。

生　　境　生于沟边湿地、农田、路旁等处。

分　　布　黑龙江呼玛、依兰等地。吉林通化、珲春、靖宇、洮南等地。辽宁宽甸、本溪、西丰、北镇等地。内蒙古牙克石、鄂温克旗、满洲里、新巴尔虎左旗、科尔沁右翼中旗、扎赉特旗、宁城、克什克腾旗、西乌珠穆沁旗等地。河北、山西、湖北、湖南、江西、陕西、宁夏、甘肃、广西、四川、贵州。朝鲜、俄罗斯。欧洲、非洲、北美洲。

采　　制　夏、秋季采收全草，除去杂质，切段，洗净，晒干。

性味功效　味辛，性温。有发汗除湿、消食止泻、疗伤的功效。

主治用法　用于痢疾、泄泻、蛇咬伤、创伤、消化不良、腹泻等。水煎服。

用　　量　6 ~ 12 g。

◎参考文献◎

[1] 严仲铠，李万林. 中国长白山药用植物彩色图志 [M]. 北京：人民卫生出版社，1997: 138.

[2] 中国药材公司. 中国中药资源志要 [M]. 北京：科学出版社，1994: 228.

[3] 江纪武. 药用植物辞典 [M]. 天津：天津科学技术出版社，2005: 633.

▼春蓼植株

▲香蓼植株

香蓼 *Polygonum viscosum* Buch.-Ham. ex D. Don

别　　名　黏毛蓼

药用部位　蓼科香蓼的全草。

原 植 物　一年生草本。植株具香味，直立或上升，多分枝，密被开展的长糙硬毛及腺毛，高 50 ~ 90 cm。叶卵状披针形或椭圆状披针形，长5 ~ 15 cm，宽 2 ~ 4 cm，顶端渐尖或急尖，基部楔形，沿叶柄下延，托叶鞘膜质，筒状，长 1.0 ~ 1.2 cm，顶端截形。总状花序呈穗状，顶生或腋生，长 2 ~ 4 cm，花紧密，苞片漏斗状，具长糙硬毛及腺毛，边缘疏生长缘毛，每苞内具花 3 ~ 5；花梗比苞片长；花被片 5 深裂，淡红色，花被片椭圆形，长约 3 mm，雄蕊 8，比花被片短；花柱 3，中下部合生。瘦果宽卵形，具 3 棱，黑褐色，有光泽，长约 2.5 mm，包于宿存花被片内。花期 7—8 月，果期 9—10 月。

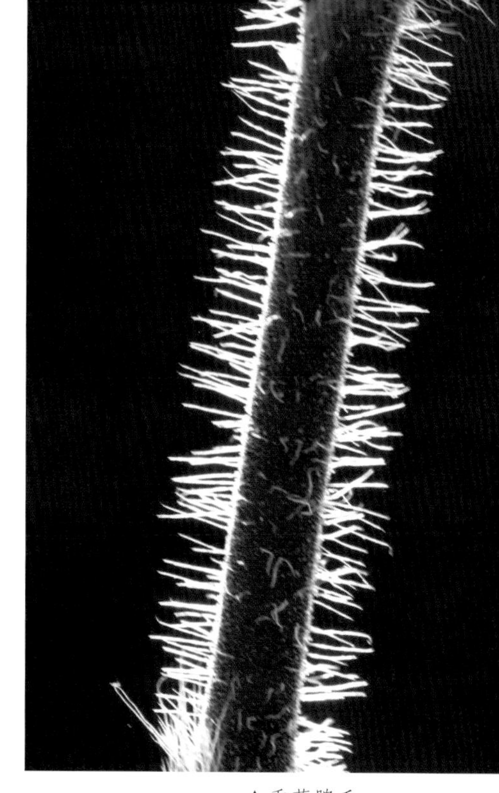

▲香蓼腺毛

▼香蓼幼株

◀ 香蓼花序

生　　境　生于田野、荒地、河岸、沼泽、路旁等较潮湿的地方，常聚集成片生长。

分　　布　黑龙江尚志。吉林长白山各地。辽宁本溪、桓仁、凤城、新宾、鞍山、辽阳、沈阳等地。河北、山东、江苏、福建、安徽、江西、陕西、湖南、湖北、广东、广西、四川、云南、贵州。朝鲜、俄罗斯（西伯利亚中东部）、日本、印度。

采　　制　夏、秋季采收全草，除去杂质，切段，洗净。

性味功效　味酸，性凉。有清热、解毒、祛痰、止咳的功效。

主治用法　用于上呼吸道感染、气管炎、咽喉肿痛、痢疾、肠炎、水肿、小便不利、湿疹、疮疖、风寒湿痹关节痛（局部红肿，疼痛不已）、无名肿毒等。水煎服。外用捣烂敷患处。

用　　量　15 ~ 20 g。外用适量。

◎参考文献◎

[1] 严仲铠，李万林．中国长白山药用植物彩色图志 [M]．北京：人民卫生出版社，1997: 502-504.

[2] 中国药材公司．中国中药资源志要 [M]．北京：科学出版社，1994: 230.

[3] 江纪武．药用植物辞典 [M]．天津：天津科学技术出版社，2005: 635.

▼香蓼花

▼香蓼果实

酸模叶蓼 *Polygonum lapathifolium* L.

别　　名　大马蓼

俗　　名　蓼吊子 狗尾巴花　水红子　白公草　白公子　狗尾巴吊

药用部位　蓼科酸模叶蓼的干燥全草（入药称“假辣蓼”）及种子。

原 植 物　一年生草本。茎直立，高 40 ~ 90 cm，具分枝，无毛，节部膨大。叶披针形或宽披针形，长 5 ~ 15 cm，宽 1 ~ 3 cm，顶端渐尖或急尖，基部楔形，上面绿色，常有一个大的黑褐色新月形斑点，两面沿中脉被短硬伏毛，全缘，叶柄短，托叶鞘筒状，长 1.5 ~ 3.0 cm，无毛，具多数脉，顶端截形。总状花序呈穗状，花序梗被腺体；苞片漏斗状，边缘具稀疏短缘毛；花被片淡红色或白色，4 ~ 5 深裂，花被片椭圆形，外面两面较大，脉粗壮，顶端分叉，外弯；雄蕊通常 6。瘦果宽卵形，双凹，长 2 ~ 3 mm，黑褐色，有光泽，包于宿存花被片内。花期 7—8 月，果期 8—9 月。

▲酸模叶蓼瘦果

▲酸模叶蓼花

▼酸模叶蓼群落（山坡型）

▲酸模叶蓼花序

生　　境　生于沟边、荒地、路边湿地及沼泽附近，常聚集成片生长。

分　　布　黑龙江哈尔滨市区、杜尔伯特、大庆市区、克山、伊春、虎林、宁安、汤原、勃利、尚志等地。吉林长白山各地和西部草原各地。辽宁宽甸、本溪、桓仁、清原、铁岭、西丰、沈阳、锦州、彰武、绥中等地。内蒙古额尔古纳、扎兰屯、阿尔山、科尔沁右翼中旗、科尔沁右翼前旗、扎赉特旗、扎鲁特旗、克什克腾旗、翁牛特旗、巴林左旗、巴林右旗、阿鲁科尔沁旗、奈曼旗、库伦旗、敖汉旗、东乌珠穆沁旗、西乌珠穆沁旗、正蓝旗、镶黄旗等地。河南、山东、安徽、江苏、浙江、湖北、陕西、甘肃、宁夏、广东、广西、贵州、四川。华北。欧亚温带地区。

采　　制　夏、秋季采收全草，鲜用或晒干备用。秋季果实成熟时剪下果穗，晒干，打下种子，搓去外皮，除去杂质，生用。

性味功效　全草：味辛，性温。有清热解毒、除湿化滞、止痢、杀虫、消炎、利尿、消肿、止痒的功效。种子：味咸，性寒。有消瘀破积、健脾利湿的功效。

▼酸模叶蓼群落（湿地型）

▲酸模叶蓼植株

▼酸模叶蓼幼株

主治用法 全草：用于痢疾、肠炎、风湿、湿疹、瘰疬、各种疮毒等。水煎服。外用鲜品捣烂敷患处。种子：用于胃痛、食少腹胀、火眼、疮肿、瘰疬、水臌、肋腹症积等。水煎服。外用鲜品捣烂或熬膏敷患处。

用　　量 全草：15 ~ 25 g。外用适量。种子：10 ~ 15 g。外用适量。

附　　方 治痢疾：假辣蓼一把，晒干，浓煎温服。

◎参考文献◎

[1] 江苏新医学院．中药大辞典（下册）[M]．上海：上海科学技术出版社，1977：2185．

[2] 朱有昌．东北药用植物 [M]．哈尔滨：黑龙江科学技术出版社，1989．273-274．

[3] 钱信忠．中国本草彩色图鉴（第一卷）[M]．北京：人民卫生出版社，2003：77-78．

▲水蓼幼株

水蓼 *Polygonum hydropiper* L.

别　　名　辣蓼　辣蓼草

俗　　名　水胡椒　水红子　水荭子　辣花子　水公子　蓼吊子　水马蓼

药用部位　蓼科水蓼的全草、根及果实。

原 植 物　一年生草本。茎直立，高 40 ~ 70 cm，无毛，节部膨大。叶披针形或椭圆状披针形，长 4 ~ 8 cm，宽 0.5 ~ 2.5 cm，顶端渐尖，基部楔形，全缘，被褐色小点，有时沿中脉具短硬伏毛，具辛辣味，叶腋具闭花受精花；叶柄长 4 ~ 8 mm；托叶鞘筒状，膜质，褐色，长 1.0 ~ 1.5 cm，通常托叶鞘内藏有花簇。总状花序长 3 ~ 8 cm，通常下垂，花稀疏，下部间断；苞片漏斗状，边缘膜质，每苞内具花 3 ~ 5；花被片 5 深裂，稀 4 裂，绿色，上部白色或淡红色，被黄褐色透明腺点，花被片椭圆形，雄蕊 6，花柱 2 ~ 3，柱头头状。瘦果卵形，双凸镜状，具 3 棱，密被小点。花期 8—9 月，果期 9—10 月。

生　　境　生于河滩、水沟边及山谷湿地等处，常聚集成片生长。

分　　布　黑龙江哈尔滨市区、伊春、牡丹江市区、宁安、林口、克山、佳木斯市区、富锦、宝清、友谊、绥棱、海伦、萝北、逊克、尚志、孙吴等地。吉林长白山各地及通榆、镇赉、前郭、长岭等地。辽宁本溪、桓仁、岫岩、新宾、西丰、沈阳市区、新民、大连、凌源、彰武等地。内蒙古额尔古纳、陈巴尔虎旗、鄂温克旗、科尔沁右翼前旗、科尔沁左翼后旗、巴林左旗、巴林右旗、克什克腾旗、喀喇沁旗、宁城、东乌珠穆沁旗等地。全国各地。朝鲜、俄罗斯、日本、印度、澳大利亚。中南半岛、东南亚、欧洲、北美洲。

采　　制　夏、秋季采收全草，除去杂质，切段，洗净，鲜用或晒干。春、秋季采收根，除去泥土，洗净，鲜用或晒干。秋季采收果实，除去杂质，洗净，晒干。

▼水蓼植株

性味功效　全草：味辛、酸，性温。有小毒。有祛风利湿、解毒、涩肠、止痢、止血、止痒的功效。根：味辛，性温。有除湿、祛风、活血、解毒的功效。果实：味辛，性温。有温中利水、破瘀散结的功效。

主治用法　全草：用于痢疾、肠炎、吐泻、脘腹绞痛、血气攻心、小儿疳积、经漏、便血、子宫出血、湿疹、风湿、脚气、疥癣、痈肿、跌打损伤、毒蛇咬伤等。

水煎服。外用捣烂敷患处可治疗湿疹和顽癣。根：用于痢疾、肠炎、泄泻、脘腹绞痛、风湿骨痛、月经不调、皮肤湿癣等。水煎服。外用捣烂敷患处。果实：用于吐泻腹痛、症积痞胀、水肿、痈肿疮疡、瘰疬。水煎服，研末或绞汁。外用研末调敷或煎水洗。

用　　量　全草：15 ~ 30 g。外用适量。根：15 ~ 30 g。外用适量。果实：内、外用适量。

附　　方

（1）治阿米巴痢疾：水蓼全草 15 g，白花蛇舌草、仙鹤草各 25 g。水煎服，每日 1 剂。

（2）治脚癣：鲜水蓼 100 g。切碎，加水 150 ml，煎 30 ~ 40 min，过滤，滤液加适量的苯甲酸作为防腐剂贮瓶备用。每天用药液涂患部 2 次。

（3）治细菌性痢疾、肠炎：水蓼全草适量。研粉装入胶囊，每服 0.50 ~ 0.75 g，每日 4 次，小儿酌减。重症可用干草 100 ~ 150 g（鲜草加倍）。水煎，分 2 次服，每日 4 次，总量 200 ~ 300 g，直至症状消失后再服 1 剂。又方：水蓼干根 100 g。水煎 2 次，合并过滤，浓缩至 100 ml，每日 3 次分服，疗效显著。

（4）治子宫出血、便血：水蓼带根全草 50 g。水煎，日服 2 次。

（5）治小儿疳积：水蓼全草 15 ~ 18 g，麦芽 12 g。水煎，早晚饭前 2 次分服，连服数日。

（6）治子宫出血：水蓼开花期地上部分 1 000 g。切碎，放在玻璃容器内，以体积分数为 3% 的酒精 2 000 ml 浸没，常温静置 48 h（每日搅拌 3 次），然后过滤，得滤液约 2 000 ml，密闭贮存。每服 20 ml，每 2 h1 次。疗程 1 ~ 4 d。

◎参考文献◎

[1] 江苏新医学院．中药大辞典（上册）[M]．上海：上海科学技术出版社，1977：519-520，544.

[2] 江苏新医学院．中药大辞典（下册）[M]．上海：上海科学技术出版社，1977：2545-2546.

[3] 朱有昌．东北药用植物 [M]．哈尔滨：黑龙江科学技术出版社，1989：271-273.

[4]《全国中草药汇编》编写组．全国中草药汇编（上册）[M]．北京：人民卫生出版社，1975：896-897.

▲水蓼花序

▲水蓼花

▲西伯利亚蓼花（侧）

▲西伯利亚蓼植株

西伯利亚蓼 *Polygonum sibiricum* Laxm.

别　　名　剪刀股　醋柳

俗　　名　野茶　驴耳朵　牛鼻子　鸭子嘴　酸姜

药用部位　蓼科西伯利亚蓼的根状茎。

原 植 物　多年生草本，茎外倾或近直立，高 10 ~ 25 cm。叶片长椭圆形或披针形，无毛，长 5 ~ 13 cm，宽 0.5 ~ 1.5 cm，顶端急尖或钝，基部戟形或楔形，边缘全缘，叶柄长 8 ~ 15 mm；托叶鞘筒状，膜质，上部偏斜，开裂，无毛，易破裂。花序圆锥状，顶生，花排列稀疏，通常间断；苞片漏斗状，无毛，通常每苞内具花 4 ~ 6；花梗短，中上部具关节；花被片 5 深裂，黄绿色，花被片长圆形，长约 3 mm；雄蕊 7 ~ 8，稍短于花被片，花丝基部较宽，花柱 3，较短，柱头头状。瘦果卵形，具 3 棱，黑色，有光泽，包于宿存的花被片内或凸出。花期 7—8 月，果期 8—9 月。

生　　境　生于路边、湖边、河滩、山谷湿地、海滨沙滩及沙质盐碱地等处，常聚集成片生长。

▼西伯利亚蓼群落

▲西伯利亚蓼花

分　　布　黑龙江哈尔滨、龙江、杜尔伯特、大庆市区、安达、肇东等地。吉林白城、通榆、镇赉、洮南、长岭、前郭等地。辽宁东港、长海、大连市区、绥中、北镇等地。内蒙古科尔沁右翼中旗、扎赉特旗、科尔沁左翼中旗、扎鲁特旗、巴林左旗、巴林右旗、克什克腾旗、阿鲁科尔沁旗、东乌珠穆沁旗、西乌珠穆沁旗等地。河北、山西、山东、河南、陕西、甘肃、宁夏、青海、新疆、安徽、湖北、江苏、四川、贵州、云南、西藏。俄罗斯（西伯利亚）、蒙古、哈萨克斯坦。

采　　制　秋季采挖根状茎，除去泥土，剪去不定根，洗净，晒干。

性味功效　味淡，性寒。有利水渗湿、清热解毒的功效。

主治用法　用于便秘、腹腔积液、黄水病、腹痛、症瘕、瘀血疼痛、关节积液、皮肤瘙痒等。水煎服。外用煎汤洗患部。

用　　量　6～9 g。外用适量。

◎参考文献◎

[1] 中国药材公司．中国中药资源志要 [M]．北京：科学出版社，1994: 229.
[2] 江纪武．药用植物辞典 [M]．天津：天津科学技术出版社，2005: 634.

▲西伯利亚蓼花序

白山蓼花序

▲白山蓼植株

白山蓼 *Polygonum ocreatum* L.

药用部位 蓼科白山蓼的干燥全草。

原 植 物 多年生草本。茎直立，高 30 ~ 40 cm，自基部分枝，疏生短柔毛或近无毛，具细纵棱，分枝开展。叶披针形或线状披针形，长 4 ~ 7 cm，宽 0.5 ~ 0.8 cm，顶端急尖，基部狭楔形，边缘全缘，具短缘毛，两面或下面被近直立的长硬毛；叶柄长 0.3 ~ 0.5 cm；托叶鞘膜质，具纵脉，疏生长硬毛。花序圆锥状，分枝开展，花密集；苞片长卵形，被毛或近无毛，每苞内具花 1 ~ 2；花梗长 2.0 ~ 2.5 mm，顶部具关节；花被片 5 深裂，白色，花被片椭圆形，长 2.5 ~ 3.0 mm；雄蕊 8；花柱 3，较短；柱头头状。瘦果卵形，具 3 棱，长 3.0 ~ 3.5 mm，有光泽，包藏于宿存花被片内。花期 7—8 月，果期 8—9 月。

生　　境 生于高山冻原带、岳桦林下及高山石砾地上。

分　　布 吉林安图、抚松、长白等地。内蒙古科尔沁右翼前旗、扎鲁特旗、克什克腾旗、阿鲁科尔沁旗、东乌珠穆沁旗、西乌珠穆沁旗等地。朝鲜、俄罗斯（西伯利亚）、蒙古。

采　　制 夏、秋季采收全草，洗净，晒干。

性味功效 味辛，性温。有发汗除湿、消食止泻的功效。

主治用法 用于消化不良、腹泻、功能性子宫出血、痔疮出血、腹泻、便秘、蛇虫咬伤等。水煎服。外用捣烂敷患处。

用　　量 6 ~ 12 g。外用适量。

▼白山蓼幼株

◎参考文献◎

[1] 钱信忠. 中国本草彩色图鉴（第二卷）[M]. 北京：人民卫生出版社，2003: 187-188.

叉分蓼 *Polygonum divaricatum* L.

别　　名　分叉蓼

俗　　名　酸姜　酸浆　酸溜子草

药用部位　蓼科叉分蓼的全草及根（入药称“酸不溜”）。

原 植 物　多年生草本。茎直立，高 70 ~ 120 cm，无毛，自基部分枝，分枝呈叉状，开展。叶披针形或长圆形，长 5 ~ 12 cm，宽 0.5 ~ 2.0 cm，顶端急尖，基部楔形或狭楔形，边缘通常具短毛，叶柄长约 0.5 cm；托叶鞘膜质，偏斜，长 1 ~ 2 cm，疏生柔毛或无毛，开裂，脱落。花序圆锥状，分枝开展；苞片卵形，边缘膜质，背部具脉，每苞片内具花 2 ~ 3；花梗长 2.0 ~ 2.5 mm，与苞片近等长，顶部具关节；花被片 5 深裂，白色，花被片椭圆形，雄蕊 7 ~ 8，比花被片短；花柱 3，极短，柱头头状。瘦果宽椭圆形，具 3 锐棱，黄褐色，有光泽，长 5 ~ 6 mm，超出宿存花被片约 1 倍。花期 7—8 月，果期 8—9 月。

▲市场上的叉分蓼幼株

▼叉分蓼植株（草原型）

▲叉分蓼群落

▼叉分蓼花

▼叉分蓼花序

生　　境　生于山坡、草地、林缘、灌丛、沟谷、草原及固定沙丘等处，常聚集成片生长。

分　　布　黑龙江哈尔滨市区、泰来、大庆市区、安达、虎林、萝北、宁安、伊春市区、依兰、五常、海林、东宁、林口、穆棱、饶河、勃利、方正、延寿、汤原、通河、嘉荫、铁力、庆安、绥棱、宾县、肇东、杜尔伯特、富锦、讷河、嫩江、北安、五大连池、呼玛、漠河等地。吉林省各地。辽宁丹东市区、宽甸、本溪、桓仁、西丰、鞍山、辽阳、盖州、庄河、瓦房店、大连市区、锦州、北镇、葫芦岛市区、兴城、绥中、凌源、建昌、建平、阜新、彰武、营口市区、新民等地。内蒙古额尔古纳、牙克石、鄂伦春旗、鄂温克旗、科尔沁右翼前旗、科尔沁左翼中旗、科尔沁右翼中旗、科尔沁左翼后旗、扎赉特旗、扎鲁特旗、敖汉旗、库伦旗、巴林左旗、巴林右旗、阿鲁科尔沁旗、克什克腾旗、翁牛特旗、喀喇沁旗、东乌珠穆沁旗、西乌珠穆沁旗、阿巴嘎旗、正蓝旗、镶黄旗等地。河北、山西。朝鲜、蒙古、俄罗斯（西伯利亚中东部）。

采　　制　夏、秋季采收全草，除去杂质，切段，洗净，鲜用或晒干。春、秋季采挖根，除去泥土，洗净，鲜用或晒干。

性味功效　全草：味酸、苦，性凉。有清热、消积、散瘿、止泻的功效。根：味酸、甘，性温。有祛寒、温肾的功效。

▲叉分蓼果实

◎参考文献◎

[1] 江苏新医学院. 中药大辞典(下册)[M]. 上海: 上海科学技术出版社, 1977: 2534-2538.

[2] 朱有昌. 东北药用植物 [M]. 哈尔滨: 黑龙江科学技术出版社, 1989: 291-292.

[3] 中国药材公司. 中国中药资源志要 [M]. 北京: 科学出版社, 1994: 224.

▲叉分蓼幼株

主治用法 全草: 用于大小肠积热、瘿瘤、热泻腹痛。水煎服或研末。根: 用于寒疝、阴囊出汗、胃痛、腹泻等。水煎服或研末。外用煎水洗或熬膏涂敷。

用 量 全草: 水煎 15 ~ 25 g。研末 2.5 ~ 5.0 g。根: 水煎 25 ~ 50 g。研末 0.9 ~ 1.5 g。外用适量。

附 方

(1) 治热泻腹痛: 叉分蓼适量。研末, 每次 3 g, 日服 3 次, 开水冲服。或用叉分蓼 15 g, 麦门冬、茜草各 9 g。研末, 每服 3 g, 日服 3 次, 开水冲服。

(2) 治寒疝、阴囊出汗: 叉分蓼鲜根 300 ~ 500 g。加水 1 L, 熬成 500 ml, 趁热装入罐中, 用热气熏患部。熏时用被子围上, 熏 1 ~ 2 h(全身出汗为好)。一般 2 ~ 3 次可愈。

▼叉分蓼植株(林缘型)

▲珠芽蓼群落

▼珠芽蓼根状茎

▼珠芽蓼幼株

珠芽蓼 *Polygonum viviparum* L.

别　　名　山谷子

俗　　名　山高粱 草河车

药用部位　蓼科珠芽蓼的根状茎（入药称“蝎子七”）。

原 植 物　多年生草本。根状茎粗壮，弯曲，黑褐色，直径1～2 cm。茎直立，高15～60 cm，不分枝，通常2～4条自根状茎发出。基生叶长圆形或卵状披针形，长3～10 cm，宽0.5～3.0 cm，顶端尖或渐尖，基部圆形、近心形或楔形，两面无毛，边缘脉端增厚，外卷，具长叶柄；茎生叶较小，披针形，近无柄；托叶鞘筒状，膜质，下部绿色，上部褐色，偏斜，开裂，无缘毛。总状花序呈穗状，顶生，紧密，下部生珠芽；苞片卵形，膜质，每苞内具花1～2；花梗细弱；花被片5深裂，白色或淡红色。花被片椭圆形，长2～3 mm；雄蕊8，花柱3，瘦果卵形，具3棱，深褐色。花期7—8月，果期8—9月。

生　　境　生于亚高山草地、高山带火山灰质石砾荒原及高山石缝间，常聚集成片生长。

分　　布　黑龙江呼玛。吉林长白、抚松、安图等地。辽宁桓仁。内蒙古额尔古纳、根河、牙克石、扎兰屯、阿尔山、科尔沁右翼前旗、

▲珠芽蓼花序

▲长在珠芽蓼花序上的幼株

▲珠芽蓼植株

克什克腾旗、巴林右旗、宁城、东乌珠穆沁旗等地。河南、山西、甘肃、青海、四川、西藏、新疆。朝鲜、日本、蒙古、哈萨克斯坦、印度。高加索地区、欧洲、北美洲。

采　　制　秋季采挖根状茎，除去泥土，剪去不定根，洗净，晒干。

性味功效　味苦、涩，性凉。有清热解毒、止血活血、散瘀止泻的功效。

主治用法　用于扁桃体炎、咽喉炎、咽喉肿痛、胃痛、腹痛、关节痛、吐血、衄血、白带异常、乳蛾、便血、局部溃疡、痢疾、肠炎、崩漏、跌打损伤、外伤出血、痈疮肿毒等。水煎服或浸酒。外用研末敷患处。

用　　量　15 ~ 25 g。外用适量。

附　　方　治痢疾：珠芽蓼 10 ~ 20 g。开水煎服，加红、白糖适量。

◎参考文献◎

[1] 江苏新医学院．中药大辞典（下册）[M]．上海：上海科学技术出版社，1977: 2608.

[2] 朱有昌．东北药用植物 [M]．哈尔滨：黑龙江科学技术出版社，1989: 265-266.

[3] 《全国中草药汇编》编写组．全国中草药汇编（上册）[M]．北京：人民卫生出版社，1975: 668-669.

珠芽蓼珠芽 ▶

▲拳参植株

拳参 *Polygonum bistorta* L.

药用部位 蓼科拳参的根状茎。

原 植 物 多年生草本。根状茎肥厚，直径 1 ~ 3 cm，弯曲，黑褐色。茎直立，高 50 ~ 90 cm，不分枝。基生叶宽披针形或狭卵形，纸质，长 4 ~ 18 cm，宽 2 ~ 5 cm；顶端渐尖或急尖，叶柄长 10 ~ 20 cm；茎生叶披针形或线形，无柄；托叶筒状，膜质。总状花序呈穗状，顶生，长 4 ~ 9 cm，直径 0.8 ~ 1.2 cm，紧密；苞片卵形，顶端渐尖，膜质，淡褐色，中脉明显，每苞片内含花 3 ~ 4；花梗细弱，开展，长 5 ~ 7 mm，比苞片长；花被片 5 深裂，白色或淡红色，花被片椭圆形，长 2 ~ 3 mm；雄蕊 8，花柱 3，柱头头状。瘦果椭圆形，两端尖，褐色，有光泽，长约 3.5 mm。花期 6—7 月，果期 8—9 月。

生　　境 生于山坡、林缘及草甸等处。

分　　布 黑龙江呼玛、黑河、伊春等地。吉林长白、抚松、安图、和龙、临江等地。内蒙古额尔古纳、牙克石、扎兰屯、阿尔山、科尔沁右翼前旗、克什克腾旗、巴林右旗、宁城、东乌珠穆沁旗等地。俄罗斯、蒙古、日本、哈萨克斯坦等。

▼拳参群落

▲拳参幼株

采　　制　春、秋季采挖根状茎，剪掉须根，除去泥土，洗净，晒干。

性味功效　有清热镇惊、利湿消肿的功效。

主治用法　用于肺热咳嗽、热病惊痫、赤痢、热泻、吐血、衄血、痔疮出血、痈肿疮毒等。水煎服。

用　　量　10 ~ 15 g。

附　　注　本品为《中华人民共和国药典》（2020 年版）收录的药材。

▼拳参花序

◎参考文献◎

[1] 中国药材公司. 中国中药资源志要 [M]. 北京：科学出版社，1994: 227.
[2] 江纪武. 药用植物辞典 [M]. 天津：天津科学技术出版社，2005: 633.

▼拳参根状茎

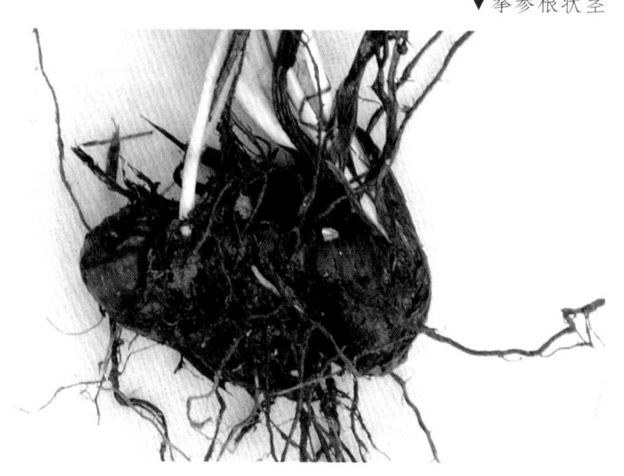

▲太平洋蓼花

▼太平洋蓼根状茎

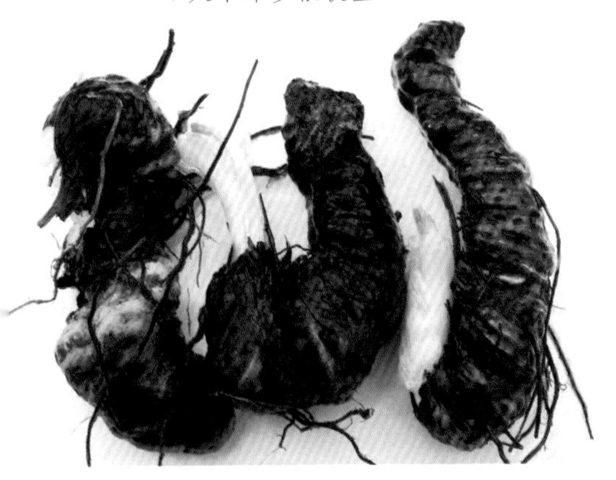

▼太平洋蓼幼株

太平洋蓼 *Polygonum pacificum* V. Petr. ex Kom.

药用部位 蓼科太平洋蓼的根状茎。

原 植 物 多年草本。根状茎肥厚，弯曲，黑褐色。茎直立，高 40 ~ 90 cm，不分枝，1 ~ 3 条自根状茎发出，具细条棱。基生叶长卵形，长 5 ~ 15 cm，宽 3 ~ 7 cm，顶端急尖，基部近心形或圆形，沿叶柄下沿成翅，上面绿色，下面灰绿色，疏生小突起，近全缘，叶柄长 10 ~ 20 cm；茎生叶卵形或披针状卵形，基部心形，抱茎，托叶鞘筒状，膜质。总状花序呈穗状，顶生，花排列紧密；苞片宽椭圆形，顶端具尾尖，每苞具花 1 ~ 3；花梗细弱，比苞片稍长；花被片 5 深裂，花被片淡红色，椭圆形，长约 2.5 mm；雄蕊 8，比花被片长；花柱 3，柱头头状。瘦果卵形，具 3 锐棱。花期 7—8 月，果期 8—9 月。

生　　境 生于山坡、林缘及草甸等处。

分　　布 黑龙江伊春、东宁、尚志等地。吉林延吉、汪清、安图等地。辽宁宽甸、本溪、桓仁、喀左等地。内蒙古翁牛特旗。朝鲜、俄罗斯（西伯利亚中东部）。

▲太平洋蓼植株

采　　制　春、秋季采挖根状茎，剪掉须根，除去泥土，洗净，晒干。

性味功效　味苦，性寒。有清热解毒、凉血止血、收敛的功效。

主治用法　用于赤痢、吐血、烧烫伤、外伤出血等。水煎服。

用　　量　10 ~ 15 g。

附　　注　在东北有些地方作为拳参入药。

◎参考文献◎

[1] 中国药材公司．中国中药资源志要 [M]．北京：科学出版社，1994: 227.
[2] 江纪武．药用植物辞典 [M]．天津：天津科学技术出版社，2005: 633.

▼太平洋蓼花序

▼太平洋蓼果实

▲倒根蓼根状茎

▲倒根蓼植株（初花期）

倒根蓼 *Polygonum ochotense* V. Petr.

俗　　名　倒根草

药用部位　蓼科倒根蓼的根状茎。

原 植 物　多年生草本。根状茎粗壮，弯曲，黑褐色。茎直立，高 15 ~ 40 cm，无毛。基生叶卵状披针形或长圆状披针形，近革质，长 5 ~ 8 cm，宽 1.5 ~ 3.0 cm，顶端渐尖，基部圆形或微心形，沿叶柄微下延，边缘外卷，微波状；叶柄长 6 ~ 10 cm；茎生叶 3 ~ 4，卵状披针形，上部的叶抱茎；托叶鞘筒状，膜质。总状花序呈短穗状紧密；苞片膜质，褐色，顶端具芒尖；花梗细弱，顶端具关节；花被片淡红色，5 深裂，花被片椭圆形，雄蕊 8，花药紫色，花柱 3，细长，伸出花被片之外，柱头头状。瘦果长卵形，具 3 棱，长约 4 mm，包于宿存花被片内。花期 7—8 月，果期 8—9 月。

▼倒根蓼群落

▲倒根蓼植株（盛花期）

生　　境　生于高山带火山灰质石砾荒原或高山石缝间等处。

产　　地　吉林长白、抚松、安图等地。朝鲜。

采　　制　秋季采挖根状茎，除掉须根和泥土，洗净，晒干。

性味功效　味苦，性微寒。有小毒。有清热解毒、凉血止血的功效。

主治用法　用于肠炎、痢疾、慢性气管炎、口腔炎、子宫出血、牙龈炎、痔疮出血、痈疮肿毒等。水煎服。外用熬水含漱或用醋抹汁涂患处。

用　　法　5 ~ 10 g（鲜品 15 ~ 25 g）。外用适量。

◎参考文献◎

[1] 钱信忠. 中国本草彩色图鉴(第四卷)[M]. 北京: 人民卫生出版社, 2003: 13-14.

[2] 中国药材公司. 中国中药资源志要 [M]. 北京: 科学出版社, 1994: 227.

[3] 江纪武. 药用植物辞典 [M]. 天津: 天津科学技术出版社, 2005: 633.

倒根蓼花序▶

▲耳叶蓼花序

耳叶蓼 *Polygonum manshuriense* V. Petr. ex Kom.

别　　名　拳参 草河车 石生蓼

俗　　名　根草 狗尾巴吊 虾参 虾根 猫尾巴 铜锣 铜锣根

药用部位　蓼科耳叶蓼的根状茎（入药称“拳参”）。

原 植 物　多年生草本。根状茎短，肥厚，弯曲，直径约 1 cm，黑色。茎直立，高 60 ~ 80 cm，通常数个自根状茎发出，不分枝，无毛。基生叶长圆形或披针形，纸质，长 13 ~ 15 cm，宽 2 ~ 3 cm，顶端渐尖，基部楔形，沿叶柄下延成狭翅，叶柄长可达 15 cm；茎生叶 5 ~ 7，披针形，无柄，上部的叶抱茎，具叶耳；托叶鞘筒状，膜质，上部偏斜，开裂。总状花序呈穗状，顶生，长 4 ~ 8 cm，直径约 1 cm；苞片卵形，膜质，顶端骤尖；每苞内具花 2 ~ 3；花梗比苞片长，顶端具关节；花被片 5 深裂，淡红色或白色，花被片椭圆形，雄蕊 8，花柱 3。瘦果卵形，具 3 锐棱。花期 6—7 月，果期 8—9 月。

生　　境　生于山坡草地、林缘、山谷湿地等处。

▼耳叶蓼群落

分　　布　黑龙江呼玛、黑河、伊春、东宁、宁安、友谊、宝清、木兰、集贤、逊克、尚志、哈尔滨市区等地。吉林长白山各地。辽宁北票、法库等地。内蒙古额尔古纳、牙克石、突泉、喀喇沁旗、敖汉旗、宁城、东乌珠穆沁旗等地。朝鲜、俄罗斯(西伯利亚)。

采　　制　春、秋季采挖根状茎，剪掉须根，除去泥土，洗净，晒干。

性味功效　味苦，性寒。有小毒。有清热解毒、镇惊、凉血止血、利湿消肿的功效。

主治用法　用于热病惊搐、破伤风、痈肿、瘰疬、咽喉肿痛、口腔炎、牙龈炎、肝炎、肠炎、痢疾、子宫出血、便血等。水煎服。

用　　量　5 ~ 15 g。

附　　方

(1)治细菌性痢疾、大便脓血：拳参鲜根状茎、鲜蒲公英各 20 g，鲜黄芩 15 g。水煎服。小儿酌减。或单用耳叶蓼根状茎 25 g。水煎服。

(2)治口腔炎、牙龈炎：耳叶蓼 15 g。煎汤含漱。

(3)治呕吐、泻肚：拳参 10 ~ 15 g。水煎服，尤其对小儿呕吐有良效(安图民间方)。

(4)治痔疮出血：拳参 25 g。煎汤，熏洗患处，每日 1 ~ 2 次。

▲耳叶蓼植株

◎参考文献◎

[1] 江苏新医学院. 中药大辞典(下册)[M]. 上海: 上海科学技术出版社，1977: 1959.
[2] 朱有昌. 东北药用植物 [M]. 哈尔滨：黑龙江科学技术出版社，1989: 262-263.
[3]《全国中草药汇编》编写组. 全国中草药汇编(上册)[M]. 北京：人民卫生出版社，1975: 653-654.

▲耳叶蓼花

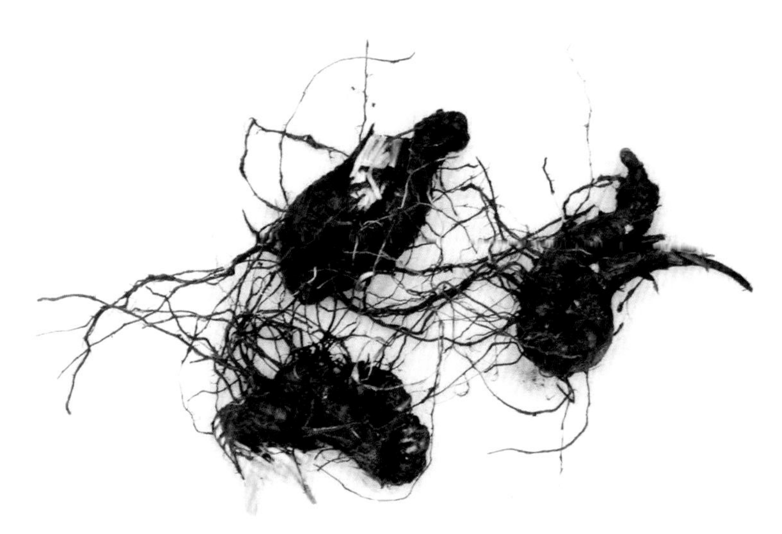

▲耳叶蓼根状茎

▲杠板归花

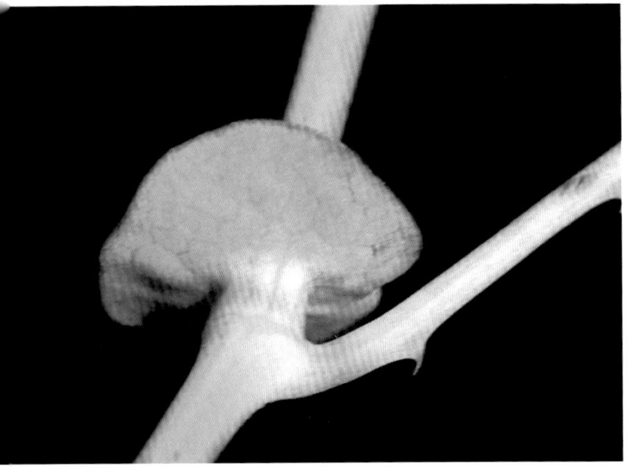

▲杠板归托叶

杠板归 *Polygonum perfoliatum* L.

别　　名　刺犁头　穿叶蓼　贯叶蓼　河白草

俗　　名　蝲蛄蛋　蝲蛄管　犁头刺　拉古蛋　拉狗蛋　蛇倒退　蛇不过

药用部位　蓼科杠板归的干燥全草。

原 植 物　一年生草本。茎攀援，多分枝，长 1 ~ 2 m，具纵棱，沿纵棱具稀疏的倒生皮刺。叶三角形，长 3 ~ 7 cm，宽 2 ~ 5 cm，顶端钝或微尖，基部截形或微心形，薄纸质，上面无毛，下面沿叶脉疏生皮刺；叶柄与叶片近等长，具倒生皮刺，盾状着生于叶片的近基部；托叶鞘圆形或近圆形，穿叶，直径 1.5 ~ 3.0 cm。总状花序，长 1 ~ 3 cm；苞片卵圆形，每苞片内具花 2 ~ 4；花被片 5 深裂，白色或淡红色，花被片椭圆形，长约 3 mm，果时增大，呈肉质，深蓝色；雄蕊 8，略短于花被片；花柱 3，中上部合生；柱头头状。瘦果球形，直径 3 ~ 4 mm，黑色，有光泽，包于宿存花被片内。花期 7—8 月，果期 9—10 月。

生　　境　生于山坡、草地、沟边、灌丛及湿草甸子等处。

▼杠板归植株（直立型）

▲杠板归植株（匍匐型）

分　　布　黑龙江伊春、龙江、虎林、密山、宝清、尚志等地。吉林省各地。辽宁丹东、本溪、桓仁、岫岩、长海、西丰、北镇等地。内蒙古扎兰屯、科尔沁右翼前旗、科尔沁左翼后旗、宁城等地。全国各地（除青海、新疆、西藏外）。朝鲜、俄罗斯（西伯利亚）、日本、印度尼西亚、菲律宾、印度。

采　　制　夏、秋季开花时采收全草，除去杂质，切段，洗净，鲜用或晒干。

性味功效　味酸、苦，性平。有利水消肿、清热解毒、活血止咳的功效。

主治用法　用于口疮、上呼吸道感染、哮喘、气管炎、百日咳、肠炎、痔瘘、黄疸、泄泻、痢疾、咽喉肿痛、眼生云翳、肾炎水肿、淋浊、丹毒、疱疹、痈疮肿毒、黄水疮、湿疹、疥癣、淋巴结结核、毒蛇咬伤等。水煎服。外用捣烂敷患处。

用　　量　15～25 g（鲜品 35～75 g）。外用适量。

附　　方

（1）治上呼吸道感染：杠板归、一枝黄花、大蓟、火炭母各 50 g，桔梗 30 g。加水 200 ml，小火煎成 100 ml，早晚分服，小儿酌减。

（2）治百日咳：杠板归 50 g。炒后加糖适量，水煎代茶饮，每日 1 剂。

（3）治慢性气管炎：杠板归 25 g，车前子、陈皮各 15 g，薄荷 2.5 g（后下），鲜小榕树叶 50 g。水煎，浓缩至

▲杠板归瘦果

▲杠板归果实

100 ml，分 3 次服，10 d 为一个疗程。

（4）治毒蛇咬伤：鲜杠板归叶 100 g。洗净捣汁，甜酒少许调敷；外用鲜叶捣烂，酌加红糖，捣匀外敷伤口周围及肿处。

（5）治带状疱疹、湿疹：杠板归适量，食盐少许。捣烂外敷或绞汁涂搽患处。或用鲜叶捣烂绞汁，调雄黄末适量，涂患处，每日数次。

（6）治痈肿、疮疖：鲜杠板归全草 100 ~ 150 g。水煎，调黄酒服。或用鲜穿叶蓼适量，捣烂敷患处。

（7）治黄水疮：杠板归叶 50 g（研细末），冰片 2.5 g。混合，调芝麻油涂搽。

（8）治对口疮：鲜杠板归根 100 g。水煎服。另取鲜叶捣烂敷患处。

（9）治痔疮瘘管：杠板归鲜根 40 ~ 60 g（干品 30 ~ 40 g）。炒焦，放冷后，和红薯烧酒 500 ~ 750 ml，炖 1 h，饭前服，每日服 1 次。或用杠板归全草 35 ~ 50 g。猪大肠不拘量，同炖汤服。

（10）治淋病：鲜杠板归全草 75 g，红糖适量。水煎服。效果很好（宝清民间方）。

（11）治褥疮：乌贼骨 25 g，杠板归全草 15 g。共研细末外搽，干则以菜油调敷。

（12）治慢性湿疹：杠板归鲜全草 200 g。水煎外洗。每日 1 次。

附　注　本品为《中华人民共和国药典》（2020 年版）收录的药材。

◎参考文献◎

[1] 江苏新医学院．中药大辞典（上册）[M]．上海：上海科学技术出版社，1977: 869-871.

[2] 朱有昌．东北药用植物 [M]．哈尔滨：黑龙江科学技术出版社，1989: 279-280.

[3] 《全国中草药汇编》编写组．全国中草药汇编（上册）[M]．北京：人民卫生出版社，1975: 416.

▲杠板归居群

▲杠板归幼株

▲刺蓼瘦果

▲刺蓼幼株

刺蓼 *Polygonum senticosum*（Meisn.）Franch. et Sav.

别　　名　廊茵

俗　　名　蛇不钻　拉古蛋　酸六九　猫舌草　猫儿刺

药用部位　蓼科刺蓼的全草（入药称“廊茵”）。

原 植 物　一年生草本。茎攀援，长 1.0 ~ 1.5 m，多分枝，被短柔毛，四棱形，沿棱具倒生皮刺。叶片三角形或长三角形，长 4 ~ 8 cm，宽 2 ~ 7 cm，顶端急尖或渐尖，基部戟形，下面沿叶脉具稀疏的倒生皮刺，叶柄粗壮，长 2 ~ 7 cm，具倒生皮刺；托叶鞘筒状，边缘具叶状翅。花序头状，苞片长卵形，每苞内具花 2 ~ 3；花梗粗壮，比苞片短；花被片 5 深裂，淡红色，花被片椭圆形，长 3 ~ 4 mm；雄蕊 8，成 2 轮，比花被片短；花柱 3，中下部合生；柱头头状。瘦果近球形，微具 3 棱，黑褐色，无光泽，长 2.5 ~ 3.0 mm，包于宿存花被片内。花期 7—8 月，果期 8—9 月。

生　　境　生于山坡、草地、沟边、灌丛及林缘等处。

分　　布　黑龙江五常。吉林长白山各地。辽宁本溪、桓仁、鞍山、

▼刺蓼植株

▲刺蓼果实

庄河、大连市区、绥中等地。河北、河南、山东、江苏、浙江、安徽、湖南、湖北、台湾、福建、广东、广西、贵州、云南。朝鲜、俄罗斯（西伯利亚中东部）、日本。

采　　制　夏、秋季采收全草，晒干药用。

性味功效　味酸、微辛，性平。有清热解毒、理气止痛、行血散瘀的功效。

主治用法　用于湿疹、蛇头疮、黄水疮、婴儿胎毒、耳道炎、顽固性痈疖、疔疮、毒蛇咬伤、痔疮、漆过敏、跌打损伤等。水煎服。外用适量，捣烂敷患处。

用　　量　煎服 50 ~ 100 g。研末 2.5 ~ 5.0 g。外用适量。

附　　方

（1）治毒蛇咬伤：鲜刺蓼、鲜蛇含、鲜连钱草各 150 ~ 200 g。共煮烂，外敷伤口周围。

（2）治耳道炎症：鲜刺蓼适量。捣烂绞汁滴耳。

（3）治湿疹、漆过敏、脚痒感染：刺蓼适量。内服，每次 60 g。煎汤外洗，每次 1 kg，或捣汁外涂。

▼刺蓼花

◎参考文献◎

[1] 江苏新医学院．中药大辞典（下册）[M]．上海：上海科学技术出版社，1977: 2229-2230.

[2] 朱有昌．东北药用植物 [M]．哈尔滨：黑龙江科学技术出版社，1989: 280-281.

[3] 《全国中草药汇编》编写组．全国中草药汇编（上册）[M]．北京：人民卫生出版社，1975: 488.

▲箭叶蓼植株（花粉色）

▼箭叶蓼花（白色）

采　　制　夏、秋季采收全草，切段，洗净，鲜用或晒干。

性味功效　味酸、涩，性平。有祛风除湿、清热解毒、消肿止痛、止痒的功效。

主治用法　用于风湿关节痛、黄水疮、肠炎、痢疾、毒蛇咬伤、疮疖肿毒、瘰疬、带状疱疹、湿疹、皮炎、痔疮、皮肤瘙痒、狗咬伤等。水煎服或捣汁服。外用鲜草适量，捣烂敷患处。

用　　量　5 ~ 15 g。外用适量。

▼箭叶蓼瘦果

◎参考文献◎

[1] 江苏新医学院．中药大辞典（下册）[M]．上海：上海科学技术出版社，1977：2099.

[2] 朱有昌．东北药用植物 [M]．哈尔滨：黑龙江科学技术出版社，1989：281-283.

[3] 钱信忠．中国本草彩色图鉴（第五卷）[M]．北京：人民卫生出版社，2003：455-456.

稀花蓼 *Polygonum dissitiflorum* Hemsl

药用部位 蓼科稀花蓼的全草。

原 植 物 一年生草本。茎直立或下部平卧，分枝，具稀疏倒生短皮刺，通常疏生星状毛，高 70 ~ 100 cm。叶卵状椭圆形，长 4 ~ 14 cm，宽 3 ~ 7 cm，顶端渐尖，基部戟形或心形，边缘具短毛，沿中脉具倒生皮刺；叶柄长 2 ~ 5 cm，通常具星状毛及倒生皮刺；托叶鞘膜质，长 0.6 ~ 1.5 cm，偏斜。花序圆锥状，花稀疏，间断，花序梗细，紫红色，密被紫红色腺毛；苞片漏斗状，包围花序轴，每苞内具花 1 ~ 2；花梗无毛，与苞片近等长；花被片 5 深裂，淡红色，花被片椭圆形，长约 3 mm；雄蕊 7 ~ 8，比花被片短；花柱 3，中下部合生。瘦果近球形，顶端微具 3 棱，暗褐色。花期 7—8 月，果期 8—9 月。

生　　境 生于河边湿地及山谷草丛等处。

分　　布 黑龙江阿城、尚志等地。吉林长白山各地。辽宁宽甸、本溪、桓仁、抚顺、西丰、沈阳、岫岩、鞍山市区、大连、营口等地。河北、山西、山东、江苏、安徽、福建、江西、湖北、湖南、陕西、甘肃、四川、贵州。朝鲜、俄罗斯（西伯利亚中东部）。

▲稀花蓼花（侧）

▼稀花蓼幼株

▲稀花蓼花

采　　制　夏、秋季采收全草，切段，洗净，晒干。

性味功效　有清热解毒、利尿的功效。

主治用法　用于毒蛇咬伤、小便淋痛、腹痛、泄泻、肝炎等。水煎服。外用鲜草捣烂敷患处。

用　　量　适量。

◎参考文献◎

[1] 中国药材公司. 中国中药资源志要 [M]. 北京: 科学出版社, 1994: 224.

[2] 江纪武. 药用植物辞典 [M]. 天津: 天津科学技术出版社, 2005: 631.

▼稀花蓼植株

▲戟叶蓼居群

戟叶蓼 *Polygonum thunbergii* Sieb. et Zucc.

别　　名　芷氏蓼　水麻芍　苦荞麦

俗　　名　小青草　拉古蛋子　溜溜酸　河辣椒　水荞麦　山荞麦　野甸

药用部位　蓼科戟叶蓼的全草。

原 植 物　一年生草本。茎直立或上升，具纵棱，沿棱具倒生皮刺，高 30 ~ 90 cm。叶戟形，长 4 ~ 8 cm，宽 2 ~ 4 cm，顶端渐尖，基部截形或近心形，两面疏生刺毛，叶柄长 2 ~ 5 cm，具倒生皮刺，通常具狭翅；托叶鞘膜质，边缘具叶状翅。头状花序顶生或腋生，苞片披针形，顶端渐尖，边缘具毛，每苞内具花 2 ~ 3；花梗无毛，比苞片短，花被片 5 深裂，淡红色或白色，花被片椭圆形，长 3 ~ 4 mm；雄蕊 8，成 2 轮，比花被片短；花柱 3，中下部合生，柱头头状。瘦果宽卵形，具 3 棱，黄褐色，无光泽，长 3.0 ~ 3.5 mm，包于宿存花被片内。花期 8—9 月，果期 9—10 月。

生　　境　生于沟谷、林下湿处及水边湿草地等处，常聚集成片生长。

分　　布　黑龙江伊春市区、东宁、依兰、尚志、宁安、五常、宾县、海林、牡丹江市区、林口、穆棱、虎林、饶河、桦川、方正、延寿、通河、汤原、铁力、庆安、绥棱等地。吉林省各地。辽宁丹东市区、宽甸、本溪、桓仁、抚顺、新宾、西丰、沈阳、岫岩、鞍山市区、

▼戟叶蓼花（侧）

▼戟叶蓼果实

▲戟叶蓼植株

▼戟叶蓼幼苗

▼戟叶蓼瘦果

大连、营口、义县、绥中、凌源、建昌、喀左等地。内蒙古额尔古纳、扎兰屯、科尔沁左翼后旗等地。河北、山东、江苏、福建、安徽、江西、湖北、湖南、广东、广西、山西、陕西、甘肃、四川、贵州、云南。朝鲜、俄罗斯（西伯利亚中东部）、日本。

采　　制　夏、秋季采收全草，除去杂质，切段，洗净，晒干。

性味功效　味酸、微辛，性平。有祛风镇痛、渗湿辟秽、利水消肿、清热解毒、活血止咳的功效。

主治用法　用于痧疹、感冒、肠炎、腹泻、痢疾、毒蛇咬伤。捣浆，以新汲水冲服。

用　　量　适量。

◎参考文献◎

[1] 江苏新医学院. 中药大辞典（上册）[M]. 上海：上海科学技术出版社, 1977: 539.

[2] 朱有昌. 东北药用植物 [M]. 哈尔滨：黑龙江科学技术出版社, 1989: 283-284.

[3] 中国药材公司. 中国中药资源志要 [M]. 北京：科学出版社, 1994: 230.

用　　量　5 ~ 15 g。外用适量。

附　　方

（1）治口腔糜烂：波叶大黄 3 g，枯矾 3 g。共研细末，擦患处。

（2）治黄疸、便秘：波叶大黄 15 g，茵陈 25 g。水煎服。

（3）治黄疸型肝炎（湿热黄疸）：波叶大黄 10 g，茵陈 40 g，龙胆草 15 g。水煎服。又方：波叶大黄 20 g，茵陈 50 g，问荆 25 g，车前子 25 g。水煎服。每日 2 次，半月为一个疗程。

（4）治急性胰腺炎、胆囊炎、胆石症：波叶大黄、柴胡、黄芩、蒲公英、木香、郁金、元胡各等量。水煎服。

（5）治急性肠梗阻：波叶大黄、枳壳、厚朴、莱菔子、芒硝、桃仁、赤芍各等量。水煎服。

（6）治跌打损伤、瘀血作痛：波叶大黄、当归各等量。研末。每服 20 g，每日 2 次，酒调服。

（7）治急性阑尾炎：波叶大黄、金银花、蒲公英、丹皮、桃仁、川楝子各等量。水煎服。

附　　注　胃气虚弱、肠胃无积滞者，孕妇及妇女月经期均应慎用。

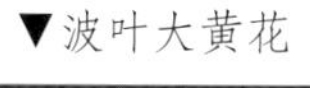

▼波叶大黄花

▲波叶大黄植株

◎参考文献◎

［1］江苏新医学院. 中药大辞典（上册）[M]. 上海：上海科学技术出版社，1977: 174-175.

［2］朱有昌. 东北药用植物 [M]. 哈尔滨：黑龙江科学技术出版社，1989: 296-298.

［3］钱信忠. 中国本草彩色图鉴（第三卷）[M]. 北京：人民卫生出版社，2003: 413-414.

▲华北大黄群落

华北大黄 *Rheum franzenbachii* Munt.

俗　　名　土大黄　子黄　峪黄

药用部位　蓼科华北大黄的根（入药称“山大黄”）。

原 植 物　直立草本。茎具细沟纹，粗糙，高 50 ~ 90 cm。直根粗壮，基生叶较大，叶片心状卵形至宽卵形，长 12 ~ 22 cm，宽 10 ~ 18 cm，顶端钝急尖，基部心形，边缘具皱波，基出脉 5 ~ 7，叶柄半圆柱状，短于叶片，长 4 ~ 9 cm，常暗紫红色；茎生叶较小，叶片三角状卵形；向上短至近无柄；托叶鞘抱茎，长 2 ~ 4 cm，棕褐色，外面被短硬毛。大型圆锥花序，花黄白色，3 ~ 6 朵簇生；花被片 6，外轮 3 片稍小，宽椭圆形，内轮 3 片稍大，雄蕊 9；子房宽椭圆形。果实宽椭圆形至矩圆状椭圆形，长约 8 mm，宽 6.5 ~ 7.0 mm，两端微凹，翅宽 1.5 ~ 2.0 mm。种子卵状椭圆形，宽约 3 mm。花期 6 月，果期 6—7 月。

▲市场上的华北大黄根

生　　境　生于山坡石滩及林缘等处。

分　　布　内蒙古克什克腾旗、西乌珠穆沁旗等地。河北、山西、河南。

采　　制　春、秋季采挖根，除去泥土，洗净，鲜用或晒干。

性味功效　味苦，性寒。有泻热通便、行瘀破滞的功效。

主治用法 用于热结便秘、消化不良、湿热黄疸、痈肿疔毒、跌打损伤瘀痛、口疮糜烂、腮腺炎、烫火伤、吐血、衄血、瘀血性闭经等。水煎服。外用研末调敷患处。入汤剂不宜久煎。

用　　量 6 ~ 12 g。外用适量。

附　　注 胃气虚弱、肠胃无积滞者，孕妇及妇女月经期均应慎用。

◎参考文献◎

[1] 钱信忠. 中国本草彩色图鉴（第一卷）[M]. 北京：人民卫生出版社，2003：183-184.

[2] 江纪武. 药用植物辞典 [M]. 天津：天津科学技术出版社，2005：679.

▲华北大黄植株（花期）

▲华北大黄植株（果期）

▲酸模幼株

▼酸模植株

酸模属 *Rumex* L.

酸模 *Rumex acetosa* L.

俗　　名　酸鸡溜　酸吉溜　酸不溜　酸溜溜　溜溜酸　酸浆　山菠菜　野菠菜

药用部位　蓼科酸模的全草及根。

原 植 物　多年生草本，须根系。茎直立，高 40 ~ 100 cm，具深沟槽。基生叶和茎下部叶箭形，长 3 ~ 12 cm，宽 2 ~ 4 cm，顶端急尖或圆钝，基部裂片急尖，全缘或微波状；叶柄长 2 ~ 10 cm；茎上部叶较小，托叶鞘膜质，易破裂。花序狭圆锥状，顶生，分枝稀疏；花单性，雌雄异株；花梗中部具关节；花被片 6，成 2 轮，雄花内花被片椭圆形，长约 3 mm，外花被片较小，雄蕊 6；雌花内花被片果时增大，近圆形，直径 3.5 ~ 4.0 mm，全缘，基部心形，网脉明显，基部具极小的瘤，外花被片椭圆形，反折。瘦果椭圆形，具 3 锐棱，两端尖，长约 2 mm，黑褐色，有光泽。花期 6—7 月，果期 7—8 月。

生　　境　生于山坡、湿地、草甸、林缘、灌丛及路旁等处。

分　　布　黑龙江伊春、北安、肇东、龙江、宁安、东宁、尚志、海林、牡丹江市区、延寿、密山、鸡西、集贤、方正、五常、虎林、饶河、宝清、勃利、桦南、汤原、嫩江、黑河市区、呼玛、林口等地。吉林省各地。辽宁本溪、丹东、鞍山、庄河、大连市区、西丰、开原、昌图、北镇、沈阳等地。内蒙古额尔古纳、根河、陈巴尔虎旗、牙克石、鄂伦春旗、鄂温克旗、阿尔山、科尔沁右翼前旗、扎赉特旗、科尔沁左翼后旗、巴林左旗、巴林右旗、克什克腾旗、喀喇沁旗、宁城、西乌珠穆沁旗、阿巴嘎旗等地。华北、华东、西北。朝鲜、俄罗斯（西伯利亚中东部）、蒙古、日本、哈萨克斯坦。高加索地区、欧洲、美洲。

▼酸模瘦果

采　　制　夏、秋季采收全草，除去杂质，切段，洗净，鲜用或晒干。春、秋季采挖根，除去泥土，洗净，鲜用或晒干。

性味功效　味酸、苦，性寒。有清热解毒、凉血、利尿、健胃、通便、杀虫的功效。

主治用法　用于热痢、小便淋痛、内出血、吐血、恶疮、疥癣、神经性皮炎、湿疹、劳伤、支气管炎、咳嗽、便秘、内痔出血等。水煎服或捣汁。外用鲜品捣烂敷患处。

▼酸模幼苗

▲酸模花序

用　　量　15～20 g（鲜品 50 g）。外用适量。

附　　方

（1）内痔出血：鲜酸模鲜草 50～100 g。捣烂取汁，调白糖 50～100 g，内服。

（2）疥癣诸疮：酸模鲜草 15 g，芒硝、百部各 20 g，地肤子 25 g。水煎，熏洗患处。或用鲜酸模全草适量，捣汁涂患处。

（3）治小便不通：酸模根 15～20 g。水煎服。

（4）治吐血、便血：酸模 7.5 g，小蓟、地榆炭各 20 g，炒黄芩 15 g。水煎服。

（5）治目赤：酸模根 5 g。研末，调人乳，蒸后敷眼，另取根 15 g，水煎服。

（6）治慢性便秘：酸模全草 15 g，芒硝 20 g，枳壳 15 g。水煎服。

◎参考文献◎

[1] 江苏新医学院．中药大辞典（下册）[M]．上海：上海科学技术出版社，1977：2533，2537.

[2] 朱有昌．东北药用植物 [M]．哈尔滨：黑龙江科学技术出版社，1989：291-292.

[3] 《全国中草药汇编》编写组．全国中草药汇编（上册）[M]．北京：人民卫生出版社，1975：900-901.

▲酸模果实

毛脉酸模瘦果

▲毛脉酸模群落

▼毛脉酸模幼株

毛脉酸模 *Rumex gmelinii* Turcz. ex Ledeb.

俗　　名　羊蹄叶　羊铁叶

药用部位　蓼科毛脉酸模的根。

原 植 物　多年生草本。茎直立，高 40 ~ 100 cm，粗壮，无毛，具沟槽，黄绿色或淡红色。基生叶钝三角状卵形，长 8 ~ 25 cm，宽 5 ~ 20 cm，顶端圆钝，基部深心形，上面无毛，下面沿叶脉密生乳头状突起，边缘全缘或呈微波状，叶柄长可达 30 cm；茎生叶较小，长圆状卵形，顶端圆钝，基部心形，叶柄比叶片短；托叶鞘膜质，破裂。花序圆锥状，通常具叶；花两性；花梗细弱，基部具关节；外花被片长圆形，长约 2 mm；内花被片果时增大，椭圆状卵形，长 5 ~ 6 mm，顶端钝，基部圆形，具网脉，全部无小瘤；雄蕊 6；花柱 3。瘦果卵形，具 3 棱，长 2.5 ~ 3.0 mm，深褐色，有光泽。花期 7—8 月，果期 8—9 月。

生　　境　生于水边、山谷湿地及湿草甸子等处。

分　　布　黑龙江伊春、泰来、逊克、嫩江、黑河市区、呼玛等地。

▼毛脉酸模花序

▲毛脉酸模果实

▼毛脉酸模植株

吉林长白、抚松、安图、和龙、临江、敦化、靖宇、江源等地。辽宁本溪。内蒙古额尔古纳、根河、陈巴尔虎旗、牙克石、鄂温克旗、阿尔山、克什克腾旗、东乌珠穆沁旗等地。河北、山西、陕西、甘肃、青海、新疆。朝鲜、俄罗斯（西伯利亚）、日本、蒙古。

采　　制　春、秋季采挖根，除去泥土，洗净，切片，晒干。

性味功效　有清热解毒、止血消肿、泻下、杀虫的功效。

主治用法　用于慢性胃炎、肝炎、胆囊炎、支气管炎、胸膜炎、便秘、急性乳腺炎、秃疮、脂溢性皮炎、烧伤、黄水疮、疔疖、外痔、顽癣、手足癣、头癣、体癣及各种出血。水煎服。外用捣敷、醋磨涂或研末调敷。

用　　量　5 ~ 10 g。外用适量。

◎参考文献◎

[1] 严仲铠，李万林．中国长白山药用植物彩色图志[M]．北京：人民卫生出版社，1997: 502-504.

[2] 中国药材公司．中国中药资源志要[M]．北京：科学出版社，1994: 233.

[3] 江纪武．药用植物辞典[M]．天津：天津科学技术出版社，2005: 703.

皱叶酸模 *Rumex crispus* L.

别　　名　牛耳大黄

俗　　名　羊蹄叶　羊蹄　土大黄　山大黄

药用部位　蓼科皱叶酸模的根。

原 植 物　多年生草本。根粗壮，黄褐色。茎直立，高 50 ~ 120 cm，不分枝或上部分枝，具浅沟槽。基生叶披针形或狭披针形，长 10 ~ 25 cm，宽 2 ~ 5 cm，顶端急尖，基部楔形，边缘皱波状；茎生叶较小，狭披针形；叶柄长 3 ~ 10 cm；托叶鞘膜质，易破裂。花序狭圆锥状，花序分枝近直立或上升；花两性；淡绿色；花梗细，中下部具关节，关节果时稍膨大；花被片 6，外花被片椭圆形，长约 1 mm，内花被片果时增大，网脉明显，顶端稍钝，基部近截形，边缘近全缘，全部具小瘤，长 1.5 ~ 2.0 mm。瘦果卵形，顶端急尖，具 3 锐棱，暗褐色，有光泽。花期 6—7 月，果期 7—8 月。

生　　境　生于田边、路旁、湿地、荒地及沟边等处，常聚集成片生长。

分　　布　黑龙江哈尔滨、齐齐哈尔等地。吉林长白山各地。辽宁沈阳、长海等地。内蒙古新巴尔虎左旗、新巴尔虎右旗、科尔沁右翼前旗、扎赉特旗、科尔沁左翼后旗、巴林右旗、克什克腾旗、喀

▲皱叶酸模植株

▼皱叶酸模群落

▲皱叶酸模花序

▼皱叶酸模幼苗

▼皱叶酸模幼株

喇沁旗、敖汉旗、阿巴嘎旗、正镶白旗等地。河北、山西、山东、河南、湖北、陕西、宁夏、甘肃、四川、贵州、云南、青海、新疆。朝鲜、俄罗斯（西伯利亚）、蒙古、日本、哈萨克斯坦。高加索地区、欧洲、北美洲。

采　　制　春、秋季采挖根，除去泥土，洗净，切片，晒干。

性味功效　味苦、酸，性寒。有小毒。有清热凉血、化痰止咳、通便杀虫的功效。

主治用法　用于慢性胃炎、慢性肝炎、消化不良、胆囊炎、肛门周围炎、吐血、衄血、血崩、痢疾、疟疾、咳嗽痰喘、咳嗽无痰、头晕、急性乳腺炎、便秘、肺结核、胸膜炎、支气管炎、哮喘、上呼吸道感染、痈肿化脓、耳脓肿、角膜溃疡及血小板减少性紫癜等。水煎服。外用治疗急性乳腺炎、顽癣、烧伤、黄水疮、外痔、秃疮、疔疖、疖癣及脂溢性皮炎等。

用　　量　5 ~ 15 g。外用适量。

附　　方

（1）治肛门周围炎：鲜皱叶酸模根 50 ~ 75 g。水煎冲糖，早、晚空腹服。

（2）治外痔：皱叶酸模 50 g。加水坐熏，待药液温后，以棉球蘸药液，擦洗患部。

（3）治血小板减少症：皱叶酸模根 15 g。水煎分 3 次服，每日 1 剂，部分病例服药后有轻泻，一般服药 7 ~ 10 d 后此反应消失。

（4）治手足癣、体癣：皱叶酸模根 300 g，体积分数为 75% 的酒精 600 ml。将根碾碎入酒精中浸七昼夜，过滤，洗患处。

附　注　全草有毒，人误食后会引起流涎、恶心、呕吐、腹鸣、腹胀、眩晕、头痛、全身发软及食欲下降等。

◎参考文献◎

[1] 江苏新医学院．中药大辞典（上册）[M]．上海：上海科学技术出版社，1977: 433-434，964-966，969-970.

[2]《全国中草药汇编》编写组．全国中草药汇编（上册）[M]．北京：人民卫生出版社，1975: 316-317.

[3] 中国药材公司．中国中药资源志要 [M]．北京：科学出版社，1994: 233.

▲皱叶酸模根

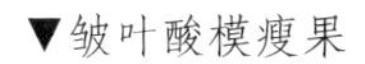

▼皱叶酸模瘦果

▼市场上的皱叶酸模果实

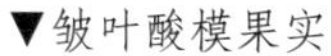

▼皱叶酸模果实

巴天酸模 *Rumex patientia* L.

别　　名　洋铁酸模　牛西西

俗　　名　羊蹄叶　羊铁叶　山荞麦　土大黄

药用部位　蓼科巴天酸模的根。

原 植 物　多年生草本。根肥厚，直径可达 3 cm。茎直立，粗壮，高 90 ~ 150 cm，上部分枝，具深沟槽。基生叶长圆形或长圆状披针形，长 15 ~ 30 cm，宽 5 ~ 10 cm，顶端急尖，基部圆形或近心形，边缘波状；叶柄粗壮，长 5 ~ 15 cm；茎上部叶披针形，较小，具短叶柄或近无柄；托叶鞘筒状，膜质，长 2 ~ 4 cm，易破裂。花序圆锥状，大型；花两性；外花被片长圆形，内花被片果时增大，宽心形，具网脉，全部或一部分具小瘤；小瘤长卵形，通常不能全部发育。瘦果卵形，具 3 锐棱，顶端渐尖，褐色，有光泽，长 2.5 ~ 3.0 mm。花期 5—6 月，果期 6—7 月。

▲巴天酸模植株

生　　境　生于沟边湿地、田野、荒郊、草甸、住宅附近及水边等处。

分　　布　黑龙江哈尔滨、牡丹江、伊春、大庆等地。吉林长白山各地及长岭。辽宁各地。内蒙古额尔古纳、牙克石、新巴尔虎左旗、东乌珠穆沁旗等地。河北、山西、山东、河南、湖南、湖北、四川、陕西、宁夏、甘肃、西藏。朝鲜、日本、蒙古、俄罗斯（西伯利亚中东部）、哈萨克斯坦。欧洲。

采　　制　春、秋季采挖根，除去泥土，洗净，切片，晒干。

性味功效　味苦、酸，性寒。有小毒。有清热解毒、活血止血、通便、杀虫的功效。

主治用法　用于痢疾、肝炎、胃出血、十二指肠出血、功能性子宫出血、血小板减少性紫癜、肺结核、支气管扩张咯血、脂溢性皮炎、溃疡病呕血、便血、便秘、再生障碍性贫血、痈疮疖癣、脓包疮、乳腺炎、肛门周围炎、黄水疮、秃疮、跌打损伤、烫火伤等。水煎服。外用捣敷、醋磨涂或研末调敷。

用　　量　15 ~ 25 g（鲜品 50 ~ 100 g）。外用适量。

附　　方

（1）治功能性子宫出血、肺结核、支气管扩张咯血、溃疡病呕血、便血、再生障碍性贫血、牙龈出血：牛西西片剂，每片含浸膏 0.5 g，每服 1 ~ 2 片，日服 2 ~ 6 次。或用牛西西注射液，肌肉注射，每次 2 ml，每日 2 次。又方：巴天酸模根 15 ~ 25 g。水煎服。亦可用巴天酸模根、乌贼骨各等量，研成细末，每次冲服 5 g。

（2）治血小板减少症：巴天酸模根切片晒干，每日 25 g，水煎，分 3 次内服。或磨粉制成片剂内服，连服 2 周至 2 个月对原发性者疗效较好。部分病例服药后有轻泻，一般服药 7 ～ 10 d 后此反应消失。

（3）治牛皮癣（银屑病）：100% 牛西西注射液 2 ～ 4 ml 肌肉注射，每天 1 ～ 2 次，14 d 为一个疗程，必要时可连续给药 2 个疗程。同时给予维生素 C、烟酰胺或镇静剂内服，外用质量分数为 4% 的硼酸软膏、氧化氨基汞水杨酸软膏、氮芥软膏等。

（4）治淋病：巴天酸模根 25 g，蝉蜕 3 个。水煎，每日服 2 次。

（5）治慢性气管炎：巴天酸模根 50 g，双花 10 g。水煎，分 2 次服。或用巴天酸模根、满山红、黄芩各 15 g，水煎加糖，分 2 次服。又方：巴天酸模根、穿山龙、黄芩，质量比体积比按 3∶2∶1 的比例，水煎浓缩成原生药量的 1.5 倍，日服 2 次，每次 30 ～ 60 ml。

（6）治肛门周围炎：鲜巴天酸模根 50 ～ 75 g。水煎冲糖，早、晚空腹服。

（7）治外痔：巴天酸模根 50 g。煎水坐熏，待药液降温后，以棉球蘸药液，擦洗患部。

（8）治手足癣、体癣：巴天酸模根 300 g，体积分数为 75% 的酒精 600 ml。将巴天酸模根碾碎入酒精中浸七昼夜，过滤，涂患处。或用鲜巴天酸模叶根适量捣烂或用醋磨汁，涂擦患处。亦可用鲜根捣汁 30 g，米醋 30 g，枯矾末 7.5 g，调匀外擦。

（9）治头痛：鲜巴天酸模叶根、高粱米饭各等量。捣碎，外敷头部（本溪民间方）。或用鲜巴天酸模叶根及鲜蒲公英根各等量。捣烂如泥状，外敷头部（吉林市民间方）。

◎参考文献◎

[1] 江苏新医学院．中药大辞典（上册）[M]．上海：上海科学技术出版社，1977：423-424.

[2] 朱有昌．东北药用植物 [M]．哈尔滨：黑龙江科学技术出版社，1989：292-295.

[3]《全国中草药汇编》编写组．全国中草药汇编（上册）[M]．北京：人民卫生出版社，1975：316-317.

▲巴天酸模幼株

▲刺酸模植株

刺酸模 *Rumex maritimus* L.

别　　名　长刺酸模

俗　　名　连明子

药用部位　蓼科刺酸模的根（入药称“假菠菜”）。

原 植 物　一年生草本。根粗壮，红褐色。茎直立，高 30 ~ 80 cm，褐色或红褐色，具沟槽，分枝开展。

生多花；苞片线形，长约 1.5 mm；花梗细，长 6 ～ 13 mm，基部变粗；花两性，直径约 8 mm；花被片 5，白色，椭圆形，顶端圆钝；雄蕊 8 ～ 10，花丝白色，钻形，基部呈片状，花药椭圆形，粉红色；心皮 8，分离；花柱短。浆果扁球形，熟时黑色；种子肾形，黑色，长约 3 mm，具 3 棱。花期 5—8 月，果期 6—10 月。

生　境　生于路旁、荒地、田间、田边及住宅附近。

分　布　辽宁鞍山。全国大部分地区（除黑龙江、吉林、内蒙古、青海、新疆外）。朝鲜、日本、印度。

采　制　春、秋季采挖根，除去泥土，洗净，切片，晒干。

性味功效　味苦，性寒。有毒。有通二便、逐水、散结的功效。

▼商陆根

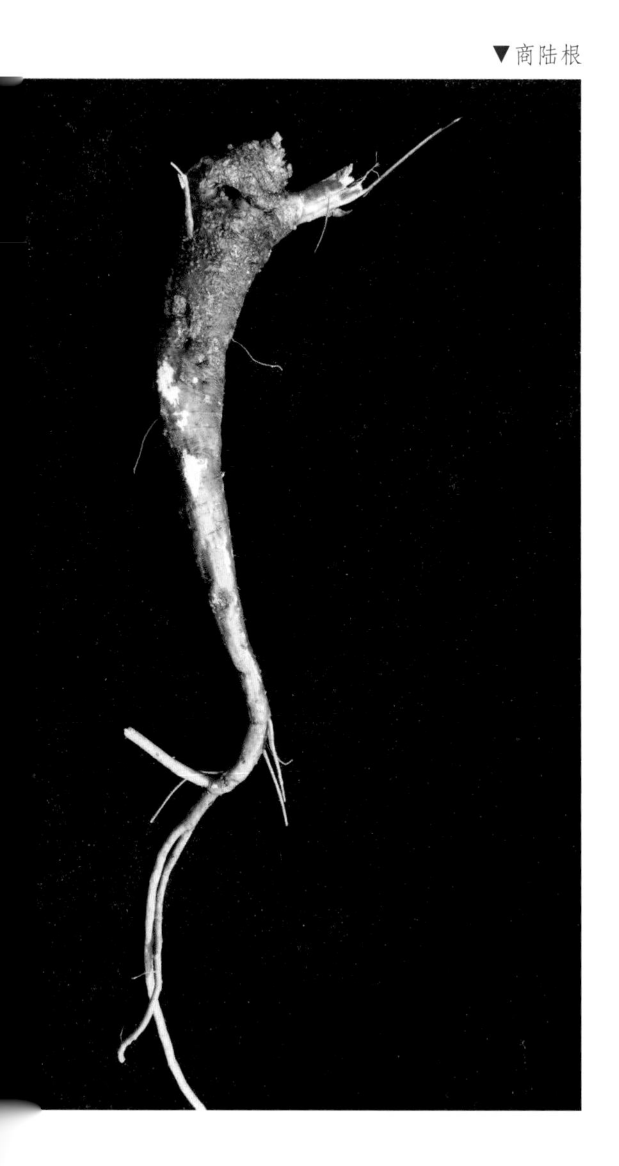

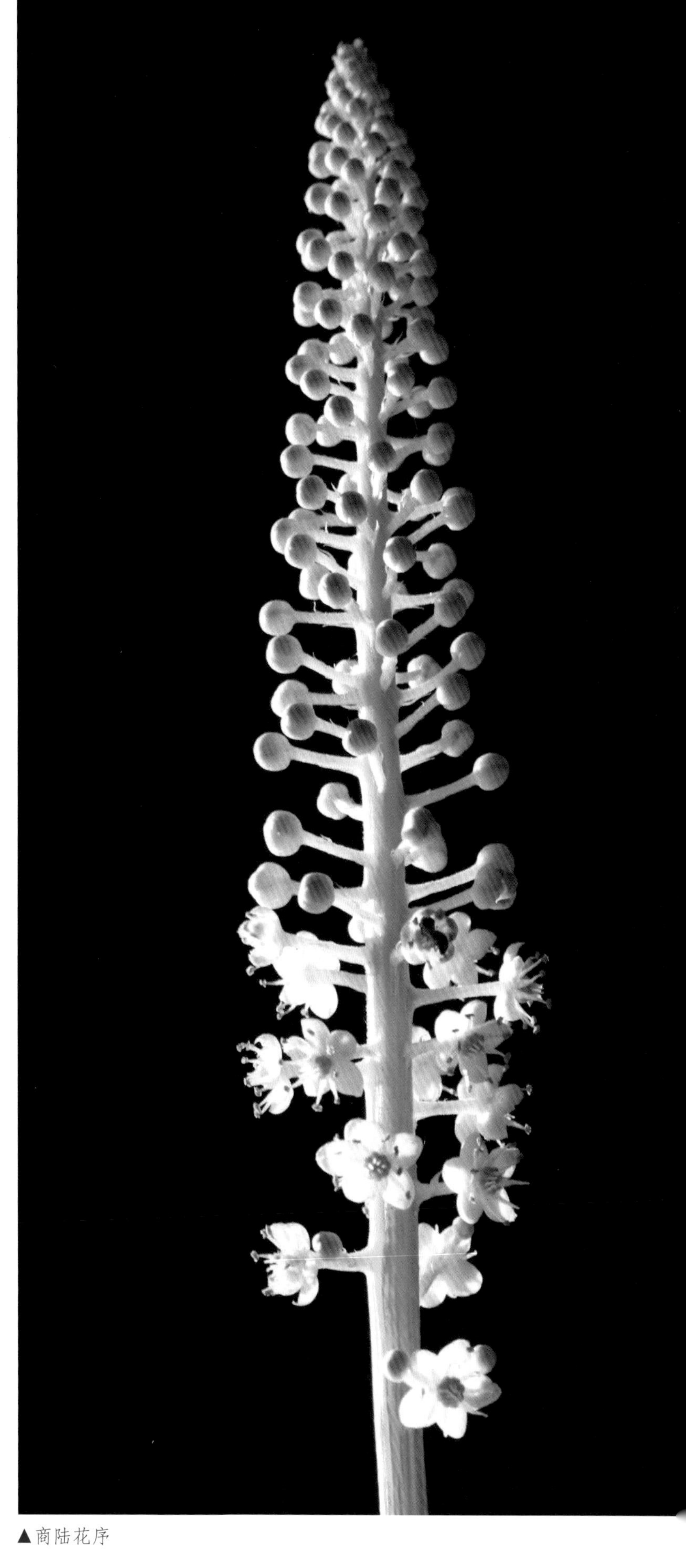

▲商陆花序

主治用法 用于水肿、胀满、脚气、喉痹、子宫颈糜烂、白带异常、痈肿疮毒。水煎服或入丸、散。外用鲜品捣烂敷患处。

用　　量 7.5 ~ 15.0 g，外用适量。

附　　方

（1）治腹腔积液：商陆 10 g，冬瓜皮、赤小豆各 50 g，泽泻 20 g，茯苓皮 40 g。水煎服。

（2）治痈疮肿毒：商陆 25 g，蒲公英 100 g。水煎洗患处。

（3）治子宫颈糜烂、白带多、功能性子宫出血：鲜商陆 200 g（干者减半）。同母鸡或瘦猪肉煮极烂，放盐少许，分 2 ~ 3 次吃。

附　　注

（1）本品为《中华人民共和国药典》（2020 年版）收录的药材。

（2）根入药，以白色肥大者为佳，红根有剧毒，仅供外用。

◎参考文献◎

[1] 江苏新医学院．中药大辞典（下册）[M]．上海：上海科学技术出版社，1977：2245-2247.
[2]《全国中草药汇编》编写组．全国中草药汇编（上册）[M]．北京：人民卫生出版社，1975：724-725.
[3] 中国药材公司．中国中药资源志要 [M]．北京：科学出版社，1994：234.

▼商陆花

▲商陆果实

▲内蒙古自治区阿尔山国家地质公园森林秋季景观

▲马齿苋植株

▼马齿苋幼苗

▼市场上的马齿苋幼株

马齿苋科 Portulacaceae

本科共收录 1 属、1 种。

马齿苋属 *Portulaca* L.

马齿苋 *Portulaca oleracea* L.

俗　　名　蚂蚱菜　马齿菜　马蛇子菜　瓜子菜　五行菜　蚂蚁菜　马食菜　马生菜　家马生菜　肩膀头草　豆瓣菜　长寿菜

药用部位　马齿苋科马齿苋的全草。

原 植 物　一年生草本。全株无毛。茎平卧或斜倚，伏地铺散，多分枝，圆柱形，长 10 ~ 15 cm，淡绿色或带暗红色。叶互生，有时近对生，叶片扁平，肥厚，倒卵形，似马齿状，长 1 ~ 3 cm，宽 0.6 ~ 1.5 cm，顶端圆钝或平截，有时微凹，基部楔形，全缘，叶柄粗短。花无梗，直径 4 ~ 5 mm，常 3 ~ 5 朵簇生枝端，午时盛开；苞片 2 ~ 6，叶状，膜质，近轮生；萼片 2，对生，花瓣 5，稀4，黄色，倒卵形，长3 ~ 5 mm，雄蕊8，或更多，长约12 mm，柱头4 ~ 6裂，线形。蒴果卵球形，长约5 mm，盖裂。种子细小，多数，偏斜球形，黑褐色，有光泽。花期8—9月，果期9—10月。

生　　境　生于路旁、荒地、田间、田边及住宅附近。

分　　布　东北地区各地。全国绝大部分地区。世界温带和热带地区。

采　　制　夏、秋季采收全草，除去杂质，剪去残根，洗净，略蒸或烫后晒干。切段，生用或鲜用。

性味功效　味酸，性寒。有清热解毒、凉血止血、散血消肿的功效。种子：有明目的功效。

主治用法　用于乳腺炎、阑尾炎、肺脓肿、银屑病、神经性皮炎、毛囊炎、甲沟炎、带状疱疹、尿道炎、痔疮、产后虚汗、小儿白秃、肛门肿、热淋、血淋、功能性子宫出血、带下、痈肿恶疮、丹毒、瘰疬、毒蛇咬伤等。水煎服。外用鲜品捣烂敷患处。种子：用于青盲白翳、漏睛脓出等。

用　　量　15 ~ 25 g（鲜品100 ~ 200 g）。

附　　方

（1）治产褥热：鲜马齿苋200 g，蒲公英100 g。水煎服。

（2）治细菌性痢疾、肠炎：鲜马齿苋750 g。先经干蒸3 ~ 4 min，捣烂取汁150 ml左右。每服50 ml，每日3次。或用鲜马齿苋150 g（干品50 g），水煎，分3次服，亦可以加白糖25 g，分3次服。

（3）治急性阑尾炎：马齿苋、蒲公英各100 g。水煎2次，浓缩为200 ml，分2次服。

（4）治钩虫病：鲜马齿苋250 g。水煎，浓缩成流浸膏，加米醋50 ml顿服，每日1次。3 d为一个疗程。如需进行第二、第三疗程时，每疗程间隔10 ~ 14 d。

（5）治带状疱疹：鲜马齿苋100 g。捣烂外敷患处，每日2次。

（6）治淋巴结结核：马齿苋300 g（细粉），

▲马齿苋花（半侧）

▲马齿苋花

▲马齿苋幼株

▲马齿苋群落

▲马齿苋果实

猪板油 400 g（净油），蜂蜜 400 g。将马齿苋洗净，用开水略烫，捞出晒干。用铁锅将马齿苋炒炭存性，研细粉，猪板油烧热后放马齿苋，用铁勺不断搅拌均匀，片刻即冒白烟，此时将锅端下，放入蜂蜜搅拌成糊状，锅内有沸起现象，冷后即成软膏。用药前先将患处用淘米水（用冷开水淘米）洗净，然后按疮口大小摊成一贴小膏药贴于患处，再用纱布固定，每两天换 1 次，以愈为度，不可间断。

（7）治痔疮肿痛：马齿苋叶、酢浆草各等量。煎汤熏洗，每日 2 次有效。或用马齿苋适量，煎汤，熏洗患处。

（8）治蜈蚣咬伤、蜂蝎蜇伤：鲜马齿苋适量。捣汁涂擦，立刻不痛。

（9）治水田皮炎：鲜马齿苋 100 g，鲜薄荷 50 g。一同捣烂，外敷。

（10）治肾结核：马齿苋 1.5 kg，黄酒 1.25 L。将马齿苋捣烂，用酒浸泡三昼夜后滤过。饭前以酒盅饮。如病人有饮酒嗜好，每次可饮 4 ~ 5 酒盅。

附　注　本品为《中华人民共和国药典》（2020 年版）收录的药材。

◎参考文献◎

[1] 江苏新医学院．中药大辞典（上册）[M]．上海：上海科学技术出版社，1977：289-291，307.

[2] 朱有昌．东北药用植物 [M]．哈尔滨 黑龙江科学技术出版社，1989：315-317.

[3]《全国中草药汇编》编写组．全国中草药汇编（上册）[M]．北京：人民卫生出版社，1975：77-78.

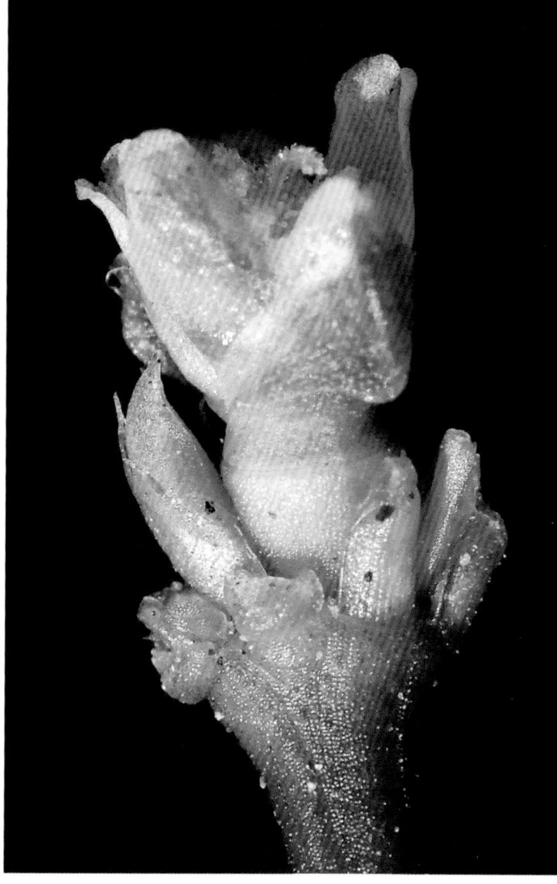

▲马齿苋花（侧）

▼马齿苋花（双花）

▲拟漆姑植株

石竹科 Caryophyllaceae

本科共收录 15 属、38 种、5 变种。

拟漆姑属 *Spergularia*（Pers.）J et C. Presl

▲拟漆姑花

拟漆姑 *Spergularia salina* J. et C. Presl

别　　名　牛漆姑草

药用部位　石竹科拟漆姑全草。

原 植 物　一年生草本。高 10 ~ 30 cm。茎丛生，铺散，多分枝，上部密被柔毛。叶片线形，长 5 ~ 30 mm，宽 1.0 ~ 1.5 mm，顶端钝，具凸尖，近平滑或疏生柔毛；托叶宽三角形，长 1.5 ~ 2.0 mm，膜质。花集生于茎顶或叶腋，呈总状聚伞花序，果时下垂；花梗稍短于萼，果时稍伸长，密被腺柔毛；萼片卵状长圆形，长 3.5 mm，宽 1.5 ~ 1.8 mm，外面被腺柔毛，具白色宽膜质边缘；花瓣淡粉紫色或白色，卵

▲拟漆姑花（侧）

状长圆形或椭圆状卵形，长约 2 mm，顶端钝；雄蕊 5；子房卵形。蒴果卵形，长 5 ~ 6 mm，3 瓣裂；种子近三角形，表面有乳头状突起。花期 6—7 月，果期 8—9 月。

生　　境　生于河边、湖畔、水边等湿润处。

分　　布　黑龙江富裕。吉林双辽。辽宁沈阳、铁岭、康平、北镇、绥中、瓦房店、大连市区等地。内蒙古新巴尔虎左旗、新巴尔虎右旗、科尔沁左翼中旗、科尔沁左翼后旗、东乌珠穆沁旗等地。河北、山西、宁夏、甘肃、新疆等。俄罗斯、蒙古。欧洲、非洲、南美洲等。

采　　制　夏、秋季采收全草，除去杂质，洗净，晒干药用。

性味功效　有清热解毒、祛风除湿的功效。

用　　量　适量。

◎参考文献◎

[1] 江苏新医学院 . 中药大辞典（上册）[M]. 上海：上海科学技术出版社，1977: 262-263.
[2] 朱有昌 . 东北药用植物 [M]. 哈尔滨：黑龙江科学技术出版社，1989: 320.
[3] 中国药材公司 . 中国中药资源志要 [M]. 北京：科学出版社，1994: 239.

▲无心菜植株

无心菜属 *Arenaria* L.

无心菜 *Arenaria serpyllifolia* L.

别　　名　鹅不食草　蚤缀　卵叶蚤缀　小无心菜

俗　　名　铃铛草　鸡肠子草

药用部位　石竹科无心菜的全草。

原 植 物　一年生或二年生草本。高 10 ~ 30 cm。茎丛生，直立或铺散，密生白色短柔毛，节间长 0.5 ~ 2.5 cm。叶片卵形，长 4 ~ 12 mm，宽 3 ~ 7 mm，基部狭，无柄，边缘具缘毛，顶端急尖，两面近无毛或疏生柔毛，下面具 3 脉，茎下部叶较大，茎上部叶较小。聚伞花序，具多花；苞片草质，卵形，密生柔毛；花梗长约 1 cm，纤细，萼片 5，披针形，长 3 ~ 4 mm，具显著的 3 脉；花瓣 5，白色，倒卵形，长为萼片的 1/3 ~ 1/2，顶端钝圆；雄蕊 10，短于萼片；子房卵圆形，无毛，花柱 3，线形。蒴果卵圆形，与宿存萼等长，顶端 6 裂；种子小，肾形，表面粗糙，淡褐色。花期 6—8 月，果期 8—9 月。

生　　境　生于沙质或石质荒地、田野、园圃及山坡草地等处。

分　　布　黑龙江大兴安岭、小兴安岭。吉林长白、临江、集安等地。辽宁丹东、大连等地。内蒙古鄂伦春旗、牙克石、扎兰屯、阿荣旗、莫力达瓦旗等地。全国各地。温带欧洲、北非、亚洲和北美洲。

采　　制　夏、秋季采收全草，除去杂质，洗净，晒干药用。

性味功效　味苦，性凉。有止咳、清热、明目、解毒的功效。

主治用法 用于目赤、咳嗽、齿龈炎、肺结核、急性结膜炎、睑腺炎、咽喉痛等。水煎服。外用捣敷或塞鼻。

用　　量 25 ~ 50 g。

附　　方

（1）治眼生星翳：无心菜加韭菜根捣烂，塞鼻孔。

（2）治肺结核：无心菜 200 g，加白酒 1 L，浸泡 7 d。每次服 8 ml，每日 3 次。或用无心菜 15 ~ 30 g，水煎服。

▲无心菜花（侧）

◎参考文献◎

[1] 江苏新医学院．中药大辞典（上册）[M]．上海：上海科学技术出版社，1977: 262-263.

[2] 朱有昌．东北药用植物 [M]．哈尔滨：黑龙江科学技术出版社，1989: 320.

[3] 中国药材公司．中国中药资源志要 [M]．北京：科学出版社，1994: 239.

▲无心菜花

▲老牛筋群落

▼老牛筋植株（侧）

老牛筋 *Arenaria juncea* M. Bieb.

别　　名　毛轴鹅不食　毛轴蚤缀　灯芯草蚤缀

俗　　名　银柴胡

药用部位　石竹科老牛筋的根。

原 植 物　多年生草本。根圆锥状，肉质。茎高 30 ~ 60 cm，硬而直立。叶片细线形，长 10 ~ 25 cm，宽约 1 mm，基部较宽，呈鞘状抱茎，边缘具疏齿状短缘毛，常内卷或扁平，顶端渐尖，具 1 脉。聚伞花序，苞片卵形，顶端尖，边缘宽膜质；花梗长 1 ~ 2 cm；萼片 5，卵形，具脉 1 ~ 3；花瓣 5，白色，稀椭圆状矩圆形或倒卵形，长 8 ~ 10 mm，顶端钝圆，雄蕊 10，花丝线形，长约 4 mm，与萼片对生者基部具腺体，花药黄色，椭圆形；子房卵圆形，长约 2 mm，花柱 3，长约 3 mm，柱头头状。蒴果卵圆形，黄色，顶端 3 瓣裂，裂片 2 裂；种子三角状肾形，褐色或黑色。花期 7—8 月，果期 8—9 月。

生　　境　生于山地阳坡草丛中及山顶砾石地上。

分　　布　黑龙江呼玛、黑河、嫩江、富裕、萝北、饶河、宝清、虎林、依兰、伊春、宁安等地。吉林龙井、安图、通榆、镇赉、长岭等地。辽宁法库、康平、阜新等地。内蒙古额尔古纳、根河、陈巴尔虎旗、牙克石、鄂伦春旗、鄂温克旗、阿尔山、科尔沁右翼前旗、扎鲁特旗、扎赉特旗、巴林左旗、巴林右旗、克什克腾旗、翁牛特旗、喀喇沁旗、宁城、东乌珠穆沁旗、西乌珠穆沁旗、多伦、镶黄旗等地。河北、山西、陕西、宁夏、甘肃。朝鲜、俄罗斯、蒙古。

采　　制　春、秋季采挖根，除去泥土，洗净，切片，晒干。

性味功效　味甘、苦，性凉。有清热凉血的功效。

主治用法　用于阴湿潮热、虚劳骨蒸、阴虚久疟、小儿疳热等。水煎服或入丸、散。

用　　量　5 ~ 15 g。

附　　方

（1）治疟疾：老牛筋全草适量捣碎，在疟疾发作前塞进鼻孔。

（2）治膀胱结石：老牛筋全草 60 g，洗净捣碎，加白糖及白酒少许，1 次服完。

附　　注　在东北个别地方将本种的根作为“银柴胡”入药。

▲老牛筋植株

▲老牛筋花（背）

▲老牛筋花

◎参考文献◎

[1] 江苏新医学院．中药大辞典（下册）[M]．上海：上海科学技术出版社，1977: 2170-2171.

[2]《全国中草药汇编》编写组．全国中草药汇编（上册）[M]．北京：人民卫生出版社，1975: 803-804.

[3] 钱信忠．中国本草彩色图鉴（第二卷）[M]．北京：人民卫生出版社，2003: 335-336.

▲毛叶蚤缀花

▼毛叶蚤缀植株

毛叶蚤缀 *Arenaria capillaris* Poir.

别　　名　细毛蚤缀 毛梗蚤缀 毛叶老牛筋 兴安鹅不食

药用部位　石竹科毛叶蚤缀的全草。

原 植 物　多年生草本。茎高 12 ~ 15 cm，老枝木质化，宿存枯萎叶基，新枝细而硬。叶片细线形，长 2 ~ 5 cm，基部较宽，顶端急尖，边缘细锯齿状粗糙，基生叶成束密生，茎生叶在基部成短鞘，抱于膨大的节上，淡褐色。聚伞花序，具数花至多花；苞片干膜质，卵形，长 2 ~ 3 mm，宽约 1.5 mm，基部抱茎，顶端长渐尖，具 1 脉；花梗细而硬，无毛；萼片卵形，长约 5 mm，宽约 2 mm，外面黄色，无毛，具 3 脉；花瓣 5，白色，倒卵形，长约 7 mm，宽约 3 mm，顶端钝圆，基部具短爪；雄蕊 10，与萼片相对者基部具腺体 5；子房卵圆形，花柱 3，线形。果实未见。花期 7—8 月。

生　　境　生于山地阳坡草丛中和山顶砾石地等处。

分　　布　黑龙江呼玛。内蒙古额尔古纳、根河、牙克石、鄂温克旗、阿尔山、科尔沁右翼前旗、扎赉特旗、扎鲁特旗、阿鲁科尔沁旗、巴林左旗、巴林右旗、克什克腾旗、苏尼特左旗、镶黄旗、太仆寺旗等地。河北。俄罗斯、蒙古。北美洲。

采　　制　夏、秋季采收全草，洗净，晒干。

附　　注　其他同老牛筋。

▲毛叶蚤缀花（背）

◎参考文献◎

[1] 赵一之，赵利清，曹瑞．内蒙古植物志 [M]．3 版．呼和浩特：内蒙古人民出版社，2020：12-13.

▲毛蕊卷耳花

▲毛蕊卷耳花（背）

卷耳属 *Cerastium* L.

毛蕊卷耳 *Cerastium pauciflorum* Stev. ex Ser. var. *oxalidiflorum*（Makino）Ohwi

别　　名　寄奴花

药用部位　石竹科毛蕊卷耳的全草。

原 植 物　多年生草本。高 35 ~ 60cm，全株有毛。茎通常单一，基部稍上升，有时下部叶腋抽生不育枝。叶无柄，下叶较小，倒披针形，基部渐狭；中部茎生叶渐大，广披针形或卵状披针形，长 3 ~ 8 cm，宽 1.0 ~ 2.4 cm；上叶较小，多为卵状披针形。花较小，通常花 7 ~ 10 朵于茎顶成二歧聚伞花序；花梗密被短腺毛；苞很小，花瓣白色，倒披针状长圆形，基部边缘疏生睫毛，先端圆，不分裂；雄蕊 10，花丝下部疏生长毛；子房具 5 枚花柱。蒴果圆筒形，比萼长 1.5 ~ 2.0 倍，10 裂，齿片呈盘旋状向外反卷。种子卵形，稍扁，直径约 1 mm，表面被疣状突起。花期 5—6 月，果期 7—8 月。

生　　境　生于林下、林缘、路旁及河边湿地等处。

分　　布　黑龙江黑河、饶河、富锦、尚志、伊春、阿城等地。吉林长白山各地。辽宁本溪、抚顺等地。朝鲜、俄罗斯、日本。

采　　制　夏、秋季采收全草，除去泥土，切段，洗净，晒干。

切段，洗净，晒干。

性味功效 有清热解毒、消肿止痛的功效。

用　　量 适量。

◎参考文献◎

[1] 中国药材公司．中国中药资源志要 [M]. 北京：科学出版社，1994: 640.
[2] 江纪武．药用植物辞典 [M]. 天津：天津科学技术出版社，2005: 161.

▼六齿卷耳植株

▲卷耳群落

▲卷耳花

卷耳 *Cerastium arvense* L.

药用部位　石竹科卷耳的全草。

原 植 物　多年生疏丛草本。高 10 ~ 35 cm。茎基部匍匐，上部直立，绿色并带淡紫红色，下部被下向的毛，上部混生腺毛。叶片线状披针形或长圆状披针形，长 1.0 ~ 2.5 cm，宽 1.5 ~ 4.0 mm，顶端急尖，基部楔形，抱茎，被疏长柔毛，叶腋具不育短枝。聚伞花序顶生，具花 3 ~ 7；苞片披针形，草质，被柔毛，边缘膜质；花梗细，长 1.0 ~ 1.5 cm，密被白色腺柔毛；萼片 5，披针形，长约 6 mm，宽 1.5 ~ 2.0 mm，顶端钝尖，边缘膜质，外面密被长柔毛；花瓣 5，白色，倒卵形，比萼片长 1 倍或更长，顶端 2 裂深达 1/4 ~ 1/3；雄蕊 10，短于花瓣；花柱 5，线形。蒴果长圆形，长于宿存萼 1/3，顶端倾斜，10 齿裂；种子肾形，褐色，略扁，具瘤状突起。花期 5—8 月，果期 7—9 月。

生　　境　生于高山草地、林缘或丘陵区，常形成大面积群落。

分　　布　内蒙古克什克腾旗、西乌珠穆沁旗等地。河北、山西、陕西、甘肃、宁夏、青海、新疆、四川。朝鲜、俄罗斯、蒙古、日本。欧洲、北美洲。

采　　制　夏、秋季采收全草，除去杂质，洗净，鲜用或晒干。

性味功效　有滋补肝肾、滋阴补阳、退热的功效。

主治用法　用于肺结核、发热等。水煎服。

用　　量　适量。

▲卷耳花（侧）

▲卷耳居群

◎参考文献◎

[1] 江纪武. 药用植物辞典 [M]. 天津: 天津科学技术出版社, 2005: 161.

▼卷耳植株

▲鹅肠菜植株

▲鹅肠菜花（侧）

鹅肠菜属 *Malachium* Fries

鹅肠菜 *Myosoton aquaticum*（L.）Moench

别　　名　牛繁缕　水鹅肠菜

俗　　名　鸡肠菜　鸡肠子　山烟

药用部位　石竹科鹅肠菜的全草（入药称“鹅肠草”）。

原 植 物　二年生或多年生草本。具须根。茎上升，多分枝，长 50 ~ 80 cm，上部被腺毛。叶片卵形或宽卵形，长 2.5 ~ 5.5 cm，宽 1 ~ 3 cm，顶端急尖，基部稍心形，有时边缘具毛；叶柄长 5 ~ 15 mm。顶生二歧聚伞花序；苞片叶状，边缘具腺毛；花梗细，长 1 ~ 2 cm，花后伸长并向下弯，密被腺毛；萼片卵状披针形或长卵形，长 4 ~ 5 mm，果期长达 7 mm，顶端较钝，边缘狭膜质，外面被腺柔毛，脉纹不明显；花瓣白色，2 深裂至基部，长 3.0 ~ 3.5 mm，宽约 1 mm；雄蕊 10，稍短于花瓣；子房长圆形，花柱短，线形。蒴果卵圆形，稍长于宿存萼；种子近肾形，稍扁，褐色，具小疣。花期 6—8 月，果期 7—9 月。

生　　境　生于路旁、荒地、田间、田边及住宅附近。

分　　布　黑龙江双城、阿城、宾县、呼兰、绥化、五常、尚志、宁安、海林、东宁、方正、延寿、桦南、林口、勃利、虎林、饶河、密山、依兰、通河、汤原、铁力等地。吉林长白山各地及九台。辽宁丹东市区、宽甸、凤城、本溪、桓仁、抚顺、清原、庄河、鞍山市区、海城、盖州、大连市区、沈阳、营口市区、绥中、喀左、建昌、凌源等地。全国绝大部分地区。世界温带、亚热带及北非。

▲鹅肠菜花

采　　制　夏、秋季采挖全草，洗净，切碎，晒干。

性味功效　味酸，性平。有清热凉血、消肿止痛、消积通乳的功效。

主治用法　用于肺炎、痢疾、牙痛、高血压、月经不调、痈疽、痔疮、乳痈、乳汁不通及小儿疳积等。水煎服。外用捣敷或煎水熏洗。

用　　量　10 ~ 25 g。外用适量。

附　　方

（1）治高血压：鲜鹅肠菜 25 g。煮豆腐吃。

（2）治痢疾：鲜鹅肠菜 50 g。水煎加糖服。

（3）治痈疽：鲜鹅肠菜 150 g。捣烂，加甜酒适量，水煎服；或加甜酒糟同捣，敷患处。

（4）治痔疮肿痛：鲜鹅肠菜 200 g。水煎浓汁，加盐少许，溶化后熏洗。

（5）治牙痛：鲜鹅肠菜，捣烂加盐少许，咬在牙痛处。

▼鹅肠菜幼株

▼鹅肠菜果实

◎参考文献◎

[1] 江苏新医学院．中药大辞典（下册）[M]．上海：上海科学技术出版社，1977: 2398.

[2] 朱有昌．东北药用植物 [M]．哈尔滨：黑龙江科学技术出版社，1989: 329-330.

[3] 钱信忠．中国本草彩色图鉴（第五卷）[M]．北京：人民卫生出版社，2003: 183-184.

▲种阜草居群

▼种阜草幼苗

种阜草属 *Moehringia* L.

种阜草 *Moehringia lateriflora*（L.）Fenzl

别　　名　莫石竹

药用部位　石竹科种阜草的全草。

原 植 物　多年生草本。高 10 ~ 20 cm，具匍匐根状茎。茎直立，纤细，不分枝或分枝，被短毛。叶近无柄，叶片椭圆形或长圆形，长 1.0 ~ 2.5 cm，宽 4 ~ 10 mm，顶端急尖或钝，边缘具缘毛，两面均粗糙。聚伞花序顶生或腋生，具花 1 ~ 3；花序梗细长，花梗细，长 0.5 ~ 2.0 cm，密被短毛；苞片针状；花直径约 7 mm；萼片卵形或椭圆形，长约 2 mm，无毛，顶端钝，边缘白膜质，中脉突起；花瓣白色，椭圆状倒卵形，顶端钝圆，比萼片长 1.0 ~ 1.5 倍；雄蕊短于花瓣，花丝基部被柔毛；花柱 3。蒴果长卵圆形，长 3.5 ~ 5.5 mm，顶端 6 裂；种子近肾形，平滑，种脐旁具白色种阜。花期 6 月，果期 7—8 月。

▲蔓孩儿参植株

蔓孩儿参 *Pseudostellaria davidii*（Franch.）Pax

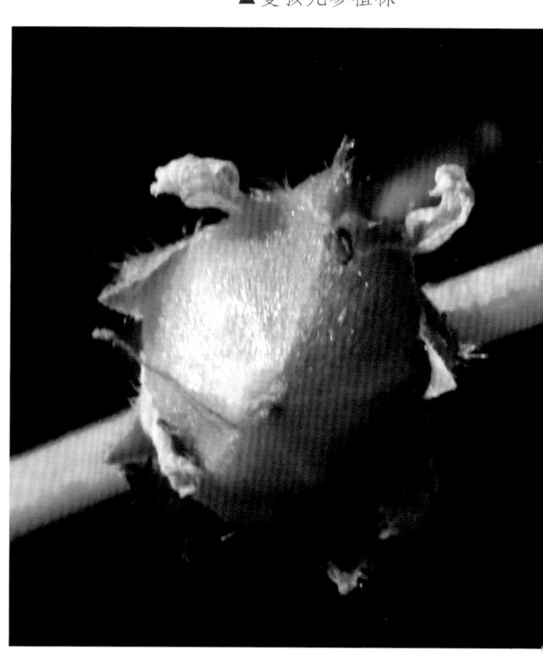

▲蔓孩儿参果实

别　　名　蔓假繁缕

药用部位　石竹科蔓孩儿参的全草。

原 植 物　多年生草本。块根纺锤形。茎匍匐，细弱，长 60 ~ 80 cm。叶片卵形或卵状披针形，长 2 ~ 3 cm，宽 1.2 ~ 2.0 cm，顶端急尖，基部圆形或宽楔形，具极短柄，边缘具缘毛。花单生于茎中部以上叶腋；花梗细，长 3.8 cm，萼片 5，披针形，长约 3 mm，外面沿中脉被柔毛；花瓣 5，白色，长倒卵形，雄蕊 10，花药紫色，花柱 3，稀 2。闭花受精花通常 1 ~ 2，匍匐枝多时则花数 2 朵以上，腋生；花梗长约 1 cm，被毛；萼片 4，狭披针形，被柔毛；雄蕊退化；花柱 2。蒴果宽卵圆形，稍长于宿存萼；种子圆肾形或近球形，直径约 1.5 mm，表面具棘凸。花期 5—6 月，果期 6—7 月。

生　　境　生于山地混交林下湿润地、杂木林下岩石旁阴湿地、林下山溪旁及林缘向阳石质坡地等处，常聚集成片生长。

分　　布　黑龙江伊春、尚志、阿城等地。吉林长白山各地。辽宁宽甸、凤城、本溪、桓仁、岫岩、鞍山市区、大连、凌源、建昌、绥中等地。内蒙古克什克腾旗。河北、山西、浙江、山东、安徽、河南、四川、陕西、甘肃、青海、新疆、云南、西藏。朝鲜、俄罗斯、蒙古。

▲蔓孩儿参花

采　　制　夏、秋季采收全草，除去杂质，切段，洗净，晒干。

性味功效　有清热解毒的功效。

主治用法　用于腮腺炎、乳腺炎、尿路感染等。水煎服。

用　　量　适量。

◎参考文献◎

[1] 中国药材公司．中国中药资源志要[M]．北京：科学出版社，1994：244-245.

[2] 江纪武．药用植物辞典[M]．天津：天津科学技术出版社，2005：653.

▲蔓孩儿参根

▲蔓孩儿参花（侧）

▲孩儿参植株（果期）

▼孩儿参幼株

▼市场上的孩儿参根

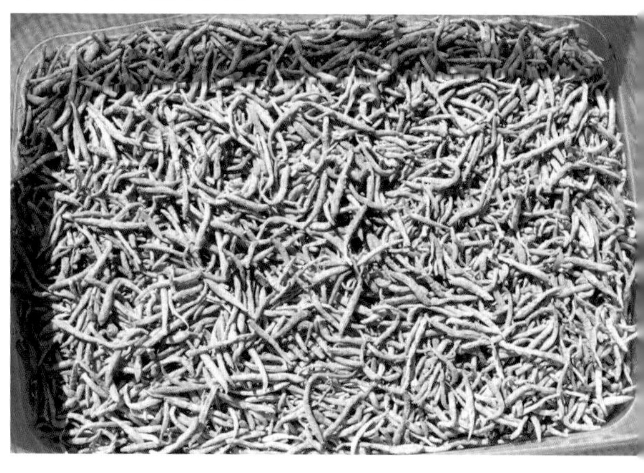

孩儿参 *Pseudostellaria heterophylla*（Miq.）Pax

别　　名　太子参 异叶假繁缕

俗　　名　童参 鹁鸽腿幌子

药用部位　石竹科孩儿参的干燥块根。

原 植 物　多年生草本。高 15 ~ 20 cm。块根长纺锤形，白色，稍带灰黄。茎直立，单生，被 2 列短毛。茎下部叶常 1 ~ 2 对，叶片倒披针形，顶端钝尖，基部渐狭呈长柄状，上部叶 2 ~ 3 对，叶片宽卵形或菱状卵形，长 3 ~ 6 cm，宽 2 ~ 20 mm，顶端渐尖，基部渐狭，上面无毛，下面沿脉疏生柔毛。开花受精花 1 ~ 3，腋生或呈聚伞花序；花梗长 1 ~ 2 cm，有时长达 4 cm，萼片 5，狭披针形，花瓣 5，白色，长圆形或倒卵形，长 7 ~ 8 mm，顶端 2 浅裂；雄蕊 10，花柱 3；闭花受精花具短梗；萼片疏生多细胞毛。蒴果宽卵形，含少数扁圆形种子。花期 5—6 月，果期 7—8 月。

生　　境　生于林下及林缘灌丛中，常聚集成片生长。

分　　布　吉林集安、柳河、通化、临江、辉南等地。辽宁丹东市区、宽甸、凤城、东港、本溪、桓仁、新宾、鞍山市区、海城、岫岩、瓦房店、庄河、盖州、大连市区等地。河北、陕西、山东、江苏、安徽、浙江、江西、河南、湖北、湖南、四川。朝鲜、俄

▲孩儿参植株（花期）

▼孩儿参根

▼孩儿参果实

罗斯、日本。

采　　制　春、秋季采挖根，除去泥土，剪去小须根，洗净，晒干，或经沸水烫过再晒干。

性味功效　味甘、苦，性温。有补肺、生津、健脾的功效。

主治用法　用于肺虚咳嗽、脾虚食少、心悸自汗、精神疲乏、倦怠无力、失眠健忘、神经衰弱、消化不良、泄泻、水肿、消瘦、尿浊、小儿虚汗、口干及食欲不振等。水煎服。

用　　量　10 ~ 20 g。

附　　方

（1）治急、慢性肝炎：孩儿参、玉米须各 50 g。水煎服，每日 1 剂，早晚分服。

（2）治自汗：孩儿参 15 g，浮小麦 25 g，水煎服。

（3）治劳力损伤：孩儿参 25 ~ 40 g，加黄酒、红糖蒸汁服，忌食芥菜、萝卜及辣椒。

（4）治病后体弱、脾虚食少、大便溏：孩儿参 20 g，白术、茯苓各 15 g，陈皮、甘草各 10 g，水煎服。

附　　注

（1）本品为《中华人民共和国药典》（2020 年版）收录的东北药材。

（2）孩儿参“有近似人参的益气生津、补益肺脾的作用，是补气药中的一味清补之品”，具有“益气但不升提，生津而不助湿、补虚又不峻猛”的特点，特别适合作为少儿、老

▼孩儿参花（7瓣）

▼孩儿参花（背）

▲孩儿参花

年人、久病恢复者的滋补佳品。

◎参考文献◎

[1] 江苏新医学院．中药大辞典（上册）[M]．上海：上海科学技术出版社，1977: 374-375.
[2] 朱有昌．东北药用植物 [M]．哈尔滨：黑龙江科学技术出版社，1989: 333-335.
[3] 《全国中草药汇编》编写组．全国中草药汇编（上册）[M]．北京：人民卫生出版社，1975: 597-598.

▲缀瓣繁缕居群

▲缀瓣繁缕幼苗

▲缀瓣繁缕幼株

▲市场上的缀瓣繁缕幼苗

繁缕属 *Stellaria* L.

缀瓣繁缕 *Stellaria radians* L.

别　　名　垂梗繁缕

俗　　名　鸭子嘴　豆嘴儿

药用部位　石竹科缀瓣繁缕的全草。

原 植 物　多年生草本。高 40 ~ 60 cm，伏生绢毛，上部毛较密。茎直立或上升，叶片长圆状披针形至卵状披针形，长 3 ~ 12 cm，宽 1.5 ~ 2.5 cm，顶端渐尖，基部急狭成极短柄。二歧聚伞花序顶生，大型；苞片草质，披针形，被密柔毛；花梗长 1 ~ 3 cm，密被柔毛，花后下垂；萼片长圆状卵形或长卵形，长 6 ~ 8 mm，宽 2.0 ~ 2.5 mm，外面密被绢柔毛；花瓣 5，白色，轮廓宽倒卵状楔形，长 8 ~ 10 mm，5 ~ 7 裂深达花瓣中部或更深，裂片近线形；雄蕊 10，短于花瓣；蒴果卵形，微长于宿存萼，6 齿裂，含种子 2 ~ 5；种子肾形，长约 2 mm，稍扁，黑褐色，表面蜂窝状。花期 6—9 月，果期 7—9 月。

生　　境　生于草甸、林缘、林下、河岸及灌丛间等处，常聚集成片生长。

分　　布　黑龙江漠河、呼玛、黑河、富裕、虎林、饶河、宝清、桦川、尚志、哈尔滨、伊春、佳木斯等地。吉林长白山及西部草原各地。辽宁丹东、桓仁等地。内蒙古额尔古纳、根河、陈巴尔虎旗、牙克石、鄂伦春旗、莫力达瓦旗、扎兰屯、阿尔山、科尔沁右翼前旗、扎赉特旗等地。河北。朝鲜、俄罗斯（西伯利亚）、蒙古、日本。

采　　制　夏、秋季采收全草，除去杂质，切段，洗净，晒干。

性味功效　有清热解毒、祛瘀止痛、催乳的功效。

主治用法 用于泄泻、痢疾、肝炎、肠痈、产后瘀血腹痛、牙痛、乳痈、跌打损伤等。水煎服。外用鲜品捣烂敷患处。
用　　量 适量。

◎参考文献◎

[1] 江纪武. 药用植物辞典 [M]. 天津: 天津科学技术出版社, 2005: 773.

▼缝瓣繁缕花（背）

▲缝瓣繁缕植株

▼缝瓣繁缕花

▲叉歧繁缕花

叉歧繁缕 *Stellaria dichotoma* L.

别　　名　歧枝繁缕　双歧繁缕　叉繁缕

药用部位　石竹科叉歧繁缕的根及全草。

原 植 物　多年生草本。高 15 ~ 30 cm，主根粗壮，圆柱形。茎丛生，多次二歧分枝，被腺毛或短柔毛。叶片卵形或卵状披针形，长 0.5 ~ 2.0 cm，宽 3 ~ 10 mm，顶端急尖或渐尖，基部圆形或近心形，微抱茎，全缘，两面被腺毛或柔毛。聚伞花序顶生，萼片 5，披针形，长 4 ~ 5 mm，顶端渐尖，边缘膜质，中脉明显；花瓣 5，白色，轮廓倒披针形，长 4 mm，2 深裂至 1/3 处或中部，裂片近线形；雄蕊 10，长仅为花瓣的 1/3 ~ 1/2；子房卵形或宽椭圆状倒卵形；花柱 3，线形。蒴果宽卵形，长约 3 mm，6 齿裂，含种子 1 ~ 5；种子卵圆形，褐黑色，微扁，脊具少数疣状突起。花期 5—6 月，果期 7—8 月。

生　　境　生于向阳石质山坡、石缝间或固定沙丘。

分　　布　辽宁北镇。内蒙古额尔古纳、根河、牙克石、鄂伦春旗、鄂温克旗、阿尔山、阿荣旗、突泉、科尔沁右翼前旗、扎鲁特旗、扎赉特旗、克什克腾旗、苏尼特左旗、镶黄旗、阿巴嘎旗等地。河北、四川、甘肃、青海、新疆。俄罗斯（西伯利亚）、蒙古。

采　　制　春、秋季采挖根，除去泥土，剪去小须根，洗净，晒干。夏、秋季采收全草，除去杂质，切段，洗净，晒干。

性味功效　根：味甘，微寒。有清热凉血的功效。全草：味甘，微寒。有清热凉血的功效。

主治用法　根：用于虚劳发热、阴虚久疟、消瘦发热、肝炎、小儿疳积。水煎服。全草：用于结核发热、久疟发热、盗汗骨蒸、心烦口渴等。水煎服。

用　　量　根：10 ~ 20 g。全草：10 ~ 20 g。

附　　方　治阴虚内热、盗汗骨蒸、心烦口渴：叉歧繁缕配当归、白芍、沙参、青蒿。

▼叉歧繁缕植株

◎参考文献◎

[1] 江苏新医学院．中药大辞典（上册）[M]．上海：上海科学技术出版社，1977: 280.

[2] 中国药材公司．中国中药资源志要 [M]．北京：科学出版社，1994: 249.

[3] 江纪武．药用植物辞典 [M]．天津：天津科学技术出版社，2005: 773.

繁缕 *Stellaria media* （L.）Cyr.

别　　名　鹅肠菜

俗　　名　鸡肠菜

药用部位　石竹科繁缕的全草。

原 植 物　一年生或二年生草本。高 10 ~ 30 cm。茎基部多数分枝少，被 1 ~ 2 列毛。叶片宽卵形或卵形，长 1.5 ~ 2.5 cm，宽 1.0 ~ 1.5 cm，顶端渐尖或急尖，基部渐狭或近心形，全缘；基生叶具长柄，上部叶常无柄或具短柄。疏聚伞花序顶生；萼片 5，卵状披针形，长约 4 mm，顶端稍钝或近圆形，边缘宽膜质，外面被短腺毛；花瓣白色，长椭圆形，比萼片短，深 2 裂达基部，裂片近线形；雄蕊 3 ~ 5，短于花瓣；花柱 3，线形。蒴果卵形，稍长于宿存萼，顶端 6 裂，具多数种子；种子卵圆形至近圆形，稍扁，红褐色，直径 1.0 ~ 1.2 mm，表面具半球形瘤状突起，脊较显著。花期 5—8 月，果期 6—9 月。

生　　境　生于路旁、荒地、田间、田边及住宅附近。

分　　布　黑龙江呼玛、伊春、牡丹江、七台河、鸡西、大庆、哈尔滨等地。吉林长白山各地。辽宁丹东、桓仁、大连等地。内蒙古额尔古纳、鄂伦春旗、阿尔山、科尔沁右翼前旗、扎鲁特旗、科尔沁右翼中旗、阿鲁科尔沁旗、克什克腾旗、东乌珠穆沁旗、西乌珠穆沁旗等地。全国各地（仅新疆除外）。世界广布种。

▲繁缕植株

▼繁缕幼苗

采　　制　春、夏季采挖全草，除去泥土，洗净，晒干。

性味功效　味甘、微咸，性平。有清热解毒、化痰止痛、活血祛瘀、下乳催生的功效。

主治用法　用于感冒、咳嗽、气管炎、肠炎、痢疾、泄泻、肠痈、肝炎、阑尾炎、胸膜炎、产后瘀滞腹痛、子宫收缩痛、牙痛、乳汁不多、乳痈、便秘、乳腺炎、暑热呕吐、头发早白、淋病、恶疮肿毒、跌打损伤等。水煎服或捣汁。外用捣敷或烧存性研末。

用　　量　50 ~ 100 g。

▲繁缕花

附　方

（1）治子宫内膜炎、宫颈炎、附件炎：繁缕100～150g，桃仁20g，丹皮15g，水煎去渣，每日2次分服。

（2）治急性阑尾炎、慢性阑尾炎、阑尾周围炎：将繁缕鲜草洗净，切碎捣烂绞汁，每次约1杯，用温黄酒冲服，每日2～3次。或干草200～300g，水煎去渣，以甜酒少许和服。又方：繁缕200g，大血藤50g，冬瓜子30g，水煎去渣，每日2～3次分服。

（3）治痢疾：鲜繁缕100g，水煎去渣，以红糖调服。

（4）治痈疽、跌打损伤、肿痛：鲜繁缕150g，捣烂加甜酒（或黄酒）适量，水煎服；另外，用鲜草加甜酒少许，一同捣烂敷于患处。

（5）治小便卒痛（包括急性尿路感染等）：鲜繁缕150g（干草50g），水煎服。

（6）治痈疮溃烂，疼痛出血：繁缕烧存性，研细末，以芝麻油或凡士林调后涂敷患部。

（7）治肾虚阳浮、牙齿浮动：将嫩繁缕煮熟，拌入食盐少许，常常嚼食，能防止齿病；或将繁缕烧存性，研细作为牙粉刷牙，亦有效果。

（8）治头发早白：鲜繁缕嫩苗炒作菜蔬食，久久食之，能乌须发。

▲繁缕果实

▼繁缕花（侧）

◎参考文献◎

[1] 江苏新医学院．中药大辞典（下册）[M]．上海：上海科学技术出版社，1977：2681-2682.

[2] 朱有昌．东北药用植物 [M]．哈尔滨：黑龙江科学技术出版社，1989：342-344.

[3] 钱信忠．中国本草彩色图鉴（第五卷）[M]．北京：人民卫生出版社，2003：503-504.

▲雀舌草植株

▲雀舌草果实

雀舌草 *Stellaria alsine* Grimm

别　　名　雀舌繁缕 天蓬草

俗　　名　瓜子草

药用部位　石竹科雀舌草的全草。

原 植 物　二年生草本。高 15 ~ 35 cm，全株无毛。须根细。茎丛生。叶无柄，叶片披针形至长圆状披针形，长 5 ~ 20 mm，宽 2 ~ 4 mm，顶端渐尖，基部楔形，半抱茎，两面微呈粉绿色。聚伞花序通常具花 3 ~ 5，顶生或花单生叶腋；花梗细，萼片 5，披针形，长 2 ~ 4 mm，宽 1 mm，顶端渐尖，边缘膜质，中脉明显，无毛；花瓣 5，白色，短于萼片或近等长，2 深裂几达基部，裂片条形，钝头；雄蕊 5 ~ 10，有时 6 ~ 7，微短于花瓣；子房卵形，花柱 2 ~ 3，短线形。蒴果卵圆形，与宿存萼等长或稍长，6 齿裂，含多数种子；种子肾脏形，微扁，褐色，具皱纹状突起。花期 5—6 月，果期 7—8 月。

▲雀舌草花

生　境　生于田间、溪岸或潮湿地，常聚集成片生长。

分　布　黑龙江东宁、宁安、海林、牡丹江市区、尚志、五常、阿城、延寿等地。吉林桦甸、蛟河、靖宇、通化、九台、舒兰、磐石、长白、集安、辉南等地。辽宁丹东市区、凤城、东港、清原、新民、瓦房店、长海、大连市区、台安、盘山、营口、抚顺、新宾等地。内蒙古额尔古纳、鄂温克旗、科尔沁右翼前旗、阿鲁科尔沁旗、克什克腾旗、东乌珠穆沁旗、西乌珠穆沁旗等地。河南、安徽、江苏、浙江、江西、台湾、福建、湖南、广东、广西、贵州、四川、甘肃、云南、西藏。北温带。

采　制　春、夏季采挖全草，除去泥土，洗净，晒干。

性味功效　味甘、微苦，性温。有祛风散寒、发汗解表的功效。

主治用法　用于伤寒感冒、痢疾、痔漏、骨折、疮痈肿毒、跌打损伤、毒蛇咬伤等。水煎服。外用捣敷或研末调敷。

用　量　30 ~ 60 g。外用适量。

附　方

（1）治伤风感冒：雀舌草 60 g，红糖 15 g，水煎，日服 2 次。服药后盖被令出微汗。

（2）治冷痢：雀舌草 60 g，水煎服，每日 2 次。

（3）治跌打损伤：雀舌草 60g，黄酒 60 ~ 120ml，加水适量煎服。

（4）治毒蛇咬伤：雀舌草 30 ~ 60 g，水煎服。另取一把，洗净捣烂敷贴伤口。

◎参考文献◎

[1] 江苏新医学院．中药大辞典（上册）[M]．上海：上海科学技术出版社，1977: 335.

[2] 朱有昌．东北药用植物 [M]．哈尔滨：黑龙江科学技术出版社，1989: 339-340.

[3] 中国药材公司．中国中药资源志要 [M]．北京：科学出版社，1994: 248-249.

狗筋蔓幼株

▲狗筋蔓花序

花丝无毛；花柱细长，不外露。蒴果圆球形，呈浆果状，直径 6 ~ 8 mm，成熟时薄壳质，黑色，具光泽，不规则开裂；种子圆肾形，肥厚，长约 1.5 mm，黑色，平滑，有光泽。花期 7—8 月，果期 8—9 月。

生　　境　生于山坡、路旁、灌丛及林缘等处。

分　　布　黑龙江阿城、五常、尚志、宾县、宁安、海林、东宁、穆棱、林口、密山、虎林、饶河、桦川、方正、依兰、延寿、勃利、桦南等地。吉林长白山各地及九台。辽宁丹东市区、宽甸、凤城、本溪、桓仁、抚顺、铁岭、开原、鞍山、岫岩、海城、盖州、庄河、瓦房店、大连市区、营口、绥中、凌源、喀左、建昌、建平、朝阳、兴城、义县、北镇等地。内蒙古通辽。全国各地（除青海、西藏等外）。朝鲜、俄罗斯、日本、哈萨克斯坦。欧洲。

采　　制　春、秋季采挖根，除去泥土，洗净，晒干药用。夏、秋季采收全草，除去杂质，洗净，晒干药用。

性味功效　根：味苦、酸，性凉。有凉血、活血、止血、消肿的功效。全草：味甘、淡，性温。有接骨生肌、祛痰止痛的功效。

主治用法　根：用于经闭、倒经、跌打损伤、风湿关节痛、淋病、水肿、瘰疬、痈疮肿痛等。水煎服。全草：用于骨折、跌打损伤、风湿关节痛等。水煎服。外用鲜品，捣烂敷患处。

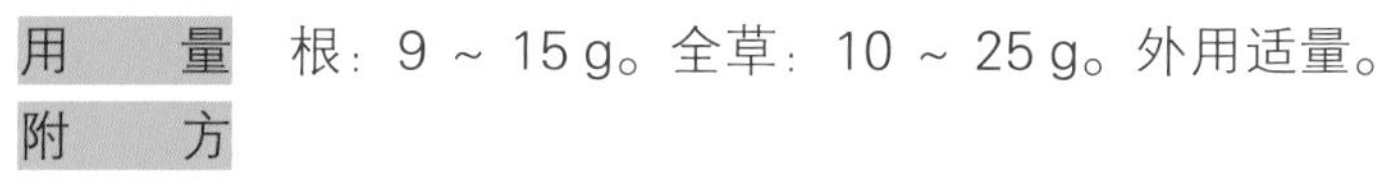

用　　量　根：9 ~ 15 g。全草：10 ~ 25 g。外用适量。

附　　方

（1）治肝家虚热、筋热发热、午后怯冷、夜间作热、四肢酸软、饮食无味、虚汗不止：狗筋蔓根（白牛膝）10 g，地骨皮 10 g。水煎，点童便水酒服。

（2）治妇人肝肾虚损、任督亏伤、不能孕育、白带淋漓：狗筋蔓根（白牛膝）150 g，小公鸡一只（去肠）。将药装入鸡内，亦可加盐，煨烂，空腹服之，每月经行后服 1 次，或单煎，点水酒亦可。

（3）治疮毒疖肿、瘰疬：狗筋蔓根，配药泡酒或水煎服。

▼狗筋蔓花

◎参考文献◎

［1］江苏新医学院．中药大辞典（上册）[M]．上海：上海科学技术出版社，1977：270-271.

［2］朱有昌．东北药用植物 [M]．哈尔滨：黑龙江科学技术出版社，1989：320-322.

［3］《全国中草药汇编》编写组．全国中草药汇编（上册）[M]．北京：人民卫生出版社，1975：559.

▼狗筋蔓花（背）

▲头石竹花序

石竹属 *Dianthus* L.

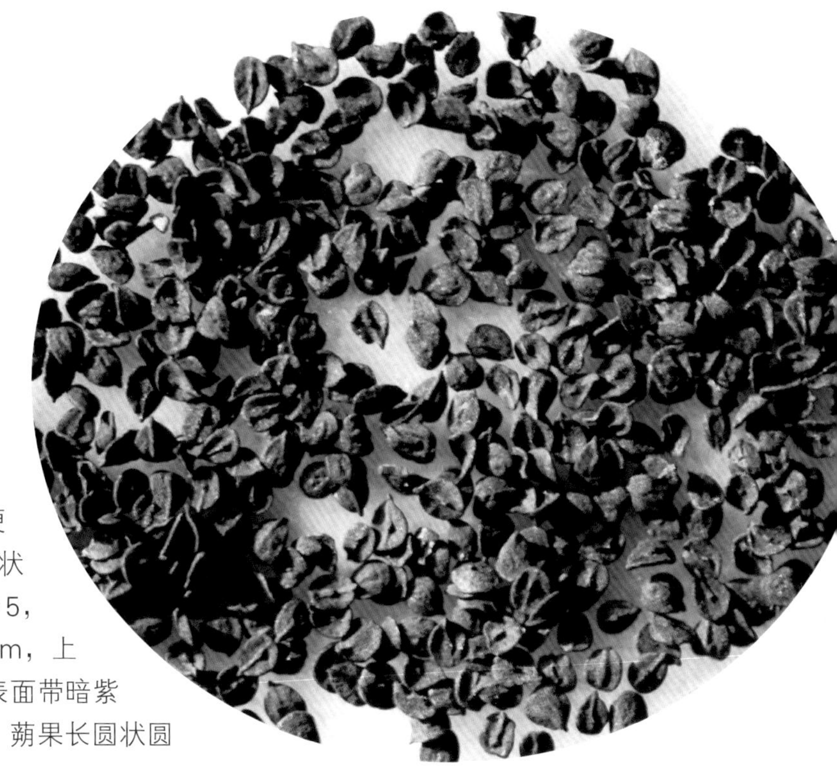

▲头石竹种子

头石竹 *Dianthus barbatus* L. var. *asiaticus* Nakai

药用部位 石竹科头石竹的全草。

原 植 物 二年生草本。高 30 ~ 60 cm。茎直立，单一或有时顶端稍分枝，节部膨大。基生叶呈莲座状，倒卵状披针形，花期渐枯萎；茎生叶对生，线状披针形至狭披针形，长 4 ~ 8 cm，宽 3 ~ 8 mm，基部渐狭成宽柄状，叶脉 3 或 5，中脉明显。聚伞花序顶生，花梗极短，密集成头状，近平顶；苞片条形或锥状条形；萼下苞 2 对；萼圆筒形，5 齿裂；花瓣 5，红紫色，菱状倒卵形至倒卵形，长 7 ~ 8 mm，上部宽 6 ~ 7 mm，上缘具不整齐齿牙，下部表面带暗紫红色彩圈，爪细长，白色，长 16 ~ 17 mm。蒴果长圆状圆

▲头石竹植株

筒形，长约 13 mm；种子广椭圆状倒卵形，长 1.5 ~ 1.8 mm。花期 6—7 月，果期 7—8 月。

生　　境　生于林缘、路旁及荒地等处。

分　　布　吉林长白、临江、和龙、抚松、汪清、珲春等地。朝鲜、俄罗斯（西伯利亚中东部）。

采　　制　夏、秋季采挖全草，除去杂质，切段，洗净，晒干药用。

性味功效　味苦，性平。有清热、利尿、活血、消炎、破血、通经的功效。

主治用法　用于泌尿系统感染、结石、小便不利、尿血、水肿、淋病、月经不调、闭经、妇女外阴瘙痒或糜烂、皮肤湿疹、浸淫疮毒、目赤障翳、痈肿等。水煎服。

用　　量　3 ~ 5 g。

◎参考文献◎

[1] 严仲铠，李万林．中国长白山药用植物彩色图志 [M]．北京：人民卫生出版社，1997: 150.

[2] 中国药材公司．中国中药资源志要 [M]．北京：科学出版社，1994: 241.

[3] 江纪武．药用植物辞典 [M]．天津：天津科学技术出版社，2005: 260.

▲头石竹花序（侧）

▲兴安石竹花

石竹 *Dianthus chinensis* L.

别　　名　洛阳花

俗　　名　石竹子花　石留节花　石竹子　小姨子花　姐姐花

药用部位　石竹科石竹的全草（做“瞿麦”用）。

原 植 物　多年生草本。高 30 ~ 50 cm，全株无毛，带粉绿色。茎由根颈生出，疏丛生，直立，上部分枝。叶片线状披针形，长 3 ~ 5 cm，宽 2 ~ 4 mm，顶端渐尖，基部稍狭，全缘或有细小齿，中脉较显。花单生枝端或数花集成聚伞花序；花梗长 1 ~ 3 cm；苞片 4，卵形，顶端长渐尖，花萼圆筒形，长 15 ~ 25 mm，直径 4 ~ 5 mm，有纵条纹，花瓣长 16 ~ 18 mm，瓣片倒卵状三角形，长 13 ~ 15 mm，紫红色、粉红色、鲜红色或白色，

▲石竹花（白色）

▼石竹果实

▲石竹花（中央有花纹）

▲石竹花

▼石竹花（背）

▼石竹幼苗

顶缘不整齐齿裂，喉部有斑纹，疏生髯毛；雄蕊露出喉部外，花药蓝色；子房长圆形，花柱线形。蒴果圆筒形，顶端4裂；种子黑色，扁圆形。花期6—8月，果期7—9月。

生　境　生于山坡、荒地、疏林下、草甸及高山苔原带上等处。

分　布　黑龙江黑河市区、孙吴、大庆、七台河、鸡西、牡丹江市区、宁安、哈尔滨等地。吉林长白山各地及西部草原各地。辽宁各地。内蒙古额尔古纳、陈巴尔虎旗、牙克石、阿荣旗、科尔沁右翼前旗、宁城等地。河北、山西、陕西、宁夏、青海、新疆。朝鲜、俄罗斯（西伯利亚）。

采　制　夏、秋季采收全草，除去杂质，切段，洗净，晒干。

性味功效　味苦，性寒。有清热凉血、利尿通淋、破血通经、散瘀消肿、抗炎的功效。

主治用法　用于白淋、血尿、水肿、尿路感染、结石、月经不调、闭经、目赤障翳、跌打损伤、痈疮肿毒、皮肤湿疹等。水煎服，或入丸、散。外用适量，研末调敷患处。

用　量　7.5～15.0 g。外用适量。

附　方

（1）治泌尿系统感染：石竹、萹蓄各12 g，蒲公英30 g，黄檗9 g，灯芯草3 g，水煎服。又方：石竹、栀子各9 g，生甘草

▲高山石竹花

6 g，葱白3段，水煎服。或单用石竹30 g，水煎，日服2次。
（2）治食管癌、直肠癌：鲜石竹根30 ~ 60 g（干根25 ~ 30 g），将鲜根用米泔水洗净，煎水，分2次服。又方：石竹根晒干，研末，撒于直肠癌肿瘤创面。
（3）治小便赤涩、癃闭不通、热淋、血淋：石竹、萹蓄、车前、滑石、山栀子仁、甘草（炙）、木通、大黄（面裹煨，去面切焙）各500 g，上为散，每服10 g，水一盏，入灯芯草，煎至七分，去渣，食后临卧温服。小儿酌减。
（4）治妇女外阴糜烂、皮肤湿疹：石竹适量，研粉，外搽患处；亦可煎汤洗患处。
（5）治膀胱结石：石竹20 g，滑石30 g，甘草5 g，水煎，日服2次。
（6）治血淋：石竹15 g，甘草10 g，灯芯草2.5 g，水煎，日服2次。

附　注　在东北尚有3变种：
高山石竹 var. *morii*（Nakai）Y. C. Chu，植株高10余厘米，密丛生。叶片线状倒披针形或线状披针形，长1.5 ~ 3.0 cm，宽1.5 ~ 2.5 mm，有时带紫色。花单一；苞片顶端渐尖、长渐尖或

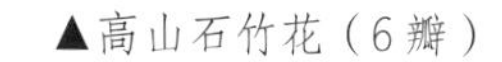

▲高山石竹花（6瓣）

▲石竹植株（侧）

▲石竹种子

▲市场上的石竹植株

为叶状，常带紫色；花萼长约 1.5 cm，直径 5 ~ 6 mm，带紫色。生于海拔 1 800 ~ 2 300 m 的高山苔原带及亚高山草地上。主要分布于吉林长白、安图、抚松等地。其他与原种同。

兴安石竹 var. *versicolor* （Fisch. ex Link）Y. C. Ma，植株多数少密丛生。茎多数少被短糙毛或近无毛而粗糙。叶通常粗糙，斜向上，叶片线状披针形至线形，长 3 ~ 5 cm，宽 2 ~ 4 mm。分布于黑龙江呼玛、黑河市区、北安、克山、饶河、安达、宁安等地。吉林敦化、汪清、吉林等地。内蒙古额尔古纳、根河、牙克石、鄂伦春旗、鄂温克旗、扎兰屯、阿尔山、通辽、科尔沁右翼前旗、扎鲁特旗、扎赉特旗、巴林左旗、克什克腾旗、喀喇沁旗、敖汉旗、宁城等地。其他与原种同。

蒙古石竹 var. *subulifolius* （Kitag.）Y. C. Chu，茎和叶稍粗糙，叶条状锥形，斜向上，花较小。生于山地草原及草甸草原。分布于额尔古纳、鄂伦春旗、陈巴尔虎旗、新巴尔虎右旗、阿荣旗、科尔沁右翼前旗、宁城等地。其他与原种同。

◎参考文献◎

[1] 江苏新医学院．中药大辞典（下册）[M]．上海：上海科学技术出版社，1977：2701-2703.

[2] 朱有昌．东北药用植物[M]．哈尔滨：黑龙江科学技术出版社，1989：322-324.

[3]《全国中草药汇编》编写组．全国中草药汇编（上册）[M]．北京：人民卫生出版社，1975：933-934.

▼石竹幼株

▲石竹植株

▲蒙古石竹花

▲瞿麦群落

▲瞿麦花（白色）

瞿麦 *Dianthus superbus* L.

别　　名　洛阳花

俗　　名　石竹子花　石竹子　石竹

药用部位　石竹科瞿麦的带花全草。

原 植 物　多年生草本。高 50 ~ 60 cm。茎丛生，直立。叶片线状披针形，长 5 ~ 10 cm，宽 3 ~ 5 mm，顶端锐尖，中脉特显，基部合生成鞘状。花 1 或 2 朵生于枝端；苞片 2 ~ 3，倒卵形，长 6 ~ 10 mm，宽 4 ~ 5 mm，顶端长尖；花萼圆筒形，长 2.5 ~ 3.0 cm，直径 3 ~ 6 mm，常染紫红色晕，萼齿披

针形，长 4 ~ 5 mm；花瓣长 4 ~ 5 cm，爪长 1.5 ~ 3.0 cm，包于萼筒内，瓣片宽倒卵形，边缘繸裂至中部或中部以上，通常淡红色或带紫色，稀白色，喉部具丝毛状鳞片；雄蕊和花柱微外露。蒴果圆筒形，与宿存萼等长或微长，顶端 4 裂；种子扁卵圆形，长约 2 mm，黑色，有光泽。花期 7—8 月，果期 8—9 月。

生　　境　生于山野、草地、灌丛、荒地、沟边、草甸及高山冻原带等处。

分　　布　黑龙江呼玛。吉林长白山各地及松原。内蒙古鄂温克旗、扎兰屯、

▲瞿麦幼株

▲瞿麦植株

阿尔山、科尔沁右翼前旗、扎鲁特旗、克什克腾旗、巴林左旗、巴林右旗、喀喇沁旗、阿鲁科尔沁旗、宁城、东乌珠穆沁旗、西乌珠穆沁旗等地。河北、山东、山西、江苏、浙江、江西、河南、湖北、陕西、四川、贵州、宁夏、甘肃、新疆。朝鲜、俄罗斯（西伯利亚）、蒙古、日本、哈萨克斯坦。中欧、北欧。

采　　制　夏、秋季采收带花全草，除去杂质，切段，洗净，晒干。

性味功效　味苦，性寒。有清热凉血、利尿通淋、破血通经、散瘀消肿、抗炎的功效。

主治用法　用于白淋、血尿、水肿、尿路感染、结石、月经不调、闭经、目赤障翳、跌打损伤、痈疮肿毒、皮肤湿疹等。水煎服，或入丸、散。外用适量，研末调敷患处。

用　　量　7.5 ~ 15.0 g。外用适量。

附　　方　同石竹。

附　　注

（1）本品为《中华人民共和国药典》（2020 年版）收录的药材。

（2）在东北尚有 1 变种：

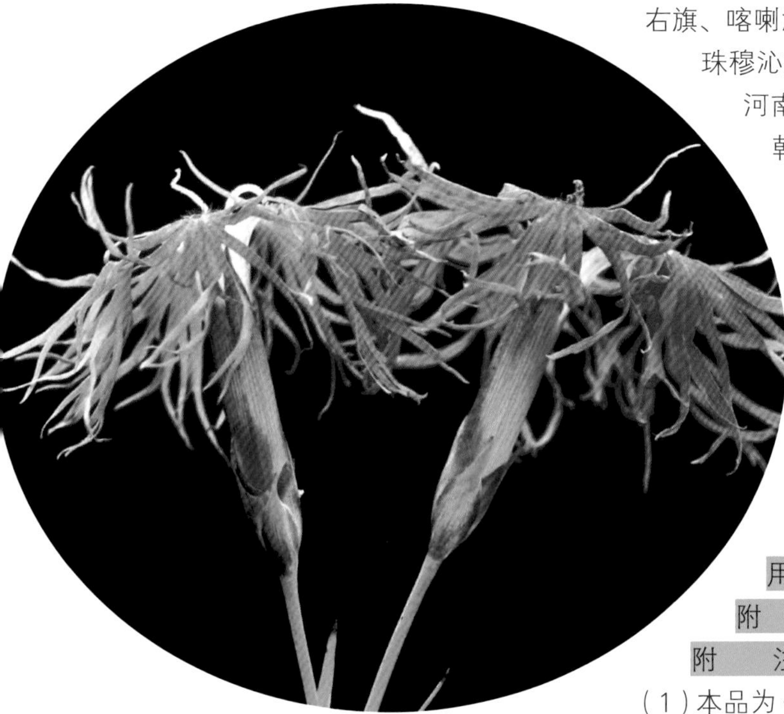

▲高山瞿麦花

高山瞿麦 var. *speciosus* Reichb.，植株较矮，稀疏分枝。花较大，直径 4.5 ~ 5.0 cm；苞片椭圆形至宽卵形，顶端具钻形尖（长 2 ~ 5 mm）；花萼较短而粗，带紫色，长 2.5 ~ 3.0 cm，直径 4 ~ 7 mm；花瓣较原变种宽。生于海拔 1 500 ~ 2 300 m 的高山苔原带及亚高山草地上。主要分布于吉林长白、安图、抚松等地。其他与原种同。

◎参考文献◎

[1] 朱有昌. 东北药用植物 [M]. 哈尔滨: 黑龙江科学技术出版社, 1989: 324-326.
[2]《全国中草药汇编》编写组. 全国中草药汇编（上册）[M]. 北京: 人民卫生出版社, 1975: 933-934.
[3] 钱信忠. 中国本草彩色图鉴（第四卷）[M]. 北京: 人民卫生出版社, 2003: 209-210.

▲瞿麦植株（侧）

▼瞿麦花

▲长蕊石头花植株

▲市场上的长蕊石头花幼株

长蕊石头花种子▶

石头花属 *Gypsophila* L.

长蕊石头花 *Gypsophila oldhamiana* Miq.

别　　名　长蕊丝石竹　丝石竹　霞草　欧石头花

俗　　名　山蚂蚱菜　酸蚂蚱花　酸蚂蚱　马生菜　山马生菜　山雀翔菜　山扫帚菜　石头花　三把抓　三牙菜　竹节菜　豆瓣菜

药用部位　石竹科长蕊石头花的根。

原 植 物　多年生草本。高 60 ~ 100 cm。根粗壮，木质化，淡褐色至灰褐色。茎数个由根颈处生出，二歧或三歧分枝，开展，老茎常红

▲长蕊石头花花

紫色。叶片近革质，稍厚，长圆形，长 4 ~ 8 cm，宽 5 ~ 15 mm，顶端短凸尖，基部稍狭，两叶基相连成短鞘状，微抱茎，脉 3 ~ 5。伞房状聚伞花序较密集，花梗长 2 ~ 5 mm，直伸，无毛或疏生短柔毛；苞片卵状披针形，花萼钟形或漏斗状，花瓣粉红色，倒卵状长圆形，顶端截形或微凹，长于花萼 1 倍；雄蕊长于花瓣；子房倒卵球形，花柱长线形，伸出。蒴果卵球形，顶端 4 裂；种子近肾形，灰褐色，脊部具短尖的小疣状突起。花期 7—9 月，果期 8—10 月。

生　　境　生于山坡草地、灌丛、沙滩乱石间及海滨沙地等处。

分　　布　吉林通化、集安等地。辽宁丹东市区、东港、庄河、岫岩、桓仁、

▲长蕊石头花花序

▲长蕊石头花幼苗

▼长蕊石头花果实

▲长蕊石头花幼株

新宾、清原、抚顺、西丰、开原、法库、沈阳市区、鞍山市区、大连、营口市区、盖州、海城、义县、北镇、葫芦岛市区、兴城、朝阳、建昌、绥中、凌源、建平等地。内蒙古翁牛特旗、喀喇沁旗。河北、山西、陕西、山东、江苏、河南。朝鲜。

采　　制　春、秋季采挖根，除去泥土，洗净，晒干。

性味功效　味甘、苦，性凉。有清热凉血、消肿止痛、化腐生肌长骨的功效。

主治用法　用于阴虚劳疟、潮热、烦温、骨蒸盗汗、小儿疳积、肝炎等。水煎服。

用　　量　5 ~ 15 g。

附　　方　治感冒咳嗽：长蕊石头花根 15 g，水煎服（辽南地区民间方）。

▲长蕊石头花花序（背）

◎参考文献◎

[1] 朱有昌．东北药用植物 [M]．哈尔滨：黑龙江科学技术出版社，1989: 326-327.

[2] 中国药材公司．中国中药资源志要 [M]．北京：科学出版社，1994: 242.

▲大叶石头花幼株

▲大叶石头花植株

▲大叶石头花花（侧）

▲大叶石头花种子

大叶石头花 *Gypsophila pacifica* Kom.

别　　名　细梗丝石竹　细梗石头花

俗　　名　豆瓣菜　山蚂蚱菜　石头花　蚂蚱菜　石头菜　山雀蓝　马蛇菜

药用部位　石竹科大叶石头花的根。

原 植 物　多年生草本。高60～90 cm。根粗壮，灰褐色，木质化。茎直立，无毛，带浅红色或被白粉。叶片卵形，长2.5～6.0 cm，宽1.0～3.5 cm，顶端急尖或稍钝，基部稍抱茎，无柄，两面无毛，脉3或5条。聚伞花序顶生，疏展；花梗长5～10 mm；苞片三角形，顶端渐尖，膜质，具缘毛；花萼钟形，长2～3 mm，萼齿裂达1/3，卵状三角形，顶端稍钝，边缘膜质，白色，具缘毛；花瓣淡紫色或粉红色，长圆形，长6 mm，顶端圆，基部狭；雄蕊短于花瓣；子房卵球形，花柱短于花瓣。蒴果卵球形，长于宿存萼，顶端4裂；种子圆肾形，黑褐色，表面具钝疣状突起。花期8—9月，果期9—10月。

▲市场上的大叶石头花幼苗

生　　境　生于石砾质干山坡、石砬子、开阔的山地阳坡及

▲大叶石头花群落

▼大叶石头花花序

丘陵地上的柞林内。

分　　布　黑龙江萝北、勃利、依兰、富锦、桦川、宁安、东宁、密山、虎林、饶河、伊春等地。吉林长白山各地及九台。辽宁本溪、宽甸、凤城、新宾、清原、铁岭市区、开原、西丰等地。朝鲜、俄罗斯（西伯利亚中东部）。

采　　制　春、秋季采挖根，除去泥土，洗净，晒干。

性味功效　味甘、苦，性凉。有清虚热、清疳热、镇咳、祛痰、强心、逐水利尿的功效。

主治用法　用于阴虚发热、劳热骨蒸、盗汗、小儿疳积发热、腹大消瘦、口渴、眼红等。水煎服。

用　　量　5 ~ 15 g。

▼大叶石头花幼苗

◎参考文献◎

[1] 朱有昌. 东北药用植物 [M]. 哈尔滨：黑龙江科学技术出版社，1989: 327-328.

[2] 中国药材公司. 中国中药资源志要 [M]. 北京：科学出版社，1994: 242-243.

[3] 江纪武. 药用植物辞典 [M]. 天津：天津科学技术出版社，2005: 373.

▲草原石头花植株

草原石头花 *Gypsophila davurica* Turcz. ex Fenzl

别　　名　北丝石竹　草原丝石竹　草原霞草

药用部位　石竹科草原石头花的根。

原 植 物　多年生草本。高 50 ~ 80 cm，全株无毛。根粗壮，木质。茎数个丛生，上部分枝。叶片线状披针形，长 3 ~ 6 cm，宽 3 ~ 7 mm，顶端长渐尖，基部稍狭，无柄，下面中脉较明显。聚伞花序稍疏散；花梗长 4 ~ 10 mm；苞片披针形，顶端尾状至渐尖，具缘毛，花萼钟形，长 3 ~ 4 mm，顶端 5 裂，脉 5，绿色，达齿端；花瓣淡粉红色或近白色，倒卵状长圆形，顶端微凹或截形，基部稍狭，长为花萼的 2 倍；雄蕊比花瓣短；子房卵球形，花柱长，伸出。蒴果卵球形，比宿存萼长；种子圆肾形，长 1.2 ~ 1.5 mm，黑褐色，两侧压扁，具密条状微突起，背部具短尖的小疣状突起。花期 6—9 月，果期 7—10 月。

生　　境　生于固定沙丘及石砾质干山坡上。

分　　布　黑龙江逊克、孙吴、富锦、肇东、肇源、

▲草原石头花花

安达等地。吉林镇赉、通榆、洮南等地。内蒙古额尔古纳、陈巴尔虎旗、扎兰屯、科尔沁右翼前旗、扎鲁特旗、科尔沁右翼中旗、扎赉特旗、克什克腾旗、翁牛特旗、西乌珠穆沁旗、东乌珠穆沁旗、阿巴嘎旗、苏尼特左旗、苏尼特右旗、多伦等地。朝鲜、俄罗斯（西伯利亚中东部）。

采　　制　春、秋季采挖根，除去泥土，洗净，晒干。

性味功效　味甘、苦，性凉。有清热凉血、逐水利尿的功效。

主治用法　用于水肿胀满、胸肋满闷、小便不利等。水煎服。

用　　量　5 ~ 15 g。

▲草原石头花花（侧）

▼草原石头花花序

◎参考文献◎

[1] 朱有昌. 东北药用植物 [M]. 哈尔滨 黑龙江科学技术出版社，1989: 327-328.

[2] 钱信忠. 中国本草彩色图鉴（第二卷）[M]. 北京：人民卫生出版社，2003: 274-275.

[3] 中国药材公司. 中国中药资源志要 [M]. 北京：科学出版社，1994: 243.

▼草原石头花幼株

▲丝瓣剪秋罗花

▼丝瓣剪秋罗种子

▼丝瓣剪秋罗果实

剪秋罗属 *Lychnis* L.

丝瓣剪秋罗 *Lychnis wilfordii*（Regel）Maxim.

别　　名　燕尾仙翁

药用部位　石竹科丝瓣剪秋罗的根及全草。

原 植 物　多年生草本。高 45 ~ 100 cm，全株无毛或被疏毛。主根细长。茎直立，不分枝或上部多数少分枝。叶无柄，叶片长圆状披针形或长披针形，长 3 ~ 12 cm，宽 1.0 ~ 2.5 cm，基部楔形，微抱茎，顶端渐尖。二歧聚伞花序稍紧密，具多数花；花直径 25 ~ 30 mm，花梗长 3 ~ 20 mm，被卷柔毛；苞片线状披针形；花萼筒状棒形，长 15 ~ 20 mm，宽 4 ~ 5 mm，萼齿三角形，雌雄蕊柄长约 5 mm；花瓣鲜红色，长达 30 mm，瓣片轮廓近卵形，深 4 裂，几呈流苏状，裂片狭条形，近等大，顶端尖；副花冠片长圆形，暗红色。蒴果长圆状卵形，长约 10 mm；种子肾形，黑褐色，具棘凸。花期 7—8 月，果期 8—9 月。

生　　境　生于湿草甸子、河边水湿地、林缘及林下，常聚集成片生长。

▲剪秋罗花

▼剪秋罗果实

▲剪秋罗种子

剪秋罗 *Lychnis fulgens* Fisch.

别　　名　大花剪秋罗　剪秋萝

俗　　名　山红花

药用部位　石竹科剪秋罗的带根全草（入药称“大花剪秋罗”）。

原 植 物　多年生草本。高 50 ~ 80 cm。茎直立，不分枝或上部分枝。叶片卵状长圆形或卵状披针形，长 4 ~ 10 cm，宽 2 ~ 4 cm，基部圆形，稀宽楔形。二歧聚伞花序，具数花，花直径 3.5 ~ 5.0 cm，花梗长 3 ~ 12 mm；苞片卵状披针形，草质；花萼筒状棒形，长 15 ~ 20 mm，直径 3.0 ~ 3.5 cm，后期上部微膨大，被稀疏白色长柔毛，沿脉较密，萼齿三角状，顶端急尖；雌雄蕊柄长约 5 mm；花瓣深红色，狭披针形，具缘毛，瓣片两侧中下部各具 1 线形小裂片；副花冠片长椭圆形，暗红色，呈流苏状；雄蕊微外露。蒴果长椭圆状卵形，长 12 ~ 14 mm；种子肾形，黑褐色，具乳凸。花期 6—7 月，果期 8—9 月。

生　　境　生于林下、林缘灌丛间、草甸子及山坡湿

▲剪秋罗群落

▼剪秋罗植株

草地上。

分　　布　黑龙江呼玛、嫩江、黑河市区、孙吴、萝北、虎林、饶河、富锦、集贤、阿城、尚志、伊春、鹤岗等地。吉林长白山各地。辽宁宽甸、凤城、本溪、桓仁、新宾、清原、岫岩、庄河、开原等地。内蒙古额尔古纳、牙克石、鄂伦春旗、莫力达瓦旗、扎兰屯等地。河北、山西、云南、四川。朝鲜、俄罗斯（西伯利亚）、日本。

采　　制　夏、秋季采挖根及全草，洗净，晒干药用。

性味功效　味甘、淡，性平。有消积止痛的功效。

主治用法　用于小儿疳积、失眠等。

用　　量　9 ~ 15 g。

附　　注　茎的酊剂用于头痛及因分娩时颅骨外伤引起的婴儿抽搐。

◎参考文献◎

[1] 钱信忠．中国本草彩色图鉴（第一卷）[M]．北京：人民卫生出版社，2003: 159-160.

[2] 中国药材公司．中国中药资源志要 [M]．北京：科学出版社，1994: 243.

[3] 江纪武．药用植物辞典 [M]．天津：天津科学技术出版社，2005: 482.

▲肥皂草花

肥皂草属 *Saponaria* L.

肥皂草 *Saponaria officinalis* L.

▲肥皂草果实

别　　名　香桃　草桂

药用部位　石竹科肥皂草的全草、叶及根。

原 植 物　多年生草本。高 30 ～ 70 cm。主根肥厚，肉质；根状茎细、多分枝。茎直立，不分枝或上部分枝，常无毛。叶片椭圆形或椭圆状披针形，长 5 ～ 10 cm，宽 2 ～ 4 cm，基部渐狭成短柄状，微合生，半抱茎，顶端急尖，边缘粗糙，两面均无毛，具 3 或 5 基出脉。聚伞圆锥花序，小聚伞花序有花 3 ～ 7；苞片披针形，长渐尖，边缘和中脉被稀疏短粗毛；花梗长 3 ～ 8 mm，被稀疏短毛；花萼筒状，长 18 ～ 20 mm，直径 2.5 ～ 3.5 mm，绿色，有时暗紫色，初期被毛，纵脉 20，不明显，萼齿宽卵形，具凸尖；雌雄蕊柄长约 1 mm；花瓣白色或淡红色，爪狭长，无毛，瓣片楔状倒卵形，长 10 ～ 15 mm，顶端微凹缺；副花冠片线形；雄蕊和花柱外露。蒴果长圆状卵形，长约 15 mm；种子圆肾形，长 1.8 ～ 2.0 mm，黑褐色，具小瘤。花期 7—8 月，果期 8—9 月。

生　　境　生于铁路两侧、荒山、荒坡及农田附近。

分　　布　该种在地中海沿岸均有野生。我国城市公园栽培供观赏，在许多地区逸为野生。黑龙江哈尔滨、

▲肥皂草幼株

肥皂草花（背）▶

大庆等地。吉林辉南、梅河口、安图等地。辽宁沈阳、大连、鞍山、锦州等地。

采　　制　夏、秋季采收全草及叶，除去杂质，切段，洗净，鲜用或晒干。春、秋季采挖根，除去泥土，洗净，鲜用或晒干。

性味功效　全草：有祛痰、利尿的功效。叶：有催吐的功效。根：有利尿的功效。

主治用法　全草：用于梅毒、慢性皮炎、咳嗽、便秘等。水煎服。叶：用于风湿病。水煎服。根：用于挫伤、痔疮等。外用捣烂敷患处。

用　　量　全草：适量。叶：适量。根：适量。

▲肥皂草种子

◎参考文献◎

[1] 朱有昌．东北药用植物 [M]．哈尔滨：黑龙江科学技术出版社，1989：336-337.

[2] 中国药材公司．中国中药资源志要 [M]．北京：科学出版社，1994：245.

▲肥皂草植株

▲坚硬女娄菜花

蝇子草属 *Silens* L.

坚硬女娄菜 *Silene firma* Sieb. et Zucc.

别　　名　光萼女娄菜　粗壮女娄菜　白花女娄菜　硬叶女娄菜

俗　　名　剪金花　金盏银台子　王不留行

药用部位　石竹科坚硬女娄菜的全草。

原 植 物　一年生或二年生草本。高 50 ~ 100 cm。茎粗壮，直立，有时下部暗紫色。叶片椭圆状披针形或卵状倒披针形，长 4 ~ 10 cm，宽 8 ~ 25 mm，基部渐狭成短柄状。假轮伞状间断式总状花序；花梗长 5 ~ 18 mm，直立，常无毛；苞片狭披针形；花萼卵状钟形，长 7 ~ 9 mm，无毛，果期微膨大，长 10 ~ 12 mm，脉绿色，萼齿狭三角形，顶端长渐尖，边缘膜质，具缘毛；雌雄蕊柄极短或近无；花瓣白色，不露出花萼，瓣片轮廓倒卵形，2 裂；副花冠片小，花柱不外露。蒴果长卵形，长 8 ~ 11 mm，比宿存萼短；种子圆肾形，长约 1 mm，灰褐色，具棘凸。花期 7—8 月，果期 8—9 月。

▲市场上的坚硬女娄菜植株（干，切段）

▲坚硬女娄菜种子

▲坚硬女娄菜幼株

▲坚硬女娄菜幼苗

▼坚硬女娄菜植株

生　　境　生于山野、草地、灌丛、荒地、草甸、路旁等处。

分　　布　黑龙江黑河市区、萝北、饶河、虎林、依兰、尚志、伊春市区、哈尔滨市区、密山、林口、穆棱、鸡西市区、桦南、东宁、宁安、方正、延寿、木兰、五常、宾县、通河、汤原、嘉荫、孙吴、铁力、庆安、绥棱、绥化等地。吉林长白山各地及伊通、扶余、通榆等地。辽宁丹东市区、宽甸、凤城、本溪、桓仁、鞍山市区、岫岩、辽阳、庄河、盖州、瓦房店、长海、大连市区、沈阳、抚顺、铁岭、西丰、开原、建昌、绥中、北镇、义县等地。内蒙古额尔古纳、鄂伦春旗、科尔沁右翼前旗、喀喇沁旗、敖汉旗、宁城等地。河北、河南、山东、山西、江苏、江西、安徽、陕西、宁夏、甘肃。朝鲜、俄罗斯（西伯利亚中东部）、蒙古、日本。欧洲。

采　　制　夏、秋季采收全草，洗净，晒干药用。

性味功效　味甘、淡，性凉。有活血通经、消肿止痛、催乳的功效。

主治用法　用于咽喉肿痛、中耳炎、妇女经闭、月经不调、乳腺炎、乳汁不通、小儿疳积等。水煎服。

用　　量　10 ~ 20 g。

▲坚硬女娄菜花（侧）

▲坚硬女娄菜果实

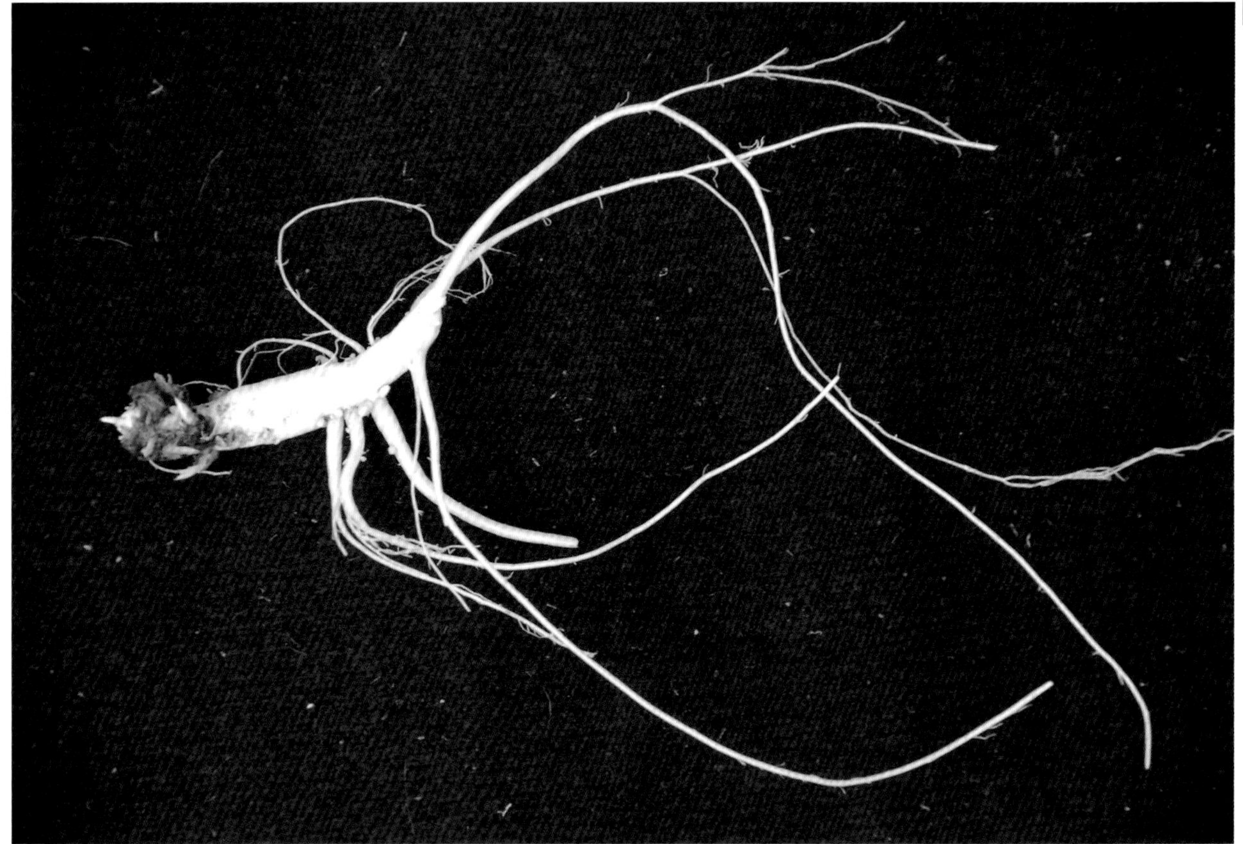
▲坚硬女娄菜根

◎参考文献◎

[1] 江苏新医学院．中药大辞典（下册）[M]．上海：上海科学技术出版社，1977: 2337.

[2] 朱有昌．东北药用植物 [M]．哈尔滨：黑龙江科学技术出版社，1989: 332-333.

[3] 中国药材公司．中国中药资源志要 [M]．北京：科学出版社，1994: 246.

▲女娄菜植株

女娄菜 *Silene aprica* Turcz. ex Fisch. et Mey.

别　　名　王不留行　桃色女娄菜

俗　　名　罐罐花　对叶草　吹风草　剪金花　金盏银台子

药用部位　石竹科女娄菜的全草。

原 植 物　一年生或二年生草本。高 30 ~ 70 cm。主根较粗壮，稍木质。茎单生或数个，直立。基生叶倒披针形或狭匙形，长 4 ~ 7 cm，宽 4 ~ 8 mm，基部渐狭成长柄状，顶端急尖，中脉明显；茎生叶比基生叶稍小。圆锥花序较大型；苞片披针形，草质，渐尖；花萼卵状钟形，长 6 ~ 8 mm，果期长达 12 mm，纵脉绿色；雌雄蕊柄极短或近无，被短柔毛；花瓣白色或淡红色，倒披针形，长 7 ~ 9 mm，瓣片倒卵形，2 裂；副花冠片舌状；雄蕊不外露，花丝基部具缘毛；花柱不外露。蒴果卵形，长 8 ~ 9 mm，与宿存萼近等长或微长；种子圆肾形，灰褐色，肥厚，具小瘤。花期 6—7 月，果期 8—9 月。

生　　境　生于平原、丘陵、山地、山坡草地、旷野路旁草丛中。

分　　布　黑龙江呼玛、尚志、伊春、哈尔滨市区、

▲女娄菜幼株

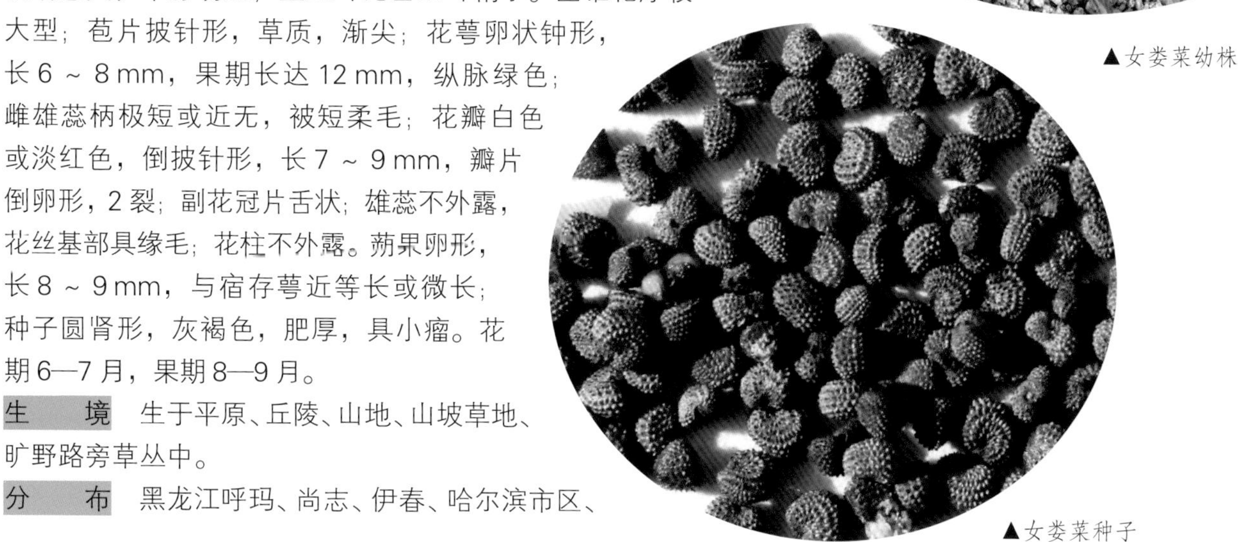

▲女娄菜种子

▲女娄菜幼苗

富锦等地。吉林大安、乾安、长岭、双辽、辉南、柳河、通化、桦甸、磐石、安图等地。辽宁凤城、东港、本溪、桓仁、鞍山、庄河、大连市区、铁岭、北镇、彰武等地。内蒙古根河、牙克石、扎鲁特旗、敖汉旗、奈曼旗、克什克腾旗、巴林左旗、巴林右旗、翁牛特旗、阿鲁科尔沁旗、东乌珠穆沁旗、西乌珠穆沁旗、阿巴嘎旗、苏尼特左旗、苏尼特右旗、正蓝旗、镶黄旗等地。全国绝大部分地区。朝鲜、俄罗斯（西伯利亚）、蒙古、日本。

▼女娄菜花

采　　制　夏、秋季采收全草，洗净，晒干药用。

性味功效　味辛、苦，性平。有活血调经、健脾利水、下乳、解毒的功效。

主治用法　用于乳汁少、体虚水肿、月经不调、小儿疳积、骨髓炎、疔疮疖痈、毒蛇咬伤等。水煎服或研末。外用鲜品捣烂敷患处。

用　　量　15 ~ 25 g。外用适量。

附　　方

（1）治产妇乳汁少：女娄菜、黄芪各 25 g，当归 15 g，水煎服。

（2）治体虚水肿：女娄菜、白术、茯苓皮各 25 g，水煎服。

（3）治痈肿：女娄菜、牛毛毡各适量。捣烂敷患处。

▼女娄菜果实

◎参考文献◎

[1] 朱有昌．东北药用植物 [M]．哈尔滨：黑龙江科学技术出版社，1989: 329-331.

[2] 钱信忠．中国本草彩色图鉴（第一卷）[M]．北京：人民卫生出版社，2003: 265-266.

[3] 中国药材公司．中国中药资源志要 [M]．北京：科学出版社，1994: 245-246.

▲白玉草花（背）

▲白玉草花

白玉草 *Silene venosa* （Gilib.）Aschers.

别　　名　狗筋麦瓶草　膨萼蝇子草

药用部位　石竹科白玉草的全草。

原 植 物　多年生草本。高 40 ~ 100 cm，呈灰绿色。根微粗壮，木质。茎疏丛生，直立，常灰白色。叶片卵状披针形，长 4 ~ 10 cm，宽 1.0 ~ 4.5 cm，下部茎生叶片基部渐狭成柄状，顶端渐尖或急尖，边缘有时具不明显的细齿，中脉明显，上部茎生叶片基部楔形，微抱茎。二歧聚伞花序大型；花微俯垂；苞片卵状披针形，草质；花萼宽卵形，呈囊状，长 13 ~ 16 mm，直径 5 ~ 7 mm，近膜质，常呈紫堇色，花瓣白色，长 15 ~ 18 mm，瓣片倒卵形，深 2 裂几达瓣片基部，裂片狭倒卵形；花药蓝紫色；雄蕊、花柱明显外露。蒴果近圆球形，直径约 8 mm；种子圆肾形，褐色。花期 7—8 月，果期 8—9 月。

生　　境　生于草甸、荒地、林缘、山坡等处。

分　　布　黑龙江漠河、呼玛、黑河市区、逊克、孙吴等地。吉林柳河、长白、安图等地。内蒙古根河、牙克石、扎兰屯、扎鲁特旗、克什克腾旗、巴林左旗、巴林右旗、翁牛特旗、阿鲁科尔沁旗、东乌珠穆沁旗、西乌珠穆沁旗等地。西藏。朝鲜、俄罗斯、蒙古、尼泊尔、印度、伊朗、土耳其。欧洲、非洲。

▼白玉草根

采　　制　夏、秋季采挖全草，除去杂质，切段，洗净，晒干。

性味功效　有清热解毒、祛痰止咳的功效。

主治用法　用于腮腺炎、乳腺炎、肾炎、咳嗽、哮喘等。水煎服。

▲白玉草植株

用　　量　适量。

◎参考文献◎

[1] 中国药材公司．中国中药资源志要 [M]．北京：科学出版社，1994: 247.
[2] 江纪武．药用植物辞典 [M]．天津：天津科学技术出版社，2005: 751.

▲石生蝇子草花

石生蝇子草 *Silene tatarinowii* Regel

▲石生蝇子草花（侧）

别　　名　石生麦瓶草　麦瓶草　蝇子草　山女娄菜

药用部位　石竹科石生蝇子草的全草。

原 植 物　多年生草本。全株被短柔毛。根圆柱形或纺锤形，黄白色。茎分枝稀疏，有时基部节上生不定根。叶片披针形或卵状披针形，稀卵形，长 2 ~ 5 cm，宽 5 ~ 20 mm，基部宽楔形或渐狭成柄状，顶端长渐尖，两面被稀疏短柔毛，边缘具短缘毛，具 1 或 3 条基出脉。二歧聚伞花序疏松，大型；花梗细，长 8 ~ 50 mm；苞片披针形，草质；花萼筒状棒形，长 12 ~ 15 mm，直径 3 ~ 5 mm，纵脉绿色，雌雄蕊柄无毛，长约 4 mm；花瓣白色，轮廓倒披针形，瓣片倒卵形，浅 2 裂，副花冠片椭圆状，全缘；雄蕊、花柱明显外露。蒴果卵形或狭卵形，长 6 ~ 8 mm；种子肾形，脊圆钝。花期 7—8 月，果期 8—10 月。

生　　境　生于灌丛中、疏林下多石质的山坡及岩石缝中等处。

分　　布　辽宁大连。内蒙古科尔沁左翼后旗、克什克腾旗、宁城等地。河北、山西、河南、湖北、湖南、陕西、甘肃、宁夏、四川（东部）、贵州。

采　　制　春、夏、秋三季采收全草，洗净，鲜用或晒干。

性味功效　味甘，性凉。有清热凉血、补虚安神的功效。

主治用法　用于温热病热入营血、身热口干、舌绛或红、心神不安、失眠多梦、惊悸健忘等。水煎服。

用　　量　6 ~ 9 g。

◎参考文献◎

[1] 中国药材公司．中国中药资源志要 [M]．北京：科学出版社，1994: 247.
[2] 江纪武．药用植物辞典 [M]．天津：天津科学技术出版社，2005: 751.

▲石生蝇子草植株

▲蔓茎蝇子草植株

蔓茎蝇子草 *Silene repens* Patr.

别　　名　毛萼麦瓶草　匍生蝇子草　蔓麦瓶草

药用部位　石竹科蔓茎蝇子草的全草。

原 植 物　多年生草本。高 15 ~ 50 cm，全株被短柔毛。根状茎细长，分叉。茎疏丛生或单生。叶片线状披针形、披针形、倒披针形或长圆状披针形，长 2 ~ 7 cm，宽 3 ~ 10（~ 12）mm，基部楔形，顶端渐尖，两面被柔毛，中脉明显。总状圆锥花序，小聚伞花序常具花 1 ~ 3；苞片披针形，草质；花萼筒状棒形，雌雄蕊柄被短柔毛，长 4 ~ 8 mm；花瓣白色，稀黄白色，爪倒披针形，不露出花萼，无耳，瓣片平展，轮廓倒卵形，浅 2 裂或深达其中部；副花冠片长圆状，顶端钝，有时具裂片；雄蕊微外露，花丝无毛；花柱微外露。蒴果卵形；种子肾形，黑褐色。花期 6—8 月，果期 7—9 月。

生　　境　生于林下、湿润草地、溪岸及石质草坡等处，常聚集成片生长。

分　　布　黑龙江呼玛、黑河市区、孙吴、嘉荫、萝北、虎林、饶河、密山、富锦、勃利、集贤、鹤岗市区、伊春市区、尚志、哈尔滨市区等地。吉林长白、抚松、临江、安图、和龙、敦化、汪清、通化、前郭、长岭、通榆、镇赉、洮南等地。辽宁丹东、彰武等地。内蒙古额尔古纳、根河、牙克石、鄂伦春旗、鄂温克旗、阿尔山、科尔沁右翼前旗、扎赉特旗、扎鲁特旗、科尔沁左翼中旗、科尔沁左翼后旗、克什克腾旗、翁牛特旗、喀喇沁旗、宁城、东乌珠穆沁旗、西乌珠穆沁旗、正蓝旗、镶黄旗等地。西藏。朝鲜、俄罗斯、蒙古、尼泊尔、印度、伊朗、土耳其。欧洲、非洲。

▲蔓茎蝇子草群落（指开白花的植株）

▲蔓茎蝇子草花

采　　制　夏、秋季采挖全草，除去杂质，切段，洗净，晒干。

性味功效　有生津止咳、清热利咽、止血、活血、调经、利尿的功效。

主治用法　用于肺肾阴虚、口渴、外感风热、咽喉肿痛、声嘶、舌干等。水煎服。

用　　量　适量。

◎参考文献◎

[1] 中国药材公司．中国中药资源志要 [M]．北京：科学出版社，1994：247.

[2] 江纪武．药用植物辞典 [M]．天津：天津科学技术出版社，2005：751.

长柱蝇子草 *Silene macrostyla* Maxim.

别　　名　长柱麦瓶草

药用部位　石竹科长柱蝇子草的根。

原 植 物　多年生草本。高 50 ~ 90 cm。根粗壮，木质。茎单生或丛生，直立，不分枝或上部分枝。基生叶花期枯萎；茎生叶狭披针形，长 4 ~ 9 cm，宽 5 ~ 13 mm，基部楔形，顶端渐尖，中脉明显。假轮伞状圆锥花序，具多数花，苞片披针状线形，边缘膜质，具缘毛；花萼宽钟形，有时淡紫色，雌雄蕊柄长 1.0 ~ 1.5 mm，被短毛；花瓣白色，近楔形，长约 12 mm，爪无毛，耳不显，瓣片叉状浅 2 裂达瓣片的 1/3，裂片长圆形；副花冠缺；雄蕊明显外露，花丝无毛；花柱明显外露。蒴果卵形，长 5.5 ~ 6.5 mm，比宿存萼短；种子肾形，黑褐色，长约 1 mm。花期 7—8 月，果期 8—9 月。

▲长柱蝇子草幼株

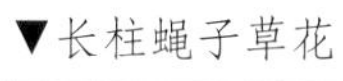

生　　境　生于多砾石的草坡、干草原及岩石缝隙中。

分　　布　黑龙江伊春市区、嘉荫、萝北、虎林、饶河、阿城等地。吉林安图、和龙、敦化、汪清、柳河等地。辽宁铁岭、西丰、大连等地。内蒙古额尔古纳、科尔沁左翼后旗、克什克腾旗。朝鲜、俄罗斯（西伯利亚中东部）。

采　　制　春、秋季采挖根，除去泥土，洗净，鲜用或晒干。

性味功效　有退虚热、清疳热的功效。

主治用法　用于阴虚发热、劳热骨蒸、盗汗、小儿虫积发热、腹大、消瘦、口渴、眼红等。水煎服。

用　　量　适量。

▼长柱蝇子草植株

◎参考文献◎

[1] 江纪武．药用植物辞典 [M]．天津：天津科学技术出版社，2005：751.

▲长白山山蚂蚱草植株

▼山蚂蚱草花序

山蚂蚱草 *Silene jenisseensis* Willd.

别　　名　叶尼塞蝇子草　旱麦瓶草　旱生麦瓶草　麦瓶草

俗　　名　山蚂蚱　银柴胡　山蚂蚱菜

药用部位　石竹科山蚂蚱草的根。

原 植 物　多年生草本。高 20 ~ 50 cm。根粗壮，木质。茎丛生，直立或近直立，不分枝。基生叶狭倒披针形或披针状线形，长 5 ~ 13 cm，宽 2 ~ 7 mm，基部渐狭成长柄状，顶端急尖或渐尖，边缘近基部具缘毛，中脉明显；茎生叶少数，较小，基部微抱茎。假轮伞状圆锥花序或总状花序，苞片卵形或披针形，基部微合生，顶端渐尖，边缘膜质，具缘毛；花萼狭钟形，花瓣白色或淡绿色，长 12 ~ 18 mm，爪狭倒披针形，瓣片叉状 2 裂达瓣片的中部，裂片狭长圆形；副花冠长椭圆状，细小；雄蕊、花柱外露。蒴果卵形，长 6 ~ 7 mm，比宿存萼短；种子肾形，长约 1 mm，灰褐色。花期 7—8 月，果期 8—9 月。

生　　境　生于山坡草地、石质山坡、固定沙丘、沙质草地、沙地、岳桦林下及高山苔原带上。

分　　布　黑龙江大兴安岭、小兴安岭、张广才岭。吉林延吉、龙井、珲春、敦化、长春、桦甸、辉南、通榆、镇赉、前郭、长岭等地。辽宁宽甸、本溪、彰武等地。内蒙古额尔古纳、根河、陈巴尔虎旗、牙克石、鄂伦春旗、鄂温克旗、阿尔山、扎赉特旗、扎鲁特旗、科尔沁

▲山蚂蚱草植株

▲山蚂蚱草群落

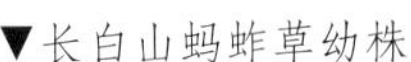

▼长白山蚂蚱草幼株

▼山蚂蚱草花

左翼后旗、克什克腾旗、翁牛特旗、喀喇沁旗、宁城、东乌珠穆沁旗、西乌珠穆沁旗、正蓝旗、多伦等地。河北、山西。朝鲜、俄罗斯（西伯利亚）。

采　　制　夏、秋季采挖根，除去杂质，切段，洗净，晒干。

性味功效　味甘、苦，性凉。有清热凉血的功效。

主治用法　用于肝炎、盗汗、潮热、虚劳骨蒸、阴虚久疟、小儿疳热羸瘦等。水煎服。

用　　量　5 ~ 15 g。

附　　注　在东北尚有 1 变种：

长白山山蚂蚱草 var. *oliganthella*（Nakai ex Kitagawa）Y. C. Chu，植株较矮，高 14 ~ 30 cm。茎生叶片长 6 ~ 7 cm，宽 2 ~ 3 mm。总状花序常具数花；花萼具紫色纵脉；花瓣较宽。生于海拔 1 600 ~ 2 200 m 的高山苔原带、亚高山砾石滩或林下草地上。主要分布于吉林长白、安图、抚松、敦化等地。其他与原种同。

◎参考文献◎

[1] 江苏新医学院．中药大辞典（下册）[M]．上海：上海科学技术出版社，1977：2170-2171.

[2] 朱有昌．东北药用植物 [M]．哈尔滨：黑龙江科学技术出版社，1989：337-339.

[3]《全国中草药汇编》编写组．全国中草药汇编（上册）[M]．北京：人民卫生出版社，1975：802-804.

▲麦蓝菜居群

麦蓝菜属 *Vaccaria* Madic

麦蓝菜 *Vaccaria hispanica* （Mill.）Rauschert

别　　名　王不留行

俗　　名　剪金草　兔耳草　王不留　麦蓝子

药用部位　石竹科麦蓝菜的干燥种子。

原 植 物　一年生或二年生草本。高 30 ～ 70 cm，全株无毛，微被白粉，呈灰绿色。根为主根系。茎单生，直立，上部分枝。叶片卵状披针形或披针形，长 3 ～ 9 cm，宽 1.5 ～ 4.0 cm，基部圆形或近心形，微抱茎，顶端急尖，具 3 基出脉。伞房花序稀疏；花梗细，长 1 ～ 4 cm；苞片披针形，花萼卵状圆锥形，后期微膨大呈球形，萼齿小，雌雄蕊柄极短；花瓣淡红色，长 14 ～ 17 mm，宽 2 ～ 3 mm，爪狭楔形，瓣片狭倒卵形，斜展或平展，微凹缺，有时具不明显的缺刻；雄蕊内藏；花柱线形，微外露。蒴果宽卵形或近圆球形，长 8 ～ 10 mm；种子近圆球形，直径约 2 mm，红褐色至黑色。花期 6—7 月，果期 7—8 月。

生　　境　生于山地、荒地、丘陵及路旁等处。

分　　布　原产欧洲，在我国普遍栽培。在东北许多地区逸为半野生或野生于农田、路旁、荒野、村屯及铁路两侧附近。黑龙江大庆、牡丹江、哈尔滨、七台河、鸡西等地。吉林靖宇、通化、辉南、梅河口、东丰等地。辽宁沈阳、本溪、丹东、大连、鞍山、锦州等地。内蒙古鄂伦春旗、扎赉特旗、科尔沁左翼后旗、翁牛特旗等地。

采　　制　秋季种子成熟时采收全草，晒干，果壳自然裂开，收集种子，炒用。

性味功效　味苦，性平。有行血通经、催生下乳、消肿敛疮的功效。

主治用法　用于妇女经闭、痛经、乳汁不通、乳腺炎、乳房结块、难产、血淋、痈肿、金疮出血及跌打损伤等。水煎服。孕妇忌服，出血、崩漏者忌用。

用　　量　7.5 ～ 15.0 g。

附　　方

（1）治产后缺乳：麦蓝菜、当归各 20 g，猪蹄 2 个。水煎，吃猪蹄喝汤。

▲麦蓝菜花（粉色）

▲麦蓝菜花（侧）

▲麦蓝菜花蕾

▲麦蓝菜花（白色）

▼麦蓝菜种子

（2）治血淋不止：麦蓝菜 50 g，当归身、川续断、白芍药、丹参各 10 g。分 2 剂，水煎服。

（3）治乳痈初起：麦蓝菜 50 g，蒲公英、栝楼仁各 25 g，当归梢 15 g，酒煎服。

（4）治鼻衄不止：麦蓝菜连茎叶，阴干，浓煎汁，温服。

（5）治经闭、小腹疼痛：麦蓝菜、当归、川芎各 15 g，水煎服。

（6）治闪腰腰痛（腰扭伤）：麦蓝菜 200 g，炒研细末，每服 7.5 g，用黄酒或开水送服，每日 2 次。

附　注　本品为《中华人民共和国药典》（2020 年版）收录的药材。

▲麦蓝菜植株

◎参考文献◎

[1] 江苏新医学院．中药大辞典（上册）[M]．上海：上海科学技术出版社，1977: 311-313.

[2] 朱有昌．东北药用植物 [M]．哈尔滨：黑龙江科学技术出版社，1989: 344-346.

[3] 《全国中草药汇编》编写组．全国中草药汇编（上册）[M]．北京：人民卫生出版社，1975: 167-168.

▲内蒙古自治区陈巴尔虎旗莫日格勒河湿地夏季景观

▲沙蓬群落

藜科 Chenopodiaceae

本科共收录 12 属、22 种、1 变种。

沙蓬属 *Agriophyllum* Bieb.

沙蓬 *Agriophyllum squarrosum*（L.）Moq.

别　　名　东墙

俗　　名　沙米　蒺藜梗　登相子

药用部位　藜科沙蓬的种子及地上部分。

原 植 物　植株高 14 ~ 60 cm。茎直立，坚硬，浅绿色，具不明显的条棱，由基部分枝，下部分枝通常对生或轮生，上部枝条互生，斜展。叶无柄，披针形或条形，长 1.3 ~ 7.0 cm，宽 0.1 ~ 1.0 cm，先端向基部渐狭，叶脉浮凸，纵行，3 ~ 9 条。穗状花序紧密，卵圆状或椭圆状，无梗，1 ~ 3 腋生；苞片宽卵形，先端急缩，具小尖头，后期反折，背部密被分枝毛。花被片 1 ~ 3，膜质；雄蕊 2 ~ 3，花丝锥形，膜质，花药卵圆形。果实卵圆形或椭圆形，两面扁平或背部稍凸，果喙深裂成两个扁平的条状小喙，微向外弯，小喙先端外侧各具 1 小齿突。种子近圆形，光滑。花期 8—9 月，果期 9—10 月。

生　　境　喜生于沙丘或流动沙丘之背风坡上，为我国北部沙漠地区常见的沙生植物。

分　　布　黑龙江齐齐哈尔市区、泰来、肇源、哈尔滨等地。吉林通榆、镇赉、洮南、前郭、长岭等地。辽宁锦州、北票、彰武、沈阳等地。内蒙古科尔沁右翼前旗、扎赉特旗、扎鲁特旗、突泉、科尔沁左翼后旗、科尔沁左翼中旗、巴林左旗、巴林右旗、阿鲁科尔沁旗、克什克腾旗、翁牛特旗、阿巴嘎旗、苏尼特左旗、苏尼特右旗、正蓝旗、镶黄旗等地。河北、河南、山西、陕西、甘肃、宁夏、青海、新疆、西藏。蒙古、俄罗斯。

采　　制　秋季采收成熟种子，除去杂质，晒干备用；夏季采割地上部分，晒干，切段备用。

性味功效　味甘，性平。有发表解热、消食化积的功效。

主治用法　用于感冒发热、肾炎、饮食积滞、噎膈反胃等。水煎服或适量煮食。

用　　量　15 ~ 25 g。

附　　方

（1）治高血压：沙蓬 100 g，益母草、黄精各 50 g，丹参 25 g，水煎服。

（2）治高血压、头痛：沙蓬 30 ~ 65 g，水煎服。初服时可用较小剂量，经 1 ~ 2 周后，如有疗效，可逐渐加量，连服 5 ~ 6 个月。对早期患者效果显著，对晚期患者效果较差。

◎参考文献◎

[1] 江苏新医学院．中药大辞典（上册）[M]．上海：上海科学技术出版社，1977: 642.

[2] 朱有昌．东北药用植物 [M]．哈尔滨：黑龙江科学技术出版社，1989: 298-299.

[3] 中国药材公司．中国中药资源志要 [M]．北京：科学出版社，1994: 251.

▲沙蓬植株

▲沙蓬花

▲沙蓬果实

▲轴藜幼苗

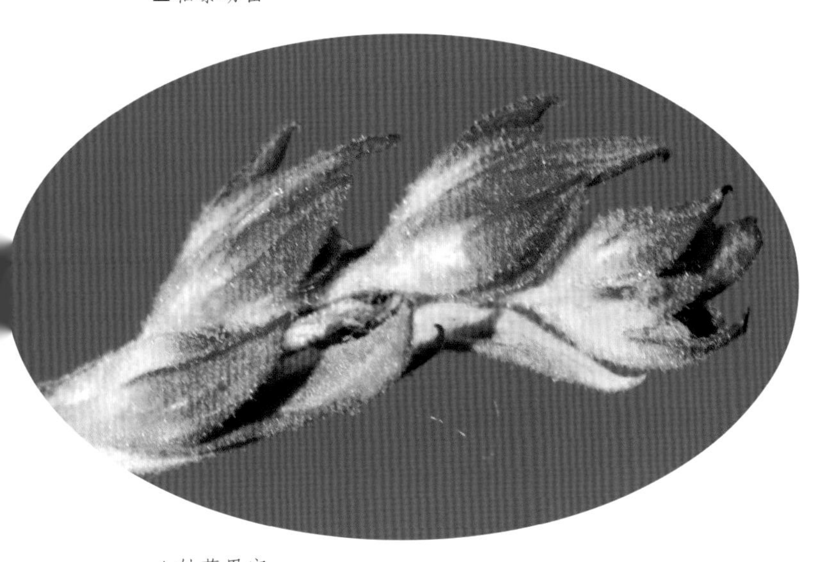

▲轴藜果实

轴藜属 *Axyris* L.

轴藜 *Axyris amaranthoides* L.

药用部位 藜科轴藜的果实。

原 植 物 一年生草本。植株高 20 ~ 80 cm。茎直立，粗壮，分枝多集中于茎中部以上，纤细，劲直，长 3 ~ 13 cm。叶具短柄，顶部渐尖，具小尖头，基部渐狭，全缘，背部密被星状毛，后期秃净；基生叶大，披针形，长 3 ~ 7 cm，宽 0.5 ~ 1.3 cm，叶脉明显；枝生叶和苞叶较小，狭披针形或狭倒卵形，长约 1 cm，宽

▲轴藜幼株

2 ~ 3 mm，边缘通常内卷。雄花序穗状；花被裂片 3，狭矩圆形，先端急尖，向内卷曲；雄蕊 3，与裂片对生，伸出花被外。雌花花被片 3，白膜质，宽卵形或近圆形，近苞片处的花被片较小。果实长椭圆状倒卵形，侧扁，长 2 ~ 3 mm，灰黑色，顶端具一附属物；附属物冠状。花期 8 月，果期 9 月。

生　　境　生于山坡、草地、荒地及河边等处，常聚集成片生长。

分　　布　黑龙江各地。吉林长白山各地及西部草原各地。辽宁宽甸、本溪、桓仁、新宾、西丰、鞍山市区、海城、营口、建昌等地。内蒙古额尔古纳、根河、牙克石、鄂伦春旗、扎兰屯、阿尔山、科尔沁右翼前旗、科尔沁右翼中旗、科尔沁左翼后旗、阿鲁科尔沁旗、克什克腾旗、敖汉旗、西乌珠穆沁旗、阿巴嘎旗等地。河北、山西、陕西、甘肃、青海、新疆等。朝鲜、俄罗斯、日本、蒙古。欧洲。

采　　制　秋季采收成熟果穗，打下果实，除去杂质，晒干。

性味功效　味淡，性寒。有清肝明目、祛风消肿的功效。

主治用法　用于肝炎、结膜炎、风湿症、疮疖等。水煎服。

用　　量　适量。

◎参考文献◎

[1] 中国药材公司 . 中国中药资源志要 [M]. 北京：科学出版社，1994: 252.

▼轴藜植株

▲短叶假木贼群落

▲短叶假木贼幼株

假木贼属 *Anabasis* L.

短叶假木贼 *Anabasis brevifolia* C. A. Mey

俗　　名　鸡爪柴

药用部位　藜科短叶假木贼的嫩枝。

原 植 物　半灌木。高 5 ～ 20 cm。根粗壮。木质茎极多分枝；小枝灰白色；当年枝黄绿色，大多成对发自小枝顶端，通常具 4 ～ 8 节间。叶条形，半圆柱状，长 3 ～ 8 mm，开展并向下弧曲。花单生叶腋；小苞片卵形，腹面凹，先端稍肥厚，边缘膜质；花被片卵形，长约 2.5 mm，先端稍钝，果时背面具翅；翅膜质，杏黄色或紫红色，较少为暗褐色，直立或稍开展，外轮 3 个花被片的翅肾形或近圆形，内轮 2 个花被片的翅较狭小，圆形或倒卵形；花盘裂片半圆形，稍肥厚，带橙黄色；花药长 0.6 ～ 0.9 mm，先端急尖；子房表面通常有乳头状小突起；柱头黑褐色，直立或稍外弯，内侧有小突起。胞果卵形至宽卵形，长约 2 mm，黄褐色。种子暗褐色，近圆形，直径约 1.5 mm。花期 7—8 月，果期 9—10 月。

生　　境　生于荒漠草原带的石质山丘，黏质或黏壤质微碱化的山丘间谷地和破麓地带等处。

▲短叶假木贼果实（黄色）

▼短叶假木贼果实（红色）

分　　布　内蒙古二连浩特、苏尼特右旗等地。宁夏、甘肃、新疆、西藏。蒙古、俄罗斯、哈萨克斯坦。

采　　制　四季采收嫩枝，晒干，备用。

主治用法　用于杀虫。

用　　量　适量。

◎参考文献◎

[1] 中国药材公司. 中国中药资源志要 [M]. 北京: 科学出版社, 1994: 251-252.

[2] 江纪武. 药用植物辞典 [M]. 天津: 天津科学技术出版社, 2005: 91.

▲短叶假木贼植株（侧）

▼短叶假木贼植株

滨藜属 *Atxiplex* L.

中亚滨藜 *Atriplex centralasiatica* Iljin

别　　名　中亚粉藜

俗　　名　麻落粒

药用部位　藜科中亚滨藜的果实。

原 植 物　一年生草本。高 15 ~ 30 cm。茎通常自基部分枝；枝钝四棱形，黄绿。叶有短柄，枝上部的叶近无柄；叶片卵状三角形至菱状卵形，长 2 ~ 3 cm，宽 1.0 ~ 2.5 cm，边缘具疏锯齿，先端微钝，基部圆形至宽楔形；叶柄长 2 ~ 6 mm。花集成腋生团伞花序；雄花花被片 5 深裂，裂片宽卵形，雄蕊 5，花丝扁平，基部连合，花药宽卵形至短矩圆形，长约 0.4 mm；雌花的苞片近半圆形至平面钟形，边缘近基部以下合生，果时长 6 ~ 8 mm，宽 7 ~ 10 mm，近基部的中心部臌胀并木质化，表面具多数疣状或肉棘状附属物；苞柄长 1 ~ 3 mm。胞果扁平，宽卵形或圆形，果皮膜质，白色，与种子贴伏。种子直立，红褐色或黄褐色，直径 2 ~ 3 mm。花期 7—8 月，果期 8—9 月。

▼中亚滨藜植株

▲中亚滨藜果实

生　　境　生于戈壁、荒地、海滨及盐土荒漠等处。

分　　布　黑龙江大庆市区、肇东、肇源等地。吉林镇赉、通榆、洮南、前郭、长岭等地。辽宁营口、葫芦岛、大连等地。内蒙古翁牛特旗、克什克腾旗等地。河北、山西、陕西、宁夏、甘肃、青海、新疆、西藏。俄罗斯（西伯利亚）、蒙古。亚洲（中部）。

采　　制　秋季果实成熟时采收，晒干，备用。

性味功效　味甘，性平。有益肝明目的功效。

主治用法　用于头晕目眩、头痛、目赤多泪、高血压、咳喘、气管炎、皮肤瘙痒、风疹等。水煎服。

用　　量　5 ~ 10 g。

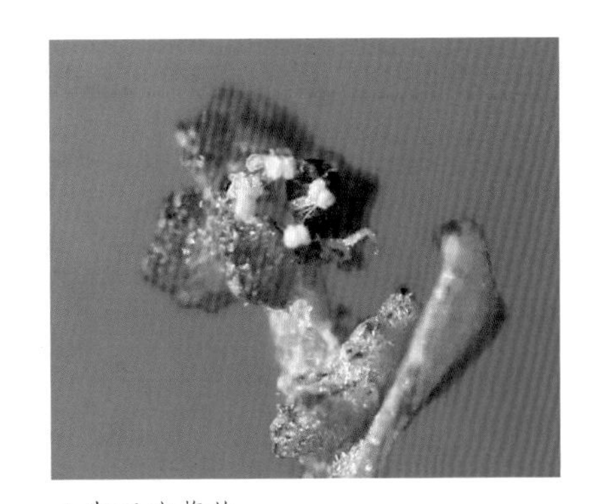

▲中亚滨藜花

◎参考文献◎

[1] 中国药材公司. 中国中药资源志要 [M]. 北京：科学出版社，1994: 251-252.

[2] 江纪武. 药用植物辞典 [M]. 天津：天津科学技术出版社，2005: 91.

▲雾冰藜幼株

雾冰藜属 *Bassia* All.

雾冰藜 *Bassia dasyphylla*（Fisch. et Mey.）O. Kuntze

别　　名　雾冰草　星状刺果藜　雾滨藜

药用部位　藜科雾冰藜的全草。

原 植 物　一年生草本。植株高 3 ~ 50 cm。茎直立，密被水平伸展的长柔毛；分枝多，开展，与茎夹角通常大于 45° ，有的几成直角。叶互生，肉质，圆柱状或半圆柱状条形，密被长柔毛，长 3 ~ 15 mm，宽 1.0 ~ 1.5 mm，先端钝，基部渐狭。花两性，单生或两朵簇生，通常仅一花发育。花被筒密被长柔毛，裂齿不内弯，果时花被背部具 5 个钻状附属物，三棱状，平直，坚硬，形成一平展的五角星状；雄蕊 5，花丝条形，伸出花被外；子房卵状，具短的花柱和 2 ~ 3 个长的柱头。果实卵圆状。种子近圆形，光滑。花期 7—8 月，果期 8—9 月。

生　　境　生于戈壁、盐碱地、沙丘、草地、河滩、阶地及洪积扇上。

分　　布　黑龙江大庆市区、安达、肇源、肇东等地。吉林通榆、镇赉、乾安、长岭、洮南等地。辽宁彰武。内蒙古新巴尔虎右旗、新巴尔虎左旗、阿鲁科尔沁旗、巴林左旗、巴林右旗、克什克腾旗、阿巴嘎旗、正蓝旗、镶黄旗等地。山东、河北、山西、陕西、甘肃、内蒙古、青海、新疆、西藏。蒙古、俄罗斯。

采　　制　夏季采割全草，晒干，切段备用。

性味功效　味甘、淡。性凉。有清热燥湿的功效。

主治用法　用于去头皮屑。

用　　量　适量。

◎参考文献◎

[1] 中国药材公司．中国中药资源志要[M]．北京：科学出版社，1994：253.

[2] 江纪武．药用植物辞典[M]．天津：天津科学技术出版社，2005：97.

▲雾冰藜植株

▲驼绒藜植株（花期）

驼绒藜属 *Krascheninnikovia* Gueldenst.

驼绒藜 *Krascheninnikovia ceratoides*（L.）Gueldenst.

别　　名　优若藜

药用部位　藜科驼绒藜的全草。

原 植 物　半灌木。植株高 0.1 ~ 1.0 m，分枝多集中于下部，斜展或平展。叶较小，条形、条状披针形、披针形或矩圆形，长 1 ~ 5 cm，宽 0.2 ~ 1.0 cm，先端急尖或钝，基部渐狭、楔形或圆形，1 脉，有时近基处有 2 条侧脉，极稀为羽状。两面均为星状毛。雄花序较短而紧密，长达 4 cm，紧密。雌花管椭圆形，长 3 ~ 4 mm，宽约 2 mm，密被星状毛；花管裂片角状，较长，其长为管长的 1/3 至等长，叉开，先端锐尖，果时管外具 4 束长毛，其长约与管长相等。胞果直立，椭圆形或倒卵形，被毛。花期 7—8 月，果期 8—9 月。

生　　境　生于固定沙丘、沙地、荒地或山坡上等处。

分　　布　吉林通榆、长岭、镇赉、洮南、双辽等地。内蒙古科尔沁左翼中旗、东乌珠穆沁旗、正蓝旗、镶黄旗、苏尼特右旗等地。甘肃、青海、新疆、西藏。蒙古、俄罗斯。

采　　制　夏末秋初采收全草，切段，洗净，晒干。

性味功效　有解热的功效。

主治用法　用于肺结核、气管炎、肺炎、痢疾、毒疮、疔疮、眼病等。水煎服。

用　　量　适量。

▲驼绒藜植株（果期）

◎参考文献◎
[1] 中国药材公司．中国中药资源志要 [M]．北京：科学出版社，1994: 255.
[2] 江纪武．药用植物辞典 [M]．天津：天津科学技术出版社，2005: 163.

▲驼绒藜果实

▲驼绒藜花序

▲驼绒藜枝条（花期）

▼驼绒藜枝条（果期）